全国高职高专工程测量技术专业规划教材

VB语言与 测量程序设计

第②版

主　编　佟　彪

副主编　郝海森　王春波　王占武

中国电力出版社
CHINA ELECTRIC POWER PRESS

内 容 提 要

本书是为将 VB 语言与测量程序设计结合起来讲授和学习而编写的,是一本适合于程序设计初学者的教材。

本书共分 8 章。前 4 章主要介绍 VB 语言的基本知识、常用控件、基本语法和常用算法,内容与计算机二级考试大纲要求基本一致,而略有删减,同时结合了测量实例进行讲解和练习;第 5 章为综合应用举例,所举例子都给出了详细编程过程和代码,供读者学习、借鉴;第 6~8 章分别为测量平差程序设计、编程计算器程序设计和 Excel 表格测量程序设计。

本书可以作为测绘专业本、专科学生在低年级学习 VB 语言的基础教材,也可以作为有一定的语言基础的高年级学生学习测绘程序设计的教材,测绘相关专业的师生和工程技术人员也可以学习参考。

图书在版编目(CIP)数据

VB 语言与测量程序设计/佟彪主编. —2 版. —北京:中国电力出版社,2013.4(2020.7重印)
全国高职高专工程测量技术专业规划教材
ISBN 978-7-5123-4226-2

Ⅰ.①V… Ⅱ.①佟… Ⅲ.①BASIC 语言-程序设计-高等职业教育-教材 ②测量-程序设计-高等职业教育-教材 Ⅳ.①TP312②P209

中国版本图书馆 CIP 数据核字(2013)第 058040 号

中国电力出版社出版发行

北京市东城区北京站西街 19 号 100005 http://www.cepp.sgcc.com.cn
责任编辑:王晓蕾 责任印制:蔺义舟 责任校对:马 宁
2007 年 8 月第 1 版
2013 年 4 月第 2 版·2020 年 7 月第 14 次印刷
三河市百盛印装有限公司印刷·各地新华书店经售
787mm×1092mm 1/16·20.75 印张·507 千字
定价:42.00 元(1CD)

前　言

《VB语言与测量程序设计》出版5年来，已重印多次，在全国20多所院校使用，得到了广大师生及读者的高度肯定，并收到许多宝贵的意见。

近年来，随着我国高等职业教育和测绘技术的迅速发展，特别是智能移动终端的逐渐普及，测量程序的设计与应用呈现出新的特点和趋势。为了更好地适应新形势的要求，编写组成员在深入调研、参阅同行专家意见的基础上，认真总结多年的教学实践经验，对本教材的第一版进行了修订。

修订的主要内容包括以下几个方面：

（1）简化了VB程序设计部分（第1版第2~4章）的内容，删除了部分与测量程序设计无关的例子，使得教材内容更加精炼、紧凑，与测量程序设计的训练联系更加紧密。

（2）对综合应用举例部分（第1版第5~7章）内容进行了重新选择和编排，成为第5章综合应用举例和第6章测量平差程序设计，整理后的例子难易排列更加合理。

（3）增加了第7章编程计算器程序设计和第8章Excel表格测量程序设计，用以反映目前测量程序应用中的变化。限于篇幅，这两章仅作最基本的介绍。

修订后的教材继续突出第1版的基础性、易懂性和结合测量教学实际的特点，并丰富了测量程序设计的方式方法和应用领域。

本书由佟彪任主编，郝海森、王春波、王占武任副主编。参加编写工作的人员有：佟彪（第1章，第6章），陶静（第2章），郝海森（第3章，第5章第1~3节），马真安（第4章1~4节），王春波（第4章5~6节，第8章），王占武（第5章第4~5节，第7章）。

本书在编写的过程中得到了辽宁省测绘局测绘与地理信息院、测绘质量监督检验站、辽宁经纬测绘勘测建设有限公司等单位的领导、专家和同行的大力支持，他们提出了宝贵意见，在此一并致谢！

尽管我们做了大量细致的修订工作，但书中仍会存在一些疏漏甚至错误之处，恳请兄弟院校的同行及广大读者不吝指正。联系邮箱为：quiettimes@126.com，我们将及时回复，并认真思考您的建议后反映在再版教材中。

编　者

第 1 版 前 言

测量程序设计课程在测绘专业中具有重要意义，是专业测绘人员必须掌握的一门实用、有效的测量计算课程。它又是一门综合性很强的课程，涉及面不仅包括控制测量学、测量平差基础、工程测量学等测量专业课程的内容，还涉及数据结构、编程技术等多方面的内容。通过这些内容的学习，可以使学生了解测量程序设计的全过程，并初步具备综合编程能力。

目前多数院校普遍是在学习了一门编程语言（VB 或 C 语言）以及测量学、测量平差、控制测量等相关专业基础课之后，再开设测量程序设计的课程。但由于高职学生总体的理论学习时间少，不适宜如此安排。而若只开设程序设计基础课（例如 VB 程序设计）又会因缺乏与专业相关的例子而使学生不善于自己设计程序解决专业问题。因此，有必要将程序设计基础与测量程序设计相结合，并编写相应的教材供教学使用。

本书主要面向已经学完或正在学习测量学的测绘专业学生，书中有关测量专业的例子除测量学基础课程的内容外，还涉及测量平差、大地测量、摄影测量、工程测量等课程中的例子，并将程序设计基础知识重新编排和组合。本书选用 VB 语言作为程序设计语言来讲授，是因为 VB 语言具有简单实用、功能强大、应用广泛、可扩展性好等优点。本书的主要目的是使学生在学习 VB 编程语言的同时，能够结合测绘专业的例子，一方面可以巩固测绘专业知识，另一方面可以掌握运用 VB 语言编写程序解决测绘专业问题的能力。

本书分为 7 章。第 1 章为概述，介绍学习测量程序设计的意义和 VB 语言的优点，VB 的集成开发环境，并以一个简单的例子介绍 VB 程序设计的基本步骤。第 2～4 章介绍 VB 程序设计的有关知识。其中第 2 章介绍 VB 编程基础，包括控件基础和语言基础；第 3 章介绍简单的程序设计，包括顺序结构和选择结构，以及程序调试、帮助等内容；第 4 章介绍使用循环、数组和过程等处理批量数据的方法，还介绍了批量数据的输入和输出以及菜单、多窗体等有关的界面设计方法。每章最后一节都列有专门的应用举例。第 5 章介绍了几个相对简单的综合应用举例，包括坐标转换、水准测量成果整理、单导线的简易计算。第 6 章介绍了测量平差程序设计方法，首先介绍了与平差程序设计有关的矩阵运算、线性方程组求解等数值算法，接着介绍间接平差、条件平差的基本原理和编程实现，最后用大地四边形的条件平差和单导线的间接平差为例介绍具体平差问题的程序设计方法。第 7 章是较复杂的几个综合应用举例，包括水准网和平面控制网的间接平差、大地测量学中的高斯投影转换、摄影测量学中的空间后方交会—前方交会计算，以及工程测量学中道路圆曲线和缓和曲线的中桩计算等。

关于教学安排，若本课程与测量学同时进行，则可以讲授第 1～5 章不带星号的内容；若将本课程安排在测量学学习完毕以后进行，则前 5 章的全部程序都可以作为教学内容；若学生已经学习过测量平差课程，可以选用第 6 章的内容进行程序设计练习；若学生已经学过一学期 VB 基础，并且已经或正在学习控制测量、摄影测量、工程测量等专业课，使用本书作为测量程序设计课程教材，则可以略讲本书第 1～4 章的 VB 基础知识，重点讲授第 5～7 章中的有关例子。另外，本书提供了大量代码可供学习和参考，所有的程序都经过验证，适合在测量程序设计中阅读参考。

本书由佟彪（辽宁省交通高等专科学校）主编，马真安（辽宁省交通高等专科学校）、郝海森（河北工程技术高等专科学校）、陶静（黑龙江农业职业技术学院）任副主编。佟彪编写了第1章、第4章的第5节、第6章和第7章，并负责全书的统稿和定稿；马真安编写了第4章的1～4节和第6节、第5章的第1节；郝海森编写了第3章和第5章的第3节；陶静编写了第2章和第5章的第2节。书稿承同济大学土木工程学院测量与国土信息工程系姚连璧教授审阅，并对书稿提出了许多宝贵意见，这对提高教材质量起到了重要作用。在本书的编写过程中，辽宁省交通高等专科学校测绘工程系的林玉祥教授给予了大力支持，辽宁省测绘局的金时华高工和张杰高工对本书在专业例题选取、与生产实践结合方面，提供了资料和很好的意见，谨在此一并表示衷心的感谢。

在本书正式出版前，辽宁省交通高等专科学校测绘工程系05级工程测量专业和大地测量与 GPS 卫星定位技术专业的同学试用了本书，提出了许多很好的意见，在此一并表示感谢。

将程序设计语言与测量程序设计结合起来讲授是一个尝试，由于时间紧迫、经验不足，难免有问题和错误，恳请广大读者批评指正，共同探索。E-mail：quiettimes@126.com.

编　者

目　　录

第1章 概　　述

本章主要介绍有关测量程序设计和 VB 语言的基本知识。首先介绍测量程序设计的意义和选择 VB 语言进行测量程序设计的优点，随后介绍 VB6.0 的集成开发环境，最后用一个简单的例子介绍 VB 程序设计的基本过程。

1.1　测量程序设计和 VB 语言

1.1.1　测量程序设计的意义

随着测绘技术的不断发展，计算机在现代测绘科学中的应用越来越广泛，已经深入到从理论研究到实际生产的方方面面，如坐标解算、数据处理、施工放样计算、遥感影像处理、计算机辅助制图、地理信息数据加工和管理等。计算机以其计算迅速、准确、方便、功能强大的特点，给测绘学的理论研究和生产应用带来了极大的便利。

使用计算机程序处理测量数据，不但方便、快速，而且准确、具有可重复性。以简单的导线计算为例，一个简单的附合导线，采用手工计算不仅费时费力，而且常常出现数据抄录、计算等方面的错误。而若采用相应的解算程序计算，仅需将原始观测数据输入，程序便可以自动进行一定的错误检查，并且迅速计算出准确结果。例如，一个有 12 个点的附合导线的计算，采用手工计算，最快也需要个把小时；而采用程序计算，数据输入只需要 2 分钟，计算过程只需要按下"计算"按钮的 1 秒钟。又如，一个有几百个点的三角网的平差计算，用手工几乎无法完成，而利用计算机程序计算，仅仅是增加了数据录入的时间，解算的时间最多也不超过 1 分钟，并且计算结果准确可靠。

目前已有的测绘相关软件已经很多，涉及数据处理、制图、遥感影像处理、数字摄影测量成图、GIS 系统、GPS 平差解算等测绘工作的方方面面。但是实际工作遇到的情况是千变万化的，一个软件设计得再周全也不可能满足所有特定应用的需要，因此掌握一门程序设计语言，并能够根据应用的需要设计相应的程序，对于解决实际问题是很有意义的。

自己开发设计的程序，可以从头开始设计，也可以在已有软件的基础上，增加和改进某些功能，即二次开发。不论是从头开始设计，还是在已有软件基础上进行二次开发，基本的编程知识和技能都是必须的。

对于测绘专业的学生来说，编写专业相关的程序也是一个深化测量基础知识的过程。当用设计程序来解决一个测量问题时，例如导线的计算，必须首先弄清楚计算导线的步骤：需要哪些数据，经过哪些检核计算，如何算出最后的导线点坐标等。明确了这些处理步骤以后，再把这些步骤用计算机能够识别的指令编写出来并送入计算机执行，计算机才能按照我们的要求对指定的数据求解。

计算机能执行的指令序列称为程序，而编写程序的过程称为程序设计。由此可见，编制测量程序的过程，也是对测量基础知识复习、巩固和加深理解的过程。当然，一个程序并不是从最开始就十分契合待解决的实际问题，也不可能一成不变，只有通过反复的使用，不断根据实际应用的需要反复改进，才能真正编制出适合实际应用的测量程序来。

由于计算机只能识别用二进制代码 0 和 1 所表示的机器语言，要想让计算机执行人们指定的工作，就需要人与计算机之间交流的桥梁——程序设计语言。同人类语言一样，程序设计语言也由字、词和语法规则构成。从计算机执行的角度来看，程序设计语言通常分为机器语言、汇编语言和高级语言。机器语言用 0 和 1 组成的二进制代码表示计算机可直接执行的指令，每条指令让计算机执行一个简单的动作。对人来讲，机器语言非常难懂，计算机却能直接执行。汇编语言以一定的助记符来表示机器指令，每一条汇编指令基本上与一条机器指令相对应。与机器语言相比，汇编语言比较直观，用汇编语言编写的程序经过简单的翻译就可以被机器执行。

机器语言、汇编语言统称为"低级语言"，它们都是面向机器的，即不同类型的计算机有不同的机器语言和汇编语言，它们的特点是程序执行速度快、效率高。但程序员必须熟悉机器的硬件结构、指令系统，方能进行程序设计，所以非专业人员很少涉足。高级语言是一类比较接近人类语言、语法规则简单清晰的程序设计语言，易于为各专业人员所掌握和使用。它不面向机器，不必了解计算机的内部结构。高级语言编写的程序需经过专门的翻译软件（解释器或编译器）翻译成机器语言指令后才能被计算机所执行。

目前使用较多的高级语言有 Visual Basic、Visual FoxPro、Fortran、C/C++、Pascal、Delphi、Java 等，它们各有特点，分别适合不同的领域。随着计算机科学的发展及其应用领域的扩展，新型的语言不断问世，各种语言的版本也不断更新，功能不断增强。但作为高级语言，其本质性的、规律性的东西还是相通的，掌握了一种高级语言后再学习另一种高级语言或者同一语言的高级版本是不困难的。

从应用的角度上讲，VB 简单易用、方便快速、功能强大、应用广泛，适合测绘专业人员使用；从学习角度上讲，VB 的简单和可视化、面向对象等特点，也非常适合作为一门入门语言来学习。

1.1.2 为什么选择 VB

Visual Basic 是 Microsoft 公司为简化 Windows 应用程序开发，于 1991 年推出的。从最初的 1.0 版本开始，就获得了巨大的成功。接着于 1992 年和 1993 年陆续推出了 2.0 版和 3.0 版。随着 Windows95 的发行，为适应它的 32 位操作系统的需要，Microsoft 公司推出了能开发 32 位应用程序的 VB 4.0 版。Internet 的迅速发展使基于 Internet 的应用开发需求强劲，为增强 VB 对 Internet 的支持和开发能力，Microsoft 公司 1997 年推出了 VB5.0 版，并根据用户对象的不同，分为学习版、专业版和企业版。1998 年秋，随着 Windows 98 的发行，Microsoft 公司又推出了功能更强、更完善的 VB 6.0 版。继 6.0 版以后，Microsoft 公司还推出了 Visual Basic .NET，与 Visual C++ 7.0 和 C# 一起构成了 ".NET 架构"。虽然 VB .NET 也被称为 VB 7.0，但是由于其语言中新增并加强了面向对象的特性和对进程控制及底层结构控制的能力，从而也逐渐失去了其易学易用的特点。与 VB 6.0 相比，它已经可以算做另一种语言了。因此本书在进行测量程序设计时采用 VB 6.0。

作为高质量的开发软件，VB 6.0 具有以下显著的优点。

1. 简单易学

Visual Basic 中的 "Basic" 指的是广为流行的 BASIC（Beginner's All-Purpose Symbolic Instruction Code，初学者通用符号指令代码）计算机语言，它是 20 世纪 60 年代美国

Dartmouth 学院两位教授共同设计的计算机程序设计语言，具有简单易学、人机对话方便、程序运行调试方便的特点。Visual Basic 在继承了 BASIC 语言简单易用的基础上，改造了 BASIC 语言中复杂冗长且极易出错的"面条式"结构，代之以接近人类自然语言和逻辑思维方式的结构化程序设计语言，使其更加流畅、自然。用 VB 编写程序代码，如同用英文跟计算机交代工作任务一样。VB 的编程器支持彩色代码，还可以自动进行语言检查，同时具有强大且使用灵活的调试器和编译器，这些都使得 VB 程序设计从学习到使用都非常简单方便。

2. 面向对象的可视化程序设计

面向对象的程序设计是当代程序设计的主流，既符合人的思维和解决问题的逻辑，又是开发大型程序的必须。这里，"对象"是一个比较抽象的概念，可以理解成封装了一些代码和数据的集合，能够完成一定的动作和功能。对象具有一定的属性、功能和反应特性。

Visual Basic 中的"Visual"指的是"可视化"编程。在 VB 中，抽象的对象概念被具体化为窗体和控件。在 Windows 中控件的身影无处不在，如按钮、文本框等，VB 把这些控件模式化，并且每个控件都有若干属性，用来控制控件的外观、工作方法，能够响应用户操作（事件）。这样我们就可以像在画板上一样，随意点几下鼠标，一个按钮就完成了，而这些在以前的编程语言下要经过相当复杂的工作才能实现。

对象具有属性、事件和方法。属性是对象的特征，包括外观的颜色、字体、大小、位置和是否可见等，也包括一些抽象的特征，例如文本框中内容的显示方式、是否可编辑等。事件是 VB 预先定义好的、能被对象识别的动作，例如单击（Click）事件、双击（DblClick）事件、键盘按下（Keypress）事件等。对象除有属于自己的属性和事件外，还拥有属于自己的行为，即方法。VB 中的"方法"是对象本身所包含的一些特殊函数或过程，可以实现一些特殊的功能和动作。方法的内容是不可见的。我们只知道某个对象具有哪些方法、能完成哪些功能以及如何使用该对象的方法，但是并不知道该对象是如何实现这一功能的。当我们用方法来控制某个对象时，就是调用、执行该对象内部的某个函数或过程。而事件过程则不同，它是可见的。我们知道某个对象的事件过程的功能和使用方法，也知道该事件过程是如何实现的，并且用户也可以改变这一事件过程。

VB 中的对象主要分为窗体和控件两类。窗体是用户工作区，所有控件都在窗体中集成，从而构成应用程序的界面；控件是指"空的对象"或基本对象，是应用程序的图形用户界面的一个组件，对其属性可以进行不同的设置，从而构成不同的对象。

VB 中的每个对象都是由类定义的。工具箱中提供了各种控件，控件代表类。直到在窗体上画出这些被称为控件的对象为止，它们实际上并不存在。在创建控件时也就是在复制控件类，或建立控件类的实例。这个类实例就是应用程序中引用的对象。

VB 的这种可视化的用户界面设计功能，把程序设计人员从繁琐复杂的界面设计中解脱出来。可视化编程环境的"所见即所得"功能，使界面设计如同积木游戏一样，从而使编程成为一种享受。

3. 事件驱动的编程机制

事件驱动机制是 VB 区别于其他高级语言的显著特点。VB 没有明显的主程序概念，程序员要做的就是面向不同的对象分别编写它们的事件过程。整个 VB 应用程序就是由这些彼此相互独立的事件过程构成，事件过程的执行与否以及执行的顺序取决于操作时用户所引发的事件：若用户未发出任何事件，则系统处于等待状态。这一点对于 C 语言或者 Fortran 语言出身的程序员来说非常难于理解，但却最符合客观世界和 Windows 运行机制的实际。

在响应事件时，事件驱动应用程序会执行 Basic 代码。VB 的每一个窗体或控件都有一个预定义的事件集。如果其中有一个事件发生，而且在关联的事件过程中存在代码，则 VB 将调用该代码。代码部分（即事件过程）与每个事件对应。想让控件响应事件时，则可以把代码写入这个事件的事件过程之中。

对象所识别的事件类型多种多样，但多数类型是为大多数控件所共有的。例如，大多数对象都能识别 Click 事件：如果单击窗体，则执行窗体的单击事件过程中的代码；如果单击命令按钮，则执行命令按钮的 Click 事件过程中的代码。但是，每种情况中的实际代码几乎完全不一样。

事件驱动应用程序的典型事件序列如下：

（1）启动应用程序，加载和显示窗体。

（2）窗体和控件接收事件。事件可由用户引发（例如鼠标操作），也可以由系统引发（例如定时器事件），还可由代码间接引发（例如代码加载窗体时的 Load 事件）。

（3）如果在相应的事件过程中存在代码，则执行代码。

（4）然后，应用程序等待下一次事件。

4. 高度的可扩充性

VB 为用户提供的扩充途径包括：①支持第三方软件商为其开发的可视化控件对象。这些控件对应的文件扩展名为 .OCX，这使得 VB 编程变得像搭积木一样简单。②支持访问动态链接库 DLL（Dynamic Link Library）。可以利用其他语言如 Visual C++，将需要实现的功能编译成 DLL 供 VB 调用，这在一定程度上弥补了 VB 在操作底层数据和某些编程应用方面的不足。③支持访问应用程序接口 API（Application Program Interface）。API 是 Windows 环境中可供任何 Windows 应用程序调用和访问的一组函数集合，VB 通过访问和调用这些 API 函数可以大大增强 VB 的编程能力，实现 VB 语言本身不能实现的特殊功能，或简化编程。

5. 广泛支持的二次开发能力

VB 与 Microsoft 系列软件天然的结合，使得用 VB 对 MS Office 系列软件进行编程操作变得非常容易。使用 VBA、VB Script 等进行 Access 数据库的二次开发，设计中小型的数据库管理系统；在 Word 文档上增加一些实现简单功能的按钮和滚动条；在 Excel 表格的基础上进一步开发适合自己应用的表格程序等，都非常方便快捷。而且众多专业软件都支持 VBA，使得 VB 也成为专业人士进行二次开发的很好选择。例如 AutoCAD 除了可以用自身的 AutoLisp 语言进行二次开发以外，还可以用 VBA 实现有关的界面和功能。著名的 GIS 软件如 GeoMedia、ArcGIS、MapGIS 等也都支持 VB 的二次开发。

6. 强大的数据库访问能力

VB 提供了强大的数据库管理和存取操作的能力。利用数据控件和数据库管理窗口，能直接编辑和访问 Access，dDASE，FoxPro，Paradox 等数据库，还能通过 VB 提供的开放式数据连接接口（ODBC，Open Data Base Connectivity），通过访问或建立连接的方式使用并操作后台大型网络数据库，如 SQL Server，Oracle 等。VB 6.0 还具有功能强大、使用方便的 ADO（Active Database Object）技术，支持所有的 OLE DB 数据库厂商。

1.2 VB 的集成开发环境

VB 6.0 有 3 个版本，每个版本都是为特定的开发需求而设计的。开发者可以根据实际需要购买相应版本的软件。

（1）VB 学习版。VB 学习版可以使程序员方便地创建功能强大的 Microsoft Windows 和 Windows NT 的应用程序。这个版本的 VB 包括所有内部控件及网格和数据绑定控件。

（2）VB 专业版。VB 专业版提供了完整的工具集，软件开发者可以使用这些工具开发各种解决方案。这个版本的 VB 包括学习版中的所有工具和功能以及附加的 ActiveX 控件、Internet 信息服务器、应用程序设计器、集成的数据工具和数据环境、活动数据对象以及动态 HTML 页面设计器。

（3）VB 企业版。VB 企业版允许开发健壮的分布式应用程序。这个版本的 VB 包括专业版的所有特征，另外还包括了 BackOffice 工具，如 SQL Server 及其他辅助工具等。

本书使用 Visual Basic 6.0 中文企业版。下面对 VB 的集成开发环境做一简单的介绍。

1.2.1 启动和退出

启动 VB 可以采用如下几种方法中的任意一种：

（1）单击"开始"菜单，选择"程序→Microsoft Visual Basic 6.0 中文版"。

（2）双击 Visual Basic 6.0 的快捷图标。

（3）使用"Windows 资源管理器"寻找 Visual Basic 可执行文件，该文件的位置与安装时的路径有关，默认安装时，其位置是 C：\ Program Files \ Microsoft Visual Studio \ VB98。

（4）双击 VB 的工程或窗体文件。

VB 启动后，首先显示"新建工程"对话框，如图 1-1 所示，其中会提示选择要建立的工程类型。初学者只要选择默认的"标准 .EXE"即可。

图 1-1 VB 的"新建工程"对话框

在图 1-1 中的窗口中有 3 个选项卡：

• "新建"：建立新工程。

• "现存"：选择和打开现有工程。

- "最新"：最近使用过的工程。

双击"新建"选项卡中的"标准 EXE"项（默认选项）或直接单击"打开"按钮，进入 VB 的集成开发环境，如图 1-2 所示。

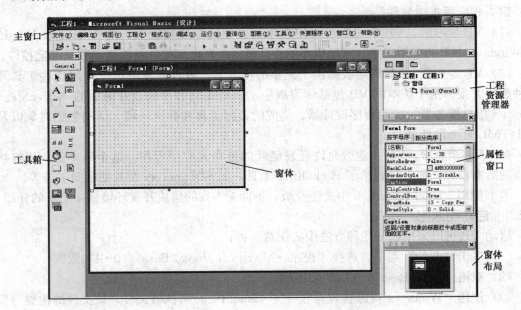

图 1-2　Visual Basic 6.0 的集成开发环境

在该集成开发环境中单击"关闭"按钮或选择"文件"菜单中的"退出"命令时，VB会自动判断用户是否修改了工程的内容，并询问用户是否保存文件或直接退出。

1.2.2　VB 的窗口结构

VB 的集成开发环境如图 1-2 所示，该界面由 6 个窗口组成。这 6 个窗口构成了 VB 的开发环境，开发 VB 应用程序需要这 6 个窗口的配合使用。下面分别讨论这 6 个窗口。

1. 主窗口

主窗口由标题栏、菜单栏和工具栏组成，主要提供了用于开发 VB 程序的各种命令。

（1）标题栏。标题栏中的标题为"工程 1-Microsoft Visual Basic［设计］"，说明此时集成开发环境处于设计模式。在进入其他状态时，方括号中的文字将作相应的变化。

VB 有 3 种工作模式，即设计模式、运行模式和中断模式。

- 设计模式：可进行用户界面的设计和代码的编制，以完成应用程序的开发。
- 运行模式：运行应用程序，这时不可编辑代码，也不可编辑界面。
- 中断模式：应用程序运行暂时中断，这时可以编辑代码，但不能编辑界面。

与 Windows 界面一样，标题栏的最左端是窗口控制菜单框，标题栏的右端是"最大化"、"最小化"和"关闭"按钮。

（2）菜单栏。菜单栏中包括 13 个下拉菜单，是程序开发过程中需要的命令，常用的菜单功能如下：

- "文件"：用于创建、打开、保存、显示最近的工程以及生成可执行文件。
- "编辑"：用于输入或修改程序源代码。
- "视图"：用于集成开发环境下程序源代码、控件的查看。

- "工程"：用于控件、模块和窗体等对象的处理。
- "格式"：用于窗体控件的对齐等格式化操作。
- "调试"：用于程序调试和查错。
- "运行"：用于程序启动、中断和停止等。
- "窗口"：用于屏幕窗口的层叠、平铺等布局以及列出所有已打开的文档窗口。
- "帮助"：帮助用户系统地学习和掌握 VB 的使用方法及程序设计方法。

（3）工具栏。工具栏可以快速地访问常用的菜单命令。VB 的标准工具栏如图 1-3 所示，除此之外，VB 还提供了编辑、窗体编辑器和调试等专用的工具栏。为了显示或隐藏工具栏，可以选择"视图"菜单的"工具栏"命令或用鼠标在标准工具栏处单击右键选取所需的工具栏。

图 1-3 VB 的标准工具栏

2. 工程资源管理器窗口

工程资源管理器窗口如图 1-2 所示，用来保存一个应用程序所有属性以及组成这个应用程序的所有文件。工程文件的后缀是 .vbp，工程文件名显示在工程文件窗口内，以层次化管理方式显示各类文件，而且允许同时打开多个工程。

工程资源管理器窗口上方有以下三个按钮：

- "查看代码"按钮：切换到代码窗口，显示和编辑代码。
- "查看对象"按钮：切换到模块的对象窗口。
- "切换文件夹"按钮：工程中的文件在按类型分层显示或不分层次显示之间切换。

工程资源管理器下方的列表窗口，以层次列表形式列出组成这个工程的所有文件。

3. 属性窗口

属性窗口如图 1-4 所示，所有窗体或控件的属性（如颜色、字体和大小等）都可以通过属性窗口来修改。属性窗口由以下几部分组成：

（1）对象列表框。单击其右边的箭头可拉出所选窗体包含的对象的列表。

（2）属性显示排列方式。有"按字母序"和"按分类序"两个按钮。前者以字母顺序列出所选对象的所有属性；后者按"外观"和"位置"等分类列出所选对象的所有属性。

（3）属性列表框。列出所选对象在设计模式可更改的属性和默认值。对于不同的对象，列出的属性也是不同的。属性列表由中间一条线将其分为两部分：左边列出的是各种属性，右边列出的是相应的属性值。

（4）属性含义说明。在属性列表框中选取某属性时，在该区域显示所选属性的含义。

4. 窗体布局窗口

窗体布局窗口如图 1-2 所示，用于指定程序运行时窗体的初始位置。主要是使所开发的应用程序能在各个不同分辨率的平面上正常运行，在多窗体应用程序中比较有用。用户可以用鼠标拖动窗体布局窗口中 Form 窗体的位置，来确定该窗体运行时的初始位置。

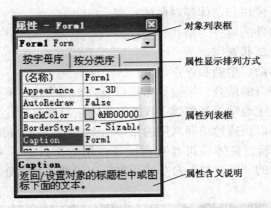

图 1-4　属性窗口的结构

5. 窗体窗口

窗体如图 1-2 所示，它是用户工作区。用户可以在窗体中放置各种控件，以建立将要开发的 VB 应用程序的图形用户界面。

窗体是 VB 应用程序的主要部分，用户通过与窗体上的控件进行交互来得到结果。每个窗体必须有一个唯一的窗体名字，建立窗体时的默认名为 Form1，Form2，…。一个应用程序至少有一个窗体，用户可在应用程序中拥有多个窗体。

6. 工具箱

工具箱如图 1-5 所示，它提供了用于开发 VB 应用程序的常用控件。在设计状态时，工具箱总是出现的。若要不显示工具箱，可以关闭工具箱窗口；若要再显示，可以选择"视图"菜单的"工具箱"命令。在运行状态下，工具箱自动隐藏。

图 1-5　VB 的工具箱窗口

1.3　应用举例

例 1.1：程序封面的设计。

下面举一个程序封面的例子来说明 VB 设计程序的基本步骤。一般程序在进入操作界面前都会有一个封面，显示与程序有关的信息。现在我们也来做一个程序封面。图 1-6 是一个程序的封面，封面上显示了程序设计者的有关信息，还有一个可以动的欢迎语。

一般来说，创建 VB 应用程序有以下 4 个主要步骤：

（1）创建应用程序界面，也叫做"画界面"。

（2）设置窗体和控件的属性。

（3）编写代码。

（4）运行和调试应用程序。

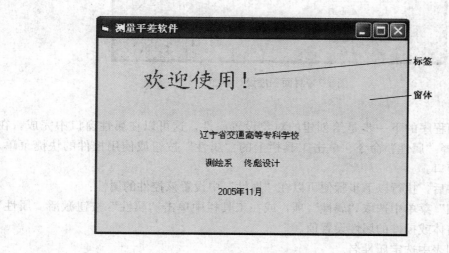

图 1-6　程序封面执行界面

1.3.1　创建应用程序界面

VB 程序的界面由窗体和控件组成。有关窗体和控件的详细内容在下一章中介绍，这里先讲如何创建应用程序界面。

首先进入 VB 运行环境，出现图 1-1 的界面，选择"标准.EXE"，单击"确定"，进入图 1-2 的界面。接下来就是在窗体中绘制控件。可以用下面的步骤绘制控件：

（1）在工具箱上单击要绘制的控件的图标，这里要绘制的是标签控件。

（2）将鼠标指针移到窗体上，该指针变成十字线。

（3）将十字线放在控件的左上角所在处，拖动十字线画出适合控件大小的方框。

（4）释放鼠标按钮，控件出现在窗体上。

在窗体上添加控件的另一种简单方法是双击工具箱中的控件按钮，这样会在窗体中央创建一个大小为默认值的控件，然后再用鼠标将该控件拖动到窗体中的其他位置。

调节控件尺寸的步骤如下：

（1）用鼠标单击要调整尺寸的控件，选定的控件上会出现尺寸句柄（控件四周和四角上出现的实心小方块）。

（2）将鼠标指针定位到尺寸柄上，拖动尺寸柄直到控件达到所希望的大小为止。角上的尺寸柄可同时调整控件水平和垂直方向的大小，边上的尺寸柄调整一个方向的大小。

（3）释放鼠标按钮，确定控件的尺寸。

创建本节中的应用程序的设计界面如图 1-7 所示。

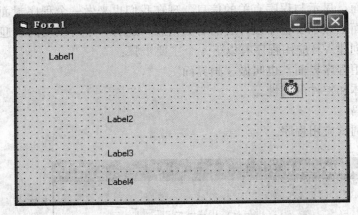

图 1-7　封面程序设计界面

1.3.2　设置属性

创建一个应用程序的下一步是给创建的对象设置属性，这可以在属性窗口中完成。在"视图"菜单中选择"属性"命令、单击工具栏上的"属性"按钮或使用控件的快捷菜单，都可以打开属性窗口。

选中某个控件后，执行以下步骤便可以在"属性"中设置该控件的属性：

（1）从"视图"菜单中选取"属性"项，或在工具栏中单击"属性"按钮激活"属性"窗口，显示所选窗体或控件的属性设置值。

（2）从属性列表中选定属性名。

（3）在右列中输入或选定新的属性设置值。大部分属性需要用户输入相应的值，如要修改某控件的 Name 属性，可直接在属性名（即"名称"）后面的格子（属性设置框）里输入要设置的值；而有些属性具有预定义的设置值清单，单击属性设置框右面的向下箭头，可以显示这个清单，或者双击列表项，可以循环显示这个清单。

例如，设置上面建立的 Form1 窗体以及控件的属性，见表 1-1，这时，窗体 Form1 的设计界面将显示为图 1-8 所示图形。

表 1-1 　　　　　　　　　　　　封面程序窗体及控件属性设置

对象	属性	值
窗体 Form1	Caption	测量平差软件
标签 Label1	Caption	欢迎使用！
标签 Label1	ForeColor	&H000000FF&（红色）
标签 Label1	Font	楷体_GB2312；小一
标签 Label2	Caption	辽宁省交通高等专科学校
标签 Label3	Caption	测绘系 佟彪设计
标签 Label4	Caption	2005 年 11 月
时钟 Timer1	Interval	300

1.3.3　编写代码

代码编辑器窗口是编写 VB 代码的地方。代码是由语句、常量和声明部分组成的。双击要编写代码的窗体或控件，或从"工程资源管理器"窗口选定窗体或模块的名字，然后选取

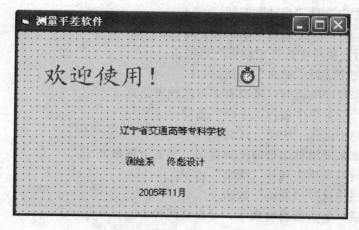

图 1-8　属性设置后的窗口设计界面

"查看代码"按钮，便可以打开代码窗口。

在代码窗口中包含以下元素：

（1）对象列表框。显示所选对象的名称，位于代码窗口上方的左侧。单击列表框右边的箭头，显示和该窗体有关的所有对象的清单。

（2）过程列表框。列出对象的过程或事件，位于代码窗口上方的右侧。该框显示选定过程的名字。选取该框右边的箭头可以显示这个对象的全部事件。

VB 应用程序的代码被分成称为过程的小代码块。事件过程包含了事件发生（如单击按钮）时要执行的代码。控件的事件过程由控件的名称（Name 属性指定）、下划线（ _ ）和事件名组成。图 1-9 显示的是本节程序中的 Timer1 控件的 Timer 事件过程。

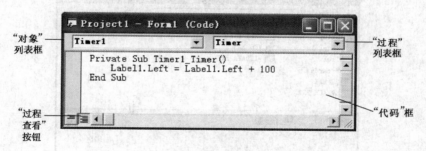

图 1-9　事件过程窗口

1.3.4　运行应用程序

程序编写完成后，需要运行该程序查看一下运行效果是否满足设计要求。如果只是简单的运行程序查看结果，不需要在其他环境下执行，可以使用解释性运行；否则，必须生成可执行文件（.exe）才可以作为应用程序在其他环境下运行。

1. 解释性运行

有三种方法可以开始此种运行程序：

（1）在"运行"菜单中选择"启动"命令，可以直接执行程序。

（2）直接按功能键 F5，也可以直接执行程序。

（3）在工具栏中选择"启动"按钮。

程序执行后，有两种方法可以结束程序运行：

（1）在"运行"菜单中选择"结束"选项。

（2）在工具栏中选择"结束"按钮。

如果只是暂停程序的运行，可以有如下两种方法：

（1）在"运行"菜单中选择"中断"选项。

（2）在工具栏中选择"中断"按钮。

在暂停后，如果要继续运行原来的程序，有如下两种方法：

（1）在"运行"菜单中选择"继续"选项。

（2）在工具栏中选择"继续"按钮。

如果在暂停后，要重新启动程序，可以有两种方法：

（1）在"运行"菜单中选择"重新启动"选项。

（2）直接使用热键组合 Shift+F5。

2. 生成可执行文件

如果要生成可执行文件，以便在其他环境中运行，可以在"文件"菜单中选择"生成工程名 .exe"选项，在弹出的对话框（图 1-10）中，默认的文件名为当前的工程文件名，扩展名为 .exe。可以在对话框中的文件名部分键入新的文件名，还可以为生成的可执行文件选择保存位置。设置完文件名和保存位置后，单击对话框中的"确定"按钮，即可生成相应的可执行文件。

运行前面的示例程序，程序运行的界面如图 1-6 所示。

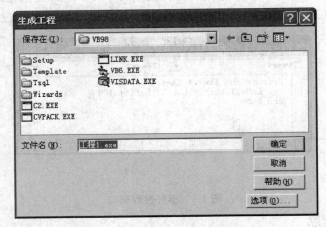

图 1-10　生成可执行程序对话框

1.3.5　程序的保存

在建立完一个应用程序后，VB 系统就会根据应用程序的功能建立一系列的文件，这些文件共同构成了一个 VB 工程，而这些文件的有关信息就保存在称为"工程"的文件中。工程管理是通过工程资源管理器窗口来实现的。

1. 工程的组成

一个工程中应该包含以下几种类型的文件：

（1）工程文件。用于跟踪工程中的所有文件，相当于给出了一份与工程有关的全部文件和对象的清单，其扩展名为 .vbp。每个工程都必须对应一个工程文件。

（2）工程组文件。若程序是由多个工程组成的工程组，则此时会生成一个工程组文件，扩展名为 .vbg。

（3）窗体文件。每个窗体都必须对应一个窗体文件，扩展名为 .frm。在一个工程中可以有多个窗体，所以相应存在多个窗体文件。

（4）模块文件。也叫标准模块文件，一般在大型应用程序中才可能用到，用于合理组织程序结构，扩展名为 .bas。主要由代码组成，可以由用户自己生成，也可以不存在。

（5）类模块文件。在 Visual Basic 中，允许用户自己定义类，每个用户定义的类都必须有一个相应的类模块文件，扩展名为 .cls。

（6）数据文件。为一个二进制文件，用于保存窗体上控件的属性数据。此文件是由系统自动生成的，用户不能对其进行直接编辑，扩展名为 .frx。

在程序中只有单个工程存在的情况下，可以使用"文件"菜单中的几个命令来建立、打开及保存文件。

（1）"新建工程"。选择此选项，可以建立一个新工程。若当前有其他工程存在，则系统会关闭当前工程，并提示用户保存所有修改过的文件。然后会出现一个新建工程对话框（图1-11），用户选择类别并按"确定"按钮后，系统会根据用户的选择建立一个带有单个文件的新工程。

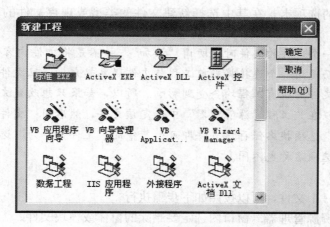

图 1-11 新建工程对话框

（2）"打开工程"。选择此选项，可以打开一个已存在的工程。若当前有工程存在，会先关闭当前工程，提示用户保存，然后弹出打开工程对话框（图 1-12），该对话框上有"现存"和"最新"两个选项卡，"现存"选项卡用于寻找已经保存在磁盘上的 VB工程或其他文件，"最新"选项卡列出了最近打开过的工程名供选择。选择完毕并单击"打开"按钮，程序打开一个现有的工程，包括工程文件中所列的全部窗体、模块等。

（3）"保存工程"。用于将当前工程中的工程文件和所有的窗体、模块、类模块等进行重新保存，更新原有的此工程的全部存储文件。

（4）"工程另存为"。用于以一个新名字将当前工程文件加以保存，同时系统会提示用户保存此工程中修改过的窗体、模块等文件。

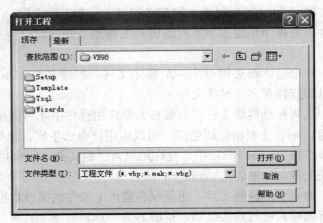

图 1-12　打开工程对话框

2. 添加文件

向一个工程中添加一个文件，具体步骤如下：

（1）选择"工程"菜单中的"添加"选项，根据要添加的文件类型选择相应的选项。

（2）在出现的对话框中，根据要添加的是已经存在的文件还是新文件，来选择"现存"选项卡或"新建"选项卡。

（3）根据选定的选项卡，在其中选择新建文件的类型或现存文件的名字，并选择"打开"按钮即可。

注意： 在添加一个现存的文件时，所谓"添加"，并不是将文件内容复制一份放在当前位置，而是用一个连接将当前工程与文件联系起来。一旦文件的内容被更改，则包含该文件的所有工程均会受到影响。所以，如果只想改变文件而不影响其他工程，可以在"工程资源管理器"中选定该文件，然后用"文件"菜单中的"文件另存为"选项换名保存该文件即可。其中的"文件另存为"选项根据文件类型的不同，选项名称也不同。

3. 删除文件

在工程中删除一个文件，可以按照如下步骤执行。

（1）在"工程资源管理器"窗口内选定要删除的窗体或模块文件。

（2）在"工程"菜单中选择"移除　该文件名"选项。在"工程"菜单中对于工程中的每个文件都具有一项对应的"移除　该文件名"的选项。

注意： 按照上述方法删除的文件，只是在该工程中不再存在，但仍在磁盘上存在，可以被其他工程使用。在保存当前删除过文件的工程时，系统会自动将被删除文件与工程的连接截断。如果使用其他方法将磁盘上的某个文件删除，则再打开包含该文件的工程时，就会出现错误信息，提示有一个文件丢失。

4. 保存文件

单击工具栏上的保存工程图标或单击"文件"菜单下的"保存工程"命令可以执行保存文件的操作。首次保存时，程序依次保存工程中的标准模块文件、窗体文件和工程文件等，给每个待保存的文件命名并选择保存位置后单击"保存"按钮，即可保存各个文件。

本节程序中，在单击了"保存工程"命令按钮或菜单项后，先弹出图 1-13 所示的保存窗体对话框，窗体文件的默认名为 Form1.frm，默认保存位置是 VB 的安装路径，保存类型是"窗体文件（*.frm）"。本例中，将窗体文件名修改成"程序封面.frm"，并选择要保存的位置（例如 E：\0518198\第一次作业\），然后单击"保存"按钮。

　　窗体文件保存完以后，会接着弹出保存工程对话框，如图 1-14 所示，工程文件的默认名为"工程 1.vbp"，保存类型为"工程文件（*.vbp）"，默认位置是前面窗体文件保存的位置，因为同一个程序中的工程文件和窗体文件等一般都保存在同一位置。本例中，将工程文件改名为"程序封面.vbp"，然后选择窗体文件所在的位置保存即可。

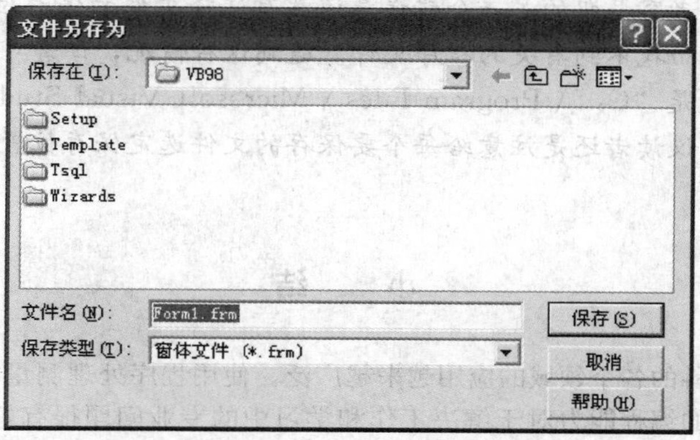

图 1-13　保存窗体对话框

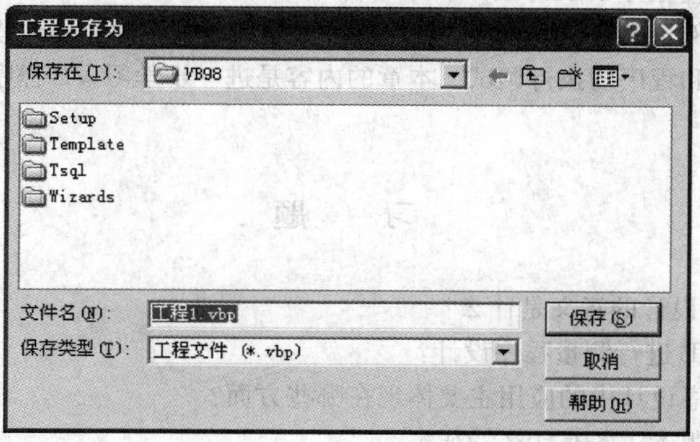

图 1-14　保存工程对话框

　　有些情况下，需要只保存某个文件而不保存整个工程时，可以按照如下步骤执行。

　　（1）在"工程资源管理器"中选定欲保存的文件。

　　（2）在"文件"菜单中选择"保存该文件名"或者"该文件名另存为"。在"文件"菜单中对于工程中的每个文件都具有一项对应的保存选项。

　　例如，当要单独保存本例中的窗体文件时，先在工程资源管理器窗口中选定 Form1，然后在"文件"菜单下选择"保存 Form1"（首次保存）或者"Form1 另存为"（保存到其他位置），弹出保存窗体对话框，这时就可以给窗体指定名称和位置保存了。

　　这里需要强调一点：程序保存不是程序设计中的一步，而应贯穿整个程序设计的始终。程序设计是一个漫长的过程，在这期间，由于计算机硬件、上机环境、人为因素等，如计算机死机、操作系统故障、突然停电、人为破坏、误操作、程序错误等，往往造成未保存的程序丢失，损失无法挽回。因此，作为初学者，应养成经常保存程序的好习惯。一般在界面绘制过程中就应视情况保存程序，并在以后的程序设计过程中，设计好一部分界面或者编写了一段重要代码后，就保存一次程序。

注意：（a）VB 工程中，每类文件都有一个默认的保存名，例如，窗体文件的默认名依次是 Form1，Form2，…，读者在保存时应尽量将其修改成与程序功能相关的名字，以避免多个都使用默认名保存的程序文件间的互相混淆甚至覆盖的问题。

（b）初学者容易犯的另一个错误是还没有选择文件的保存位置就按下了"保存"按钮，从而找不到有关的程序文件。遇到这种情况，读者可以到 VB 的安装目录下（一般是"C：\ Program Files \ Microsoft Visual Studio \ VB98"）找回它们。但建议读者还是注意给每个要保存的文件选定保存位置，以免造成不必要的麻烦。

小　　结

计算机在测绘学科的各个领域的应用越来越广泛。使用程序处理测量数据不仅方便、快速，而且准确。掌握一定的编程能力对于解决工作和学习中的专业问题很有好处。同时，编写测量程序的过程也是对测绘专业知识复习巩固的过程。而 VB 具有简单、功能强大、可扩展性强等特点，很适合应用于测量程序的设计当中。本章介绍了 Visual Basic 6.0 中文版的集成开发环境，并用一个封面程序的例子来说明使用 VB 创建应用程序的四个步骤：创建程序界面、设置窗体和控件属性、编写代码和程序的执行调试。本章的内容是进一步学习 VB 程序设计的基础，需要读者熟练掌握。

习　　题

1. 进行测量程序设计的意义是什么？
2. 为什么选用 VB 进行测量程序设计？
3. VB 在测量程序设计中的应用主要体现在哪些方面？
4. VB 有哪几个版本，各有什么特征？
5. 如何启动和退出 VB 系统？
6. VB 系统集成环境包括哪几个窗口，各有什么功能？
7. 如何绘制和调整 VB 的常用控件？
8. 叙述建立一个完整的应用程序的过程。

第 2 章　VB 编程基础

在第 1 章中，已经介绍了 VB 的集成开发环境和编程的几个步骤，本章将介绍使用 VB 进行程序设计的基础知识，包括 VB 的常用控件和 VB 语言基础。VB 编程的一大特点是仅使用控件和一些简单的语句就能开发出功能丰富的程序来，但要编写出真正适合自己的应用程序，则仍需要熟悉 VB 语言的一些基础知识，包括数据类型、常量和变量、运算符和表达式、内部函数等。进一步的语言知识将在后面的章节中陆续介绍。

本章将要涉及的例子包括：解一元二次方程；由三角形边长求面积；高斯投影分带的带号计算；距离相对误差的计算；角度弧度相互换算等。

2.1　VB 的窗体和常用控件

VB 的控件是 VB 程序的组成部分。随着学习的深入，读者不难发现，VB 编程在很大程度上是使用控件的编程。因此，为了后面编程的方便，本节将介绍窗体和几个最基本的控件。控件的学习主要是属性的设置和事件的使用，读者可以自己慢慢体会。

除了本节介绍的几个最常用的控件外，VB 还提供了很多基本控件和系统控件，使用者可以在工具箱或"工程→部件"里找到它们。另外，在互联网上还有大量的第三方控件可用。善于利用这些控件资源，你会发现使用 VB 编程只是绘制控件、设置属性，并简单编写一些代码——就是这么简单。

2.1.1　基本属性

每个控件都有自己的属性，有直观的属性，如 Width（宽度）、Height（高度）等，也有抽象的属性，如 Name（名称）、Visible（是否可见）等。在属性窗口可以看到所选对象的属性及其值。需要注意的是：不同对象有许多相同的属性；同时，有些属性不是所有对象都具有的。例如，文本框就没有 Caption（标题）属性。改变一个对象的属性时，其行为或外观会相应的发生变化。属性的设置可以在设计时通过属性窗口设置，也可以通过代码窗口在编程时设置。而有些属性则在运行时是只读（不能修改）的。

1. Name（名称）属性

该属性是所有对象都具有的属性，是所创建对象的名称。所有的控件在创建时由 VB 自动提供一个默认的名称。在 VB6.0 中文版中，Name 属性在属性窗口的"名称"栏进行修改。在程序中，对象名称作为对象的标识在程序中被引用，而不会显示在窗体上。

2. Caption（标题）属性

该属性决定了控件上显示的内容。窗体的 Caption 属性的内容显示在窗体的标题栏上，其他控件如命令按钮、标签、单选钮等则直接显示在控件上。而文本框、时钟等则没有 Caption 属性。

3. Height、Width、Top 和 Left 属性

控件位置属性如图 2-1 所示。

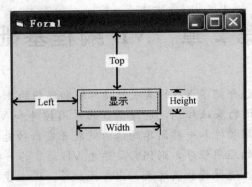

图 2-1　控件位置属性示意图

Height 属性和 Width 属性决定了控件的高度和宽度；Top 属性和 Left 属性决定了控件在窗体中的位置：Top 表示控件顶部到窗体顶部的距离，Left 表示控件左边框到窗体左边框的距离。对于窗体，Top 表示窗体顶部到屏幕顶部的距离，Left 表示窗体左边框到屏幕左边的距离。

在窗体上设计控件时，VB 提供了默认坐标系统：窗体的上边框为坐标横轴，左边框为坐标纵轴，窗体左上角定点为坐标原点，单位为 twip（缇）（1twip＝1/20 点＝1/1440in＝1/567cm）。

4. Enabled（是否可操作）属性

Enabled 属性决定控件是否允许操作。其属性值有：

True：允许用户进行操作，并对操作作出响应。

False：禁止用户进行操作，控件呈暗淡色。

5. Visible（是否可见）属性

Visible 属性决定控件是否可见。其属性值有：

True：程序运行时控件可见。

False：程序运行时控件隐藏起来，用户看不到，但是控件本身仍然存在。

6. Font（字体）系列属性

Font 系列属性用来改变文本的外观，其属性对话框如图 2-2 所示。

其中，FontName（字体）属性是字符类型；FontSize（字号）属性是整型；其他属性是逻辑型。当值为 True 时，分别表示：FontBold 为粗体，FontItalic 为斜体，FontStrikethru 为加一删除线，FontUnderline 为带下划线。

7. ForeColor（前景颜色）属性

该属性用来设置或返回控件的前景颜色（即正文颜色）。其值是一个十六进制常数，用户可以在调色板中直接选择所需颜色。

8. BackColor（背景颜色）属性

该属性用来设置正文以外的控件显示区域的颜色，其值设置同 ForeColor。

9. BackStyle（背景风格）属性

0-transparent：透明显示，即控件背景颜色不显示，控件后其他控件均可显示出来。

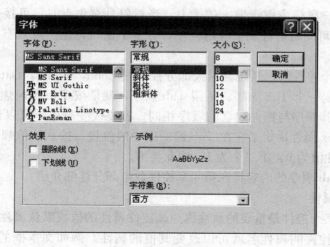

图 2-2　Font 属性对话框

1-Opaque：不透明，此时可为控件设置背景颜色。

10. BorderStyle（边框风格）属性

该属性用于设置边框样式。属性值有：

0-None：控件周围没有边框。

1-Fixed Single：控件带有单边框。

BorderStyle 属性在运行时是只读的。

注意： 上述属性值和意义仅适合于 Label、Text、Picture 等控件，对于窗体、Line、
Shape 等控件的 BorderStyle 属性有其他不同范围的值和意义。

11. MousePointer 属性

设置在运行状态下当鼠标移动到某对象上时，被显示的鼠标指针的类型。设置范围为
0～15，值若为 99 则为用户自定义图标，具体意义可以通过"帮助"功能查询。

12. MouseIcon 属性

设置自定义鼠标图标，文件类型为 .ico 或 .cur，图标库在 VB 安装目录下（一般为
C：\ Program Files \ Microsoft Visual Studio \ ）的 Common \ Graphics 目录下。该属性必
须在 MousePointer 属性设置为 99 时使用。

13. Alignment 属性

该属性决定控件上的对齐方式。其属性值有：

0-Left Justify：正文左对齐。

1-Right Justify：正文右对齐。

2-Center：正文居中。

14. AutoSize 属性

该属性决定控件是否自动调整大小。其属性值有：

True：自动调整大小。

False：保持原设计大小，正文若太长则自动裁减掉不显示。

15. TabIndex 属性

该属性决定了按 Tab 键时，焦点在各个控件之间移动的顺序。

焦点是接收用户鼠标或键盘输入的能力。当对象具有焦点时，可接受用户的输入。在 Windows 环境下，可同时运行多个应用程序，有多个窗口，但焦点只有一个。焦点可由用户或应用程序设置。

当窗体上有多个控件时，系统会对大部分控件（Menu，Timer，Data，Image，Line 和 Shape 等除外）分配一个 Tab 顺序。所谓 Tab 顺序，就是按 Tab 键时焦点在各个控件上移动的顺序。通常，其顺序与控件建立的顺序相同。若要改变顺序，可以设置控件的 TabIndex 属性，TabIndex 属性决定了它在 Tab 键顺序中的位置。按默认值规定，第一个建立的控件 TabIndex 属性值为 0，第二个为 1，依此类推。

关于焦点和 Tab 顺序的内容将在第 4 章控件数组部分详细介绍。

16. 控件默认属性

VB 中把反映某个控件最重要的属性称为该控件属性的值或默认属性。默认属性是指程序运行时不用指定控件的属性名就可以改变其值的属性。例如文本框的默认属性是 Text，标签的默认属性是 Caption，命令按钮的默认属性是 Default，图形框和图像框的默认属性都是 Picture 等。

以下两行代码的作用是相同的，都是令文本框内的文字变为"Hello"：

Text1. Text＝" Hello"

Text1＝ " Hello"   '给默认属性赋值

注意： Command 的默认属性为 Default，当该属性为 True 时按 Enter 键，等于单击了该控件。

2.1.2 窗体

窗体（Form）是一个窗口或对话框，它是存放控件的容器。打开 VB 的工程文件，首先看到的就是窗体，因此，窗体是应用程序的第一个对象。窗体也是一块"画布"，用户可以根据自己的需要利用工具箱上的控件类图标在"画布"上画出界面。

1. 常用属性

窗体属性决定了窗体的外观和操作，如图 2-3 所示。大部分窗体属性，既可以通过属性窗口设置，也可以在代码窗口通过编程设置。只有少数属性只能在属性窗口设置，或只能通过编程设置。

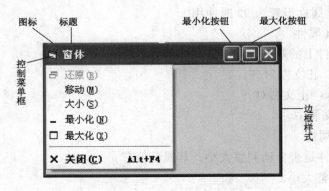

图 2-3　窗体外观

（1）MaxButton 属性和 MinButton 属性。当 MaxButton 为 True（默认值）时窗体右上角有最大化按钮，为 False 时无此按钮。当 MinButton 为 True（默认值）时窗体右上角有最小化按钮；为 False 时无此按钮。

（2）ControlBox 属性和 Icon 属性。ControlBox 属性用于确定控制菜单栏是否出现。当 ControlBox 属性为 True 时，窗体左上角有控制菜单框；为 False 时，无控制菜单框，这时系统会将 MaxButton 和 MinButton 自动设置为 False。

在属性窗口中，单击 Icon 设置框右边的"…"，打开一个"加载图标"对话框，用户可以选择一个图标文件装入。窗体的控制菜单框以该图标显示，否则以 VB 默认图标显示。

（3）Movable 属性。设置窗体是否可以移动。值为 True（默认值）时表示可以移动；值为 False 时表示不能移动。

（4）Picture 属性。该属性用于设置窗体所要显示的图片。在属性窗口中，可以单击 Picture 设置框右边的"…"，打开一个"加载图片"对话框，用户可以选择一个图形文件装入，也可以在代码窗体通过 LoadPicture 函数加载图形文件。

（5）WindowsState 属性。设置窗体在执行时的显示状态。其属性值有：

0-Normal：（默认值）正常窗口状态，有窗口边界。

1-Minimized：最小化状态，以图标方式显示于任务栏。

2-Maximized：最大化状态，充满整个屏幕。

（6）BorderStyle 属性。该属性用于设置边框的样式。其属性值有：

0-None：窗体无边框，无法移动及改变大小。

1-Fixed Single：窗体为单线边框，可移动，但不可改变大小。

2-Sizable：窗体为双线边框，可移动并可以改变大小，这是默认值。

3-Fixed Double：窗体为固定对话框，不可以改变大小。

4-Fixed Tool Window：窗体外观与工具条相似，有关闭按钮，不能改变大小。

5-Sizable Tool Window：窗体外观与工具条相似，有关闭按钮，能改变大小。

2. 常用事件

VB 窗体有很多事件。最常用的事件有 Click，DblClick 和 Load 事件。窗体的 Click 和 DblClick 事件较简单，通过下面的实例就可以理解，这里主要介绍 Load 事件。

传统程序设计中，一个应用程序结构一般以"变量说明→变量赋初值→功能处理→结果输出"这样的线性控制流进行，程序通常由一个主程序开始。而在 VB 中，事件驱动的执行方式，使得用户对程序结构有没头没尾的感觉。实际上程序的头就是启动窗体的 Load 事件（若无 Initialize 事件），程序的尾就是 End 语句所在的事件过程。

Load 事件是在窗体被装入工作区时触发的事件。当应用程序启动时，自动执行该事件，所以该事件通常用来在启动应用程序时对属性和变量进行初始化。

3. 方法

窗体上常用的方法有 Print，Cls 和 Move 等。Print 方法和 Cls 方法将在本书第 3.2.3 节中介绍，这里先介绍一下 Move 方法。

Move 方法用于移动窗体或控件，并可改变其大小。形式如下：

［对象.］Move 左边距离［,上边距离［,宽度［,高度］］］

其中，

（1）对象：可以是窗体及时钟外的所有控件。不论其用于窗体还是控件，基本方法都是相同的，只是对象的名称不同。省略对象时为窗体。

（2）左边距离、上边距离、宽度、高度：数值表达式，以 twip 为单位。如果对象是窗体，则"左边距离"和"上边距离"以屏幕左边界和上边界为准，否则以窗体的左边界和上边界为准，给出宽度和高度表示可以改变其大小。

例 2.1：可以增大或减小的窗体，左键单击增大，左键双击减小。

窗体上不需要添加任何控件，只是在其 Click 和 DblClick 事件中编写代码：

```
Private Sub Form _ Click()
      Form1. Width＝Form1. Width＋100
      Form1. Height＝Form1. Height＋100
End Sub
Private Sub Form _ DblClick()
      Form1. Width＝Form1. Width－200
      Form1. Height＝Form1. Height－200
End Sub
```

执行程序。单击窗体时，窗体的长、宽各增大 100 缇；而双击窗体时，窗体先是长、宽各增大 100 缇，然后又各减小 200 缇。请读者思考：产生这种现象的原因是什么？

例 2.2：可以左右移动的窗体，左键单击窗体向左移动、左键双击窗体向右移动。

与例 2.1 相同，窗体上不需要添加任何控件，只是在其 Click 和 DblClick 事件中编写代码：

```
Private Sub Form _ Click()
     Form1. Move Form1. Left－100
End Sub
Private Sub Form _ DblClick()
     Form1. Move Form1. Left ＋ 200
End Sub
```

执行程序。单击窗体时，窗体向左移动 100 缇；而双击窗体时，窗体先向左移动 100 缇，然后再向右移动 200 缇。产生这种现象的原因与例 2.1 相同。

本例使用了 Move 方法来实现窗体的移动。在例 1.1 中，我们介绍了通过改变对象的 Left 属性来移动对象的方法，读者可以思考：如何通过修改 Left 属性使窗体移动？

2.1.3 标签

标签（Label）是 VB 中最简单的控件，用于显示（输出）文本信息，但是不能作为输入信息的界面。标签控件的内容只能用 Caption 属性来设置或修改，不能直接编辑。

使用标签的情况很多，通常用标签来标注本身不具有 Caption 属性的控件。例如，可为文本框、列表框、组合框等控件来添加描述性的标签。还可编写代码改变标签控件的显示文本，以响应运行时的事件。例如，若应用程序需要用几分钟来处理某个操作，则可用标签显示处理情况的信息。

1. 常用属性

标签的属性很多，主要有：Caption, Font, ForeColor, BackColor, Left, Top, BorderStyle 和 BackStyle 等。这些属性在本章第 2.1.1 节中都有介绍，这里不再重复。

2. 事件和方法

标签可接收的事件有：Click 事件，DblClick 事件等，但一般很少使用标签事件，也就是说，一般只使用标签在窗体上显示文字，而不对其编写事件过程。

标签的方法中常用的只有 Move，其用法与窗体的 Move 方法基本相同。

例 2.3：可以改变文字颜色的标签。

首先创建一个工程，在已经有的窗体上放置 4 个标签 Label1，Label2，Label3，Label4，窗体和标签的有关属性设置见表 2-1，设计界面如图 2-4 所示。

表 2-1 可以改变文字颜色的标签程序窗体及控件属性设置

对象	属性	值	对象	属性	值
Form1	Caption	标签例子			
Label1	Caption	我的 D 盘我作主！	Label1	Font	字号 18 粗体
Label2	BackColor	&H000000FF&（红色）	Label2	Caption	
Label3	BackColor	&H00FF0000&（蓝色）	Label3	Caption	
Label4	BackColor	&H00C0FFFF&（黄色）	Label4	Caption	

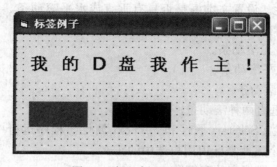

图 2-4　标签例子设计界面

分别在 Label2、Label3、Label4 的 Click 事件中编写代码，实现单击标签更改文字颜色的功能，其代码如下：

```
Private Sub Label2 _ Click()
    Label1. ForeColor = Label2. BackColor
End Sub
Private Sub Label3 _ Click()
    Label1. ForeColor = Label3. BackColor
End Sub
Private Sub Label4 _ Click()
    Label1. ForeColor = Label4. BackColor
End Sub
```

执行程序时，单击红色标签，则文字变为红色；单击蓝色标签，则文字变为蓝色；单击黄色标签，则文字变为黄色。

2.1.4　文本框

文本框（TextBox）可供用户输入数据，是 VB 显示文本和输入文本的主要方式。它提供了所有基本字处理功能，可以输入单行文本或多行文本，还具有根据控件的大小自动换行及添加基本格式的功能。

1. 常用属性

（1）Text 属性。文本框没有 Caption 属性，显示的文字内容存放在 Text 属性中。当程序执行时，用户通过键盘输入、编辑文本框的内容。

（2）MaxLength 属性。设置文本框中输入的字符串最大长度。默认值为 0，表示该单行文本框中字符串的长度只受操作系统内存的限制；若设置为大于 0 的数，则表示能够输入的最大字符数目。

注意：VB 6.0 中字符长度以字为单位，也就是一个西文字符与一个汉字都是一个字，长度为 1，占两个字节。

（3）MultiLine 属性。设置文本框是否以多行方式显示文本：值为 True 时以多行文本方式显示，超出文本框宽度的部分自动换行；值为 False（默认）时以单行方式显示，超出部分不显示。

（4）PasswordChar 属性。如果该属性设置为某一字符，那么 Text 属性中所有其他字符都将显示成该字符。另外，要想使该属性有效，MultiLine 属性必须设置为 False。

（5）ScrollBars 属性。设置文本框是否具有垂直或水平滚动条。当 MultiLine 属性设置为 True 时，本属性才有效。其属性值有：

0-None：（默认值）无滚动条。

1-Horizontal：有水平滚动条。

2-Vertical：有垂直滚动条。

3-Both：有水平和垂直两种滚动条。

（6）SelLength 属性、SelStart 属性和 SelText 属性。程序运行中，对文本框内容进行选择操作时，可用这三个属性来标识用户选中的正文。

SelLength：返回/设置选定的字符数。

SelStart：返回/设置选定文本的起始点，第一个字符的位置是 0，依此类推。

SelText：返回/设置包含当前选定文本的字符串。

设置了 SelStart 属性和 SelLength 属性后，VB 会自动将设定的文本送入 SelText 存放。这些属性一般用于在文本编辑中设置插入点及范围、选择字符串、清除文本等，并经常与剪贴板一起使用，完成文本信息的剪切、拷贝和粘贴等功能。

（7）Locked 属性。指定文本框控件是否可被编辑，默认为 False，表示可以编辑；当设置为 True 时，文本控件不可被编辑，仅相当于标签的作用。

2. 常用事件

（1）Change 事件。当文本框的内容被修改时触发，包括用户输入新内容、删除和编辑文本框内容或程序将 Text 属性设置成新值。每改变一次，就触发一次 Change 事件。例如，用户输入"Hello"一词时，会引发 5 次 Change 事件。

（2）KeyPress 事件。当用户按下并释放键盘上的一个 ANSI 键时，就会引发焦点所在控件的 KeyPress 事件，此事件会返回一个 KeyAscii 参数到该事件过程中。例如，当用户输入字符"a"，返回 KeyAscii 的值为 96。各个字符产生的 KeyAscii 的值可以查询 ASCII 码表。

与 Change 事件一样，每输入一个字符就会引发一次 KeyPress 事件。该事件最常用的功能是对输入的是否为回车符（KeyAscii 的值为 13）进行判断，表示文本的输入结束。

（3）LostFocus 事件。在一个对象失去焦点时发生，按 Tab 键或单击另一个对象都会发生 LostFocus 事件。

LostFocus 事件过程主要用来对数据更新进行验证和确认。通常用于检查 Text 属性的内容，比在 Change 事件过程中检查有效得多。

（4）GotFocus 事件。GotFocus 事件与 LostFocus 事件相仿，当一个对象获得焦点时发生。

3. 方法

文本框最有用的方法是 SetFocus 方法，该方法可把光标移动到指定的文本框中。当窗体上建立了多个文本框后，可用该方法把光标置于所需要的文本框上。其形式如下：

［对象.］SetFocus

例 2.4： 输入字母的大小写转换。

创建一个工程，在窗体上绘制 2 个标签和 2 个文本框。窗体和控件的属性设置见表 2-2。

表 2-2　　　　　　　　字母大小写转换程序窗体及控件属性设置

对象	属性	值
Form1	Caption	转换成大写字母
Label1	Caption	输入字母
Label2	Caption	大写字母
Text1	MultiLine	True
Text2	MultiLine	True

调整文本框和窗体的大小及位置，设计时界面如图 2-5 所示。

在代码窗体中添加如下事件过程：

```
Private Sub Text1 _ Change()
    Text2. Text = UCase（Text1. Text）    'Ucase() 是把小写字母转换成大写的函数，见 2.2.5 节
End Sub
```

执行程序。在第一个文本框内输入任意字母，第二个文本框内同步显示将第一个文本框的内容转换成大写字母后的结果。程序的执行界面如图 2-6 所示。

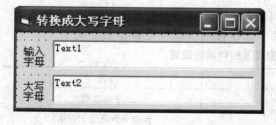

图 2-5　文本框示例程序设计界面　　　　图 2-6　文本框示例程序执行界面

本程序中使用 Change 事件来实现上述功能。请读者思考：如果将 Change 事件换成 KeyPress 事件，程序执行的效果会有何不同？

2.1.5　命令按钮

命令按钮（CommandButton）主要用来执行某一功能，通常在命令按钮 Click 事件中编写一段程序，当鼠标单击这个按钮时，就会启动这段程序，执行某一特定的功能。大多数

VB 应用程序中都有命令按钮。单击时，命令按钮不仅能执行相应的操作，而且看起来就像是被按下和松开一样，因此有时称其为"下压式按钮"。

1. 常用属性

（1）Cancel 属性。设置命令按钮是否为 Cancel 按钮，即当用户按 Esc 键时，是否触发它的 Click 事件。其属性值有：

True：表示响应 Cancel 事件，即用户按下 Esc 键时触发它的 Click 事件。

False：表示不响应 Cancel 事件。

（2）Caption 属性。设置命令按钮上显示的文字。在设置 Caption 属性时，如果某个字母前加入 "&"，则程序运行时标题中该字母带有下划线，该带下划线的字母成为快捷键，当用户按下 Alt＋快捷键，便可激活并操作该按钮。例如，设置某个按钮的 Caption 属性为 "&OK"，程序运行时会显示 "OK"，当用户按下 Alt＋O 快捷键时，相当于单击了该按钮。

（3）Style 属性。VB6.0 中的命令按钮上不但可以显示文字，还可以显示图形。要显示图形，需要先将 Style 属性设置为 1，然后在 Picture 属性中设置要显示的图形。运行时 Style 属性是只读的。

0-Standard：（默认）标准的，按钮上不能显示图形。

1-Graphical：图形的，按钮上可以显示图形的样式，也能显示文字。

（4）Picture 属性。设置命令按钮上显示的图形，点击属性右边 "…" 按钮选择要显示的图形文件（.bmp 和 .ico）。只有在命令按钮的 Style 属性设置为 1 时，才会在命令按钮上显示图形。

（5）ToolTipText（工具提示）属性。与 Picture 属性同时使用，当用户将鼠标移动到相应按钮上时，程序将显示 ToolTipText 属性保存的文本内容作为提示。如果仅用图形作为对象的标签，则能够使用此属性以较少的文字来解释每个对象。在以前的 VB 版本中，用户设计具有工具栏提示功能的界面，需要通过编写一段程序来实现，现在只要使用该属性就可以了。

2. 常用事件

命令按钮没有特殊的事件和方法，它最重要的事件是 Click 事件。

例 2.5：使用命令按钮控制标签上显示字符的放大和缩小。

创建一个工程，在窗体上绘制一个标签和两个命令按钮，属性设置见表 2-3。

表 2-3 　　　　　　　　　　　　标签文字放大缩小程序窗体及控件属性设置

对象	属性	值
Form1	Caption	字体放缩
Label1	Caption	欢迎来到测绘工程系！
Label1	AutoSize	True
Command1	Caption	文字放大
Command2	Caption	文字缩小

调整好控件的位置和大小，设计界面如图 2-7 所示。

为了使命令按钮能够控制标签上的文字放大或缩小，要在 Click 事件中编程，代码如下：

```
Private Sub Command1 _ Click()
    Label1. FontSize = Label1. FontSize ＋ 4
End Sub
Private Sub Command2 _ Click()
    Label1. FontSize = Label1. FontSize－4
End Sub
```

图 2-7　命令按钮控制文字放缩程序设计界面

运行程序，单击文字放大按钮，标签显示的文字增大；单击文字缩小按钮，文字缩小。

2.1.6　时钟

时钟（Timer）控件能有规律地以一定的时间间隔激发计时器事件（Timer），从而执行相应的程序代码。设计时可以看见它，而运行时它就隐藏起来。

1. 属性

（1）Enabled 属性。决定计时器控件是否开始计时。只有当 Enabled 属性为 True（默认）时，时钟控件才会开始计时，并每隔一段时间按触发一次 Timer 事件。

（2）Interval 属性。这是时钟控件的一个非常重要的属性，用于设置两个计时器事件之间的时间间隔，以 ms 为单位，设置的范围是 0～65535。例如，若将 Interval 属性值设置为 1000，则时钟控件每隔 1s 触发一次 Timer 事件。因为计时器在 1s 内最多产生 18 个事件，所以两个事件之间的时间间隔精确度不超过 1/18（s）。系统初始值设置为 0，表示不触发 Timer 事件。

2. 常用事件

时钟控件只有一个 Timer 事件。每隔 Interval 指定的时间间隔执行一次该事件过程。

例 2.6：标题栏显示当前日期和时间的窗体。

新建一个工程，在窗体上绘制 1 个时钟控件，窗体和时钟控件的属性设置见表 2-4。

表 2-4　　　　　　标题栏显示当前日期和时间程序的窗体及控件属性设置

对象	属性	值
Form1	WindowState	1-Minimized
Timer1	Interval	1000

窗体的设计界面如图 2-8 所示。在时钟控件的 Timer 事件里编写如下代码：

```
Private Sub Timer1 _ Timer()
```

```
    Form1.Caption = Now
End Sub
```

其中，Now 是 VB 的一个内部函数，返回值是当前的日期和时间值。该函数将在本章 2.2.5 节内部函数中详细介绍。

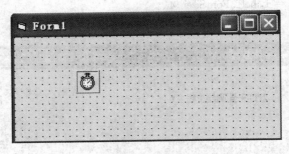

图 2-8　时钟示例设计界面

程序运行时最小化在任务栏里，窗体标题栏显示当前日期和时间，界面如图 2-9 所示。图 2-10 是程序以正常窗口大小运行时的界面。

图 2-9　时钟示例执行界面：标题栏

2.1.7　滚动条

VB 中的滚动条（ScrollBar）分为两种类型，即水平滚动条和垂直滚动条。滚动条与文本框、列表框等一起使用，通过它可以查看列表项目和数据，还可以进行数值输入。借助最大值和最小值的设置，并配合滚动条中移动方块的位置，就能读取用户指定的数值。

滚动条的结构为：两端各有一个滚动箭头，滚动箭头之间是滚动条部分，在滚动条上有一个能够移动的小方块，叫做滚动框。水平滚动条和垂直滚动条的结构和使用方法相同。滚动条在窗体上的外观如图 2-11 所示，左边的是水平滚动条，右边的是垂直滚动条。

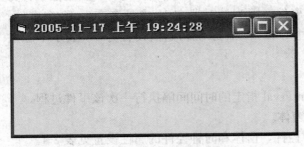

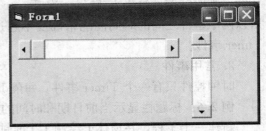

图 2-10　时钟示例执行界面：正常显示状态　　　图 2-11　水平滚动条和垂直滚动条

1. 常用属性

（1）Max 属性和 Min 属性。设置滚动条的最大值和最小值，其值介于 −32768～32767 之间。Max 的默认值为 32767，Min 的默认值为 0。对于水平滚动条来说，最左边为 Min，最右边为 Max；对于垂直滚动条来说，最下面为 Min，最上面为 Max。

（2）Value 属性。表示目前滚动框所在位置对应的值，它是滚动框位置与最大值、最小值换算而得的结果。

（3）LargeChange 属性。设置用鼠标单击滚动条中间的轴时，每次增减的数值。系统默认的数值为 1。

（4）SmallChange 属性。设置用鼠标单击滚动条两边的箭头时，每次增减的数值。系统默认的数值为 1。

2. 常用事件和方法

滚动条的方法很少使用，下面介绍滚动条的常用事件。

（1）Scroll 事件。只在移动滚动框时被触发，单击滚动箭头或单击滚动条均不能触发该事件。一般可用该事件来检测滚动框的动态变化。

（2）Change 事件。在滚动条的滚动框位置改变后被触发，即释放滚动框、单击滚动箭头或单击滚动条时，均会触发该事件。一般可用该事件来获得移动后的滚动框所在的位置值。

例 2.7：用滚动条改变文本显示的数值和标签颜色。

滚动条的一个常用方法是用来输入一定范围内的数值。本例中，我们用 3 个滚动条控制 3 个文本框中的数值，进而控制标签的背景色。

VB 支持 RGB 颜色系统，即使用红、绿、蓝三种基本颜色按不同比例（用 0～255 的整数表示）的混合来产生各种颜色。VB 提供了 RGB() 函数来根据给出的 R、G、B 三个分量的数值产生颜色。

本程序中，我们使用 3 个滚动条来控制 3 个文本框显示的数值，这些数值分别决定每种颜色当前的比例，用 3 个标签来说明哪个滚动条控制哪种颜色，用 1 个标签来显示用户调配成的颜色。设计界面如图 2-12 所示。窗体和各控件的属性设置见表 2-5。

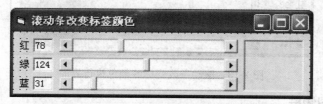

图 2-12　滚动条改变标签颜色设计界面

表 2-5　　　　　　　　　　　　滚动条改变文本显示的数值程序属性设置

对象	属性	值	对象	属性	值
Form1	Caption	滚动条改变标签颜色	HScroll1	Max	255
Form1	Name	frmMain	HScroll1	LargeChange	10
Label1	Caption	红	HScroll1	Value	78
Label2	Caption	绿	HScroll1	Name	HSR
Label3	Caption	蓝	HScroll2	Max	255
Label4	Caption		HScroll2	LargeChange	10
Text1	Text	78	HScroll2	Value	124
Text1	Name	txtR	HScroll2	Name	HSG
Text2	Text	124	HScroll3	Max	255
Text2	Name	txtG	HScroll3	LargeChange	10
Text3	Text	31	HScroll3	Value	31
Text3	Name	txtB	HScroll3	Name	HSB

在 3 个滚动条的 Change 事件中分别编写更改文本框内容和标签背景色的代码，代码如下：

```
Private Sub HSB _ Change()
    txtB = HSB. Value
    Label4. BackColor = RGB（Val（txtR），Val（txtG），Val（txtB））
End Sub
Private Sub HSG _ Change()
    txtG. Text = HSG. Value
    Label4. BackColor = RGB（Val（txtR），Val（txtG），Val（txtB））
End Sub
Private Sub HSR _ Change()
    txtR. Text = HSR. Value
    Label4. BackColor = RGB（Val（txtR），Val（txtG），Val（txtB））
End Sub
```

执行程序，移动滚动条，右侧标签显示 3 个滚动条调制的颜色，如图 2-13 所示。

思考：

（a）在程序中改变滚动条的值，文本内的数字发生相应改变，但滚动条的值并不随文本框内容的变化而变化。如何使滚动条的值也随文本框的变化而变化？

（b）程序中使用的是 Change 事件，如果改用 Scroll 事件，会有什么变化？

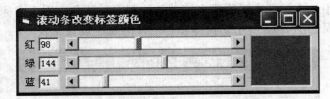

图 2-13　滚动条改变标签颜色执行界面

2.1.8　图片框和图像框

1. 图片框

图片框（PictureBox）用于在窗体的特殊位置上放置图形信息，也可以在一个图片框上放置多个控件，因此它可作为其他控件的容器。图片框可以使用 Print 方法显示文字和图形，也可以进行绘图。Print 方法将在下一章中介绍，而图形方面的编程不是本书介绍的内容，因此这里不做介绍。

图片框的常用属性有：

（1）Appearance 属性。返回/设置一个对象在运行时是否以 3D 效果显示。

（2）AutoSize 属性。决定控件是否能自动调整大小以显示所有的内容。

（3）Picture 属性。返回/设置图片框控件中显示的图形。在设置时，设计阶段可直接利用属性窗口指定，运行阶段可使用 LoadPicture 函数加载。

图片框的事件和方法主要用来执行图形操作，因此这里不做介绍。

2. 图像框

图像框（Image）也可以用来显示位图、图标、图元文件、增强型图元文件、JPEG 文件或 GIF 文件等。图像框与图片框的区别是：图像框控件使用的系统资源比图片框少，而且重新绘图速度快，但它仅支持图片框的一部分属性、事件和方法。两种控件都支持相同的图片格式，但图像框控件中可以伸展图片的大小使之适合控件的大小，而图片框则不能。

图像框的常用属性与图片框相似，也具有 Appearance 属性、Picture 属性等。但它没有 AutoSize 属性，即不能根据所装载的图片自动调整自身的大小。相应的，图像框有一个 Stretch 属性，它决定是否调整所装载的图形大小以适应图像框控件。该属性取值如下：

（1）False。默认值，图形载入时，图像框自身调整大小，使得图形可以填满图像框。

（2）True。当图形载入时，图形自动调整大小，填满整个图像框。

图像框的事件和方法很少使用。

2.2　VB 语言基础

2.2.1　数据类型

不同的数据具有不同的数据类型。在程序设计中，区分数据类型的意义在于可以通知系统给它分配多大的内存空间，同时也规定了这类数据所作的运算。在各种程序设计语言中，数据类型的规定和处理方法是各不相同的。

VB 不但提供了丰富的标准数据类型（表 2-6），还可以由用户自定义所需的数据类型。标准数据类型是系统定义的，自定义类型比较复杂，限于本书的应用，这里就不做介绍了。在 VB 中的标准数据类型有如下几种：

1．数值数据类型

数值（Numeric）类型用于表示数值类的数据，包括：Integer（整型）、Long（长整型）、Single（单精度浮点型）、Double（双精度浮点型）、Currency（货币型）和 Byte（字节型）。

表 2-6　　　　　　　　　　　　**Visual Basic 的数据类型**

数据类型	关键字	类型符	前缀	存储字节	举例
字节型	Byte	无	b	1	125
逻辑型	Boolean	无	f	2	True　False
整型	Integer	%	i	2	−32768　32767
长整型	Long	&	l	4	−2123456677
单精度型	Single	!	s	4	−3.4E19　1.4E-10
双精度型	Double	#	dbl	8	1.75885541D35　1.123456789
货币型	Currency	@	c	8	$12.345
日期型	Date	无	dt	8	27/11/2005
字符型	String	$	str	按需分配	"adfwed"
对象型	Object	无	对象	4	Command
变体型	Variant	无	v	按需分配	任意值

（1）Integer 和 Long。Integer 型和 Long 型用于保存整数，整数运算速度快、精确、占用存储空间小，但表示的数的范围也小。Integer 型占 2 个字节，首位是符号位，其余 15 位

可以存放的最大整数为 $2^{15}-1$，即 32767，当大于该值时，程序运行会产生"溢出"错误而中断；同样，当最小值小于 -32768 时，也会产生"溢出"，这时应采用 Long 型（采用 4 个字节存储，最大可以到 21 亿左右），甚至 Single 型或 Double 型。

VB 中整数表示形式为：$\pm n$ [%]，n 是 $0\sim9$ 组成的数字，% 是整型的类型符，可以省略。例如，123、-123、$+123$、123% 等都表示整数，而 123.0 不是整数而是单精度数。123，456 是非法数，因为其中出现了逗号。当要表示长整型数时，只要在数字后加"&"的长整型符号即可，例如 123& 表示的不是整型数而是长整型数。

（2）Single 和 Double。Single 型和 Double 型用于保存浮点实数，浮点实数表示的数的范围较大，但有误差，且运算速度慢。在 VB 中规定单精度浮点数精度为 7 位小数，双精度浮点数精度为 16 位小数。

单精度浮点数有多种表示形式：

$\pm n.n$（小数形式）、$\pm n!$（整数加单精型类型说明符）、$\pm nE\pm m$（指数形式，n、m 为无符号整数）、$\pm n.nE\pm m$（科学计数法形式）。

例如，123.45，123.45!，$+0.12345E3$（$=0.12345\times10^3$）都表示同值的单精度浮点数。

要表示双精度浮点数，对小数形式只要在数字后加"#"或用"#"代替"!"，对指数形式用"D"代替"E"或指数形式后加"#"。

例如，123.45#、0.12345D+3、0.12345E+3# 等都表示同值的双精度浮点数。

（3）Currency。Currency（货币型）是定点实数或整数，最多保留小数点右 4 位和小数点左 15 位，用于货币计算。表示形式是在数字后加@符号，例如 123.45@、1234@。

（4）Byte。Byte（字节型）用于存储二进制数。

经验：

（a）一般在用变量表示一个不带小数的数字时，可根据这个数字的大小，将此变量声明为 Integer 型或 Long 型。Long 型变量可以存储较大的整数，而 Integer 型变量可以存放较小的整数。

（b）在用变量表示一个带小数的数字时，可以根据对小数位精度的要求选用 Single 型或 Double 型。一般对精度要求较高的数值可以采用 Double 型，而对精度要求不高的数值可以采用 Single 型。

（c）货币型也适用于带小数的数值，只是对此数值有明确的位数限制。要求小数点左边有 15 位数字，而小数点右边有 4 位数字。

（d）字节型也可用来表示整数，但只能表示 $0\sim255$ 之间的整数，一般用于特定的用途，例如数字图像处理中用于存储图像灰度数据等，本书中不做详细介绍。

2. 字符数据类型

字符（String）类型用于表示由若干字符组成的字符串。字符包括所有的西文字符和汉字，两侧用双引号""""括起来。例如，"12345"，"abcd123"，"程序设计 ABC"。可以将一个表示数值的字符串赋值给一个数值型变量，也可以将一个数值赋给一个字符串变量。

注意：

（a）括起字符串的""""必须是半角的双引号。

（b）"" 表示空字符串，而" " 表示有一个空格的字符串。

（c）若字符串中有半角双引号，则要用连续两个半角双引号表示，如要表示字符串 123"abc，则应表示为"123""abc"。而全角的双引号被认为是一个汉字，不需要这样表示。

3. 逻辑（布尔）数据类型

逻辑（Boolean）数据类型用于表示只有两种相反取值的数据，只有 True 和 False 两个值，常用于逻辑判断。一般对于取值为 True 或 False、Yes 或 No 以及 On 或 Off 的情况，可以使用逻辑型变量来表示。当逻辑数据转换成整型数据时，True 转换为－1，False 转换为 0。当其他类型数据转换成逻辑数据时，非 0 数据转换为 True，0 转换成 False。

4. 日期数据类型

日期（Date）类型数据用于保存日期和时间，以 8 字节的浮点数来存储，它可以接受多种表示形式的日期和时间，表示的日期范围从公元 100 年 1 月 1 日到 9999 年 12 月 31 日，时间范围为 0：00：00～23：59：59。

日期类型数据有两种表示方法，一种是用两个"♯"符号把表示日期和时间的值括起来，括起来的内容应是任何一种字面上可被认做日期和时间的字符。如果输入的日期或时间是非法的或不存在的，系统将提示出错。例如，♯January 1，2000♯、♯10/12/2000♯和♯1998-5-12 12：30：00PM♯等都是合法的日期型数据。另一种是以数字序列表示，小数点左边表示日期，小数点右边表示时间，0 为午夜，0.5 为中午 12 点，负数代表 1899 年 12 月 31 日之前的日期和时间。

例如，下面的程序段：

```
Private Sub Form __ Click()
    Dim T As Date
    T=－2.5
    Print T
End Sub
```

用户单击窗体后，显示的数值数据转换成日期的结果为 1899-12-28 12：00：00。其中，Dim 语句为声明语句，该句含义为声明 T 为日期型变量。关于声明语句和变量的内容将在本节后面的内容中介绍。

5. 对象（Object）数据类型

对象（Object）变量作为 32 位（4 字节）地址来存储，该地址可用来引用应用程序中或某些其他应用程序中的对象。然后用 Set 语句指定一个被声明为 Object 的变量去引用应用程序所识别的任何实际对象。

6. 变体数据类型

变体（Variant）数据类型能够存储所有系统定义类型的数据。这种类型为 VB 的数据处理增加了智能性，是所有未定义的变量的默认数据类型，它对数据的处理完全取决于程序上下文的需要。它可以包括上述的所有数据类型。要检测变体类型变量中保存的数值究竟是什么类型，可以用 VarType() 函数进行检测。如果把不同类型的数据赋值给变体型变量，则不必在这些数据的类型间进行转换，VB 会自动完成任何必要的转换。

注意：用户不必过多关注 Variant 变量中数据的类型，就可以对 Variant 变量进行操作，但要注意：

（a）如果对 Variant 变量进行数学运算或函数运算，则 Variant 必须包含某个数；

（b）如果正在连接两个字符串，则用"&"运算符而不用"＋"运算符；

（c）当要求变量声明时，不允许有未定义的变量，变体类型的变量必须显式声明；

（d）由于变体类型数据的处理完全依赖于程序上下文，因此这也是一类非常容易出错的数据，建议初学者尽量不要使用。

2.2.2 变量和常量

计算机在处理数据时，必须将其装入内存。在机器语言与汇编语言中，借助于对内存单元的编号（称为地址）访问内存中的数据。而在高级语言中，需要将存放数据的内存单元命名，通过内存单元名来访问其中的数据。被命名的内存单元，就是变量或常量。

1. 变量或常量的命名规则

在 VB 6.0 中，命名一个变量或常量的规则如下：

（1）以字母或汉字开头，由汉字、字母、数字或下划线组成，长度不大于 255 个字符。

（2）不能使用 VB 中的关键字。

（3）VB 中不区分变量名的大小写，abc、abC、ABC 等都认为是同一个变量；为便于区分，一般变量首字母用大写字母，其余用小写字母表示，常量全部用大写字母表示。

（4）为了增加程序的可读性，可在变量名前加一个缩写的前缀来表明该变量的数据类型。缩写前缀的约定参见表 2-6 中的前缀。

例如，strFilename、intCount、sng 最大值、lngX＿y＿z、dtmYear 和 blnYesorNo 等都是合法的变量名。按照前缀的约定，它们分别是字符串、整型、单精度、长整型、日期型和逻辑型。要说明这些变量的类型，就需要对变量进行声明。

注意： 变量或常量名中可以带有汉字或全部都是汉字，这一点是 VB6.0 的一个特点。使用汉字作为变量名或常量名可以有效地增加程序的可读性，但是从编码的角度来讲不是很方便，读者可以自行取舍。

下列是错误的或使用不当的变量名：

3xy	'数字开头
Y-x	'不能出现减号
Wu dong	'不允许出现空格
Dim	'不能与 VB 的关键字重名
Abs	'与 VB 的标准函数重名，这虽然是允许的，但是不提倡

2. 变量

变量是在程序运行过程中值可以发生变化的量。变量用名字来表示其中存储的数据，用数据类型表示其中所存储数据的具体类型。还可以使用一种特殊的变量——数组来表示一系列相关的变量。

（1）变量声明。声明一个变量，主要目的就是通知程序在以后的程序中可以使用这个变量了。在 VB 中使用一个变量时，可以不加任何声明而直接使用，叫做隐式声明。这种方法虽然很方便，但是如果把变量名拼写错了的话，会导致一个难以查找的错误。因为当程序运行时拼写错了的变量名或者被 VB 当作一个隐式声明的新变量、或者与其他变量重名而修改了其他变量的值，都可能造成程序运行后得不到正确的结果。对于初学者，为了调试程序的方便，一般对变量使用显式声明比较好。

所谓显式声明，是指每个变量必须事先做声明，才能够正常使用，否则会出现错误警告。设置显式声明变量，可以在各种模块的声明部分中添加如下语句：

　Option Explicit

也可以在"工具"菜单中选择"选项"命令，在弹出的对话框中选择"编辑器"选项卡，将其中的"要求变量声明"复选标记选中。此种方法只能在以后生成的新模块中自动添加 Option Explicit 语句，对于已经存在的模块不能做修改，需要用户自己手工添加。

变量可被声明为在不同范围内使用，主要有如下几种情况：

1) 普通局部变量。这种变量只能在声明它的过程中使用，即不能在一个过程中访问另一个过程中的普通局部变量。而且变量在过程真正执行时才分配内存空间，过程执行完毕后立即释放空间，变量的值也就不复存在了。

声明此类变量的格式如下：

Dim 变量名［As 数据类型名］

其中："数据类型名"可以使用表 2-6 中列出的关键字；方括号部分表示可以省略，省略时默认为变体类型。

为方便定义，可在变量名后加类型符来代替"As 数据类型名"。此时变量名与类型符之间不能有空格。类型符参见表 2-6。一条 Dim 语句可以同时定义多个变量，但每个变量必须有自己的类型声明；不同变量之间用逗号隔开。

例如：

Dim intX As integer, intY As integer, sngTotal As single

等价于：

Dim intX％, intY％, sngTotal!

该语句分别声明了整型变量 intX、intY 和单精型变量 sngTotal。

对于字符串类型的变量，根据存放的字符串长度是否固定，有两种定义方法：

Dim 字符串变量名 As String

Dim 字符串变量名 As String ＊字符数

前一种方法定义的字符串将是不定长的字符串，最多可存放 2MB 个字符；后一种方法定义的是定长的字符串，存放的最多字符数由＊号后面的字符数决定。

例如，变量声明：

Dim strName As String　　　　　　　　'声明可变长字符串变量

Dim strPath As String ＊ 20　　　　　　'声明定长字符串变量，可存放 20 个字符

对上例中的定长字符串变量 strPath，若赋予的字符少于 20 个，则后面用空格补足；若赋予的字符超过 20 个，则多余部分截去。

2) 静态局部变量。这种变量也只能在声明它的过程中使用，属于局部变量。但是与普通局部变量的差别在于：静态局部变量在整个程序运行期间均有效，并且过程执行结束后，只要程序还没有结束，该变量的值就仍然存在，该变量占有的空间不被释放。

声明此类变量的格式如下：

Static 变量名［As 数据类型名］

3) 模块变量。这种变量必须在某个模块（窗体、标准模块、类模块）的通用声明部分进行预先声明，可以使用于该模块内的所有过程，但其他模块内的过程不能使用。

一般在声明此类变量时，使用如下格式：

Private 变量名［As 数据类型名］

4）全局变量。这种变量也必须在某个模块的声明部分预先声明，可以被使用在该模块及其他模块内的所有过程中，也即在整个程序内有效。

此类变量声明格式如下：

Public 变量名［As 数据类型名］

局部变量使用的机会比较多。使用局部变量具有一大好处：可以在多个过程中使用同一个变量名字。因为局部变量只在此过程中使用，所以与其他过程中的变量重名时不会出现混淆的情况。

在使用模块变量和全局变量时，如果出现重名的情况，可以在使用时用模块名加变量名的方法来区分重名的不同变量。例如：在一个窗体模块 Form1 中声明了一个模块变量 x，而在另一个窗体模块 Form2 中也声明了一个模块变量 x。则使用 Form1 中的变量 x 时，可以用 Form1.x 的格式来引用；而使用 Form2 中的变量 x 时，可以用 Form2.x 的格式来引用。

（2）变量赋值。在声明一个变量后，给变量赋值是经常使用的操作，其格式如下：

变量名 = 表达式

可以使用一个表达式的数值来给某个变量赋值。一个普通的常量、变量均属于简单的表达式。例如，给一个变量 X 赋值，可以使用如下几种表达式进行：

$X=5$

$X=Y$

$X=X+1$

其中的 Y 是一个已经赋过数值的变量。以上 3 个赋值语句都是合理的，均将右边表达式计算后的数值赋给变量 X。有关赋值语句的详细用法将在本书第 3.1.2 节中介绍。

（3）变量引用。需要使用变量中的值时，必须引用变量的名字来取出其中存放的数值。使用时，直接在需要的位置上写上变量的名字，系统会自动从变量中取出相应的数值进行计算。

例如：将变量 Y 的值赋给变量 X，就必须引用变量 Y，将其中的数值取出赋给 X，也即将变量 Y 的值存放在变量 X 的内存空间中。使用代码如下：

$X=Y$

3. 常量

常量是在程序运行中不变的量，它用名字来表示某个数值，将无意义的单纯数字用有含义的符号来表示，方便用户使用。VB 提供了很多内部常量，还允许用户自己建立常量。

VB 中有 3 种常量：直接常量、用户声明的符号常量和系统提供的常量。

（1）直接常量。直接常量用常量值本身表示其值及类型，也可以在常量值后紧跟类型符显式地说明常量的数据类型。下面是一些常用的直接常量的具体说明：

1）字符串常量。用双引号括起来的一串字符。这些字符可以是除双引号""""和回车、换行符以外的所有字符。例如："A"、"123"、""""。如果一个字符串仅有双引号（即双引号中无任何字符，也不含空格），则称该字符串为空字符串。

2）数值常量。数值常量共有 5 种表示方式：整数、长整数、定点数、浮点数和字节数。例如，123、123&、123.45、1.2345E2、123D3 分别表示整型、长整型、单精型（小数形式）、单精型（指数形式）、双精型（指数形式）。在 VB 中除了十进制数以外，还有八进制、十六进制常数。八进制常数是在数值前加 &O，例如 &O123、&O456；十六进制常数是在数值前加 &H，例如，&HAB1、&H1234。而字节数是从 0～255 的无符号数，所以不能表示负数。例如：96，100，0。

3）布尔常量。布尔常量只有 True（真）和 False（假）两个值。

4）日期常量。用两个"#"符号把表示日期和时间的值括起来表示日期常量。例如：#12/18/2000#。

（2）用户声明的符号常量。如果在程序中经常用到某些常数值，或者为了便于程序阅读和修改，用户可以用自定义的符号常量表示。符号常量与变量一样，也有局部、模块级和全局的作用范围，只是常量的值是固定不变的。

声明常量的形式如下：

Const 符号常量名［As 类型］=表达式

其中，"符号常量名"的命名规则同变量名，为了便于与一般变量名区别，常量名一般用大写字母；"As 类型"说明了该常量的数据类型，若省略则数据类型由"表达式"决定，用户也可以在常量后加类型说明符来定义该常量的类型；"表达式"可以是数值常数、字符串常量、日期常量等，以及由运算符组成的表达式。

例如：

```
Const PI=3.14159          '声明了常量 PI，代表 3.14159，单精度型
Const MAX As Integer=&O144  '声明了常量 MAX，代表八进制数 144，整型
Const SCORE # =45.67       '声明了常量 SCORE，代表 45.67，双精度型
```

注意：（a）常量一旦声明，在其后的代码中只能引用，不能改变，即只能出现在赋值号的右边，不能出现在赋值号的左边。

（b）常量可以用其他常量定义，因此要注意避免循环定义，以免导致程序无法正常运行。

例如，下面的常量声明就引起了循环定义：

```
Const A=B*2
Const B=A/3
```

（3）系统提供的常量。除了用户通过声明创建的符号常量外，VB 系统还提供了应用程序和控件定义的常量，这些常量位于对象库中，在"对象浏览器"中的 Visual Basic（VB）或 Visual Basic for Applications（VBA）等对象库中列举了 Visual Basic 的常量。

其他提供对象库的应用程序，如 Microsoft Excel 和 Microsoft Project，也提供了常量列表，这些常量可与应用程序的对象、方法和属性一起使用。在每个 ActiveX 控件的对象库中也定义了常量。

为了避免不同对象中的同名常量互相混淆，在引入时可使用两个小写字母前缀，限定在那个对象库中，例如：

vb：表示 VB 和 VBA 中的常量；

xl：表示 Excel 中的常量。

通常，使用符号常量可使程序变得易于阅读和编写。同时，常量值在 Visual Basic 更高版本中可能还要改变，符号常量的使用也可使程序保持兼容性。例如，窗口状态 WindowsState 属性可接受下列常量 0（或 vbNormal）、1（或 vbMinimized）、2（或 vbMaximized），在程序中使用语句 Form1. WindowsState＝vbMaximized 将窗口最大化，显然要比使用 Form1. WindowsState＝2 易于阅读。

一个常用的 VB 系统常量是 vbCrLf，表示回车加换行，在文本框显示中非常有用。

2.2.3　运算符

运算符是代表某种运算功能的符号。VB 程序会按运算符的含义和运算规则执行实际的运算操作。VB 的运算符包括算术运算符、字符串运算符、关系运算符和逻辑运算符等。

1. 算术运算符

VB 提供了完备的数学运算符，可以进行复杂的数学运算。表 2-7 按运算优先级从高到低的顺序列出了 VB 的算术运算符的含义和实例，其中 i 变量为整型，值为 3。

表 2-7　　　　　　　　　　　　　VB 中的数学运算符

运算符	说　明	实　例	结　果
^	指数运算符	i^3	27
—	负号运算符	—i	—3
* /	乘法和除法运算符	i＊2,i/2	6,1.5
\	整除运算符	i\2	1
Mod	求模运算符	i Mod 2	1
＋ —	加法和减法运算符	i＋3,i—4	6,—1

表中，"—"运算符在单目运算（单个操作数）中作取负号运算，在双目运算（两个操作数）中作算术减运算。运算优先级指当表达式中含有多个运算符时，各运算符执行的优先顺序。

注意：算术运算符两边的操作数应是数值型，若数字字符或逻辑型参加运算，则自动转换成数值类型后再运算。

2. 字符串运算符

字符串运算符有两个："＆"和"＋"，它们都是将两个字符串连接起来。在字符串变量后使用运算符"＆"时应注意，变量与运算符"＆"间应该加一个空格，否则会将"＆"误作长整型的类型定义符。例如：

```
"VB"&"程序设计"        '结果为"VB 程序设计"
"Hello  "＋"World"      '结果为"Hello World"
```

两个字符串运算符的区别是："＋"运算符要求两旁都是字符型，若有一个操作数为数值型，则 VB 会当做算术加运算进行，把不是数值型的操作数转换成数值型再作加法运算；若有非数字的字符型操作数，则运算出错；而"＆"连接符两旁的操作数不管是字符型还是数值型，系统都将它们先转换成字符型，再进行连接运算。因此，为了安全起见，进行字符串连接操作时，尽量使用"＆"运算符。例如：

```
"100"＋ 123        '结果为 223
"100" & 123        '结果为"100123"
"abc"＋123         '出错
```

3. 关系运算符

关系运算符用来确定两个表达式之间的大小关系。关系运算符与运算数构成关系表达式，关系表达式的最后结果为布尔值（真或假）：若关系成立，返回 True，否则返回 False。关系运算符的操作数可以是数值型、字符型。关系运算符常用于条件语句和循环语句的条件判断部分。表 2-8 列出了 VB 中的关系运算符。

表 2-8　　　　　　　　　　　　　　　　VB 中的关系运算符

运算符	说　　明	实　　例	结　　果
=	相等运算符	"ABR"="ABCD"	False
<>	不等运算符	"ABR"<>"ABCD"	True
>	大于运算符	"bc">"学校"	False
<	小于运算符	25<7	False
>=	大于或等于运算符	3>=2	True
<=	小于或等于运算符	7<=35	True
Like	字符串模式匹配运算符	"abcdef"Like" * bc * "	True
Is	对象一致比较运算符	—	—

比较时的规则：

（1）如果两个操作数是数值型，按其值的大小比较。

（2）如果两个操作数是字符型，按字符的 ASCII 码值从左到右一一比较，即首先比较两个字符串的第一个字符，其 ASCII 码值大的字符串大；如果第一个字符相同，则比较第二个字符，依此类推，直到出现不同的字符为止。

（3）汉字字符大于西文字符。

（4）各关系运算符的优先级相同时，按从左到右的顺序进行比较。

"Like" 运算符与通配符 "?"、" * "、"#"、[字符系列表]、[! 字符系列表] 结合使用，在数据库的 SQL 语句中经常使用，用于模糊查询。其中，"?" 表示任何单个字符，" * " 表示 0 个或多个字符，"#" 表示任何一个数字（0～9），[字符系列表] 表示字符列表中的任何单一字符，[! 字符系列表] 表示不在字符列表中的任何单一字符。

例如，找姓名变量中姓张的学生，表达式为：姓名 Like " 张 * "

"Is" 关系运算符用于对象变量引用比较。

4. 逻辑运算符

逻辑运算符用于判断运算数之间的逻辑关系。表 2-9 列出了 VB 中的逻辑运算符（表中 T 表示 True，F 表示 False）。逻辑运算符除 Not 是单目运算符，其余都是双目运算符。

表 2-9　　　　　　　　　　　　　　　　VB 中的逻辑运算符

运算符	说　　明	实　　例	结　　果
Not	取反运算符 （运算数为假时，结果为真，反之结果为假）	Not F Not T	T F
And	与运算符 （运算数均为真时，结果才为真）	T And T T And F F And T F And F	T F F F

运算符	说 明	实 例	结 果
Or	或运算符 （运算数中有一个为真时，结果为真）	T Or T T Or F F Or T F Or F	T T T F
Xor	异或运算符 （运算数相反时，结果才为真）	T Xor F T Xor T	T F
Eqv	等价运算符 （运算数相同时才为真，其余结果均为假）	T Eqv T T Eqv F	T F
Imp	蕴含运算符（第一个运算数为真，第二个运算数为假时， 结果才为假，其余结果均为真）	T Imp F T Imp T	F T

关于逻辑运算符有以下几点说明：

（1）逻辑运算符中最常用的是 Not、And 和 Or。其中，And、Or 的使用要注意区分清楚，它们用于将多个关系表达式进行逻辑判断。当有多个条件时，And（也称逻辑乘）必须条件全部为真才为真，Or（也称逻辑加）只要一个条件为真就为真。

例如，某校评选一等奖学金的条件是体育达到良、平均达到 85 分，名次在班级前 10 名，三个条件必须同时具备，这时应该用 And 连接三个条件：

体育成绩＞＝良 And 平均成绩＞＝85 And 班级排名＜＝10

如果用 Or 连接三个条件：

体育成绩＞＝良 Or 平均成绩＞＝85 Or 班级排名＜＝10

就成了只要三个条件满足一条就能够拿到一等奖学金了。

（2）若逻辑运算符对数值进行运算，则以数字的二进制值逐位进行逻辑运算。例如：

12 And 7

表示对 12、7 的二进制数 1100 和 0111 做 And 运算，得二进制值 0100，即十进制数 4。

（3）对一个数连续进行两次 Xor 操作，可恢复原值。在动画设计时，用 Xor 模式可恢复原来的背景。

2.2.4 表达式

表达式由变量、常量、运算符、函数和圆括号按一定的规则组成。表达式通过运算后有一个结果，运算结果的类型由数据和运算符共同决定。

1. 表达式的书写规则

（1）乘号不能省略。例如，a 乘以 b 应写成 $a*b$，而不是 ab，这会误认为是新的变量。

（2）括号必须成对出现，均使用圆括号，可以出现多个圆括号，但是要配对。

（3）表达式从左到右在同一基准上书写，无高低、大小区分。

例如：数学表达式 $\dfrac{(a+2b)-c}{ab^2}$，写成 VB 表达式为：

((a＋2*b)－c)/(a*b^2)

对于初学者，想要熟练掌握将数学表达式写成正确的 VB 表达式，需要做大量的练习。

2. 不同数据类型的转换

在算术运算中，如果操作数据有不同的数据精度，则 VB 规定运算结果的数据类型采用精度高的数据类型。即按如下箭头方向转换：

Integer→Long→Single→Double→Currency

但当 Long 型数据与 Single 型数据运算时，结果为 Double 型数据。

3. 优先级

前面已经介绍过，算术运算符、逻辑运算符都有不同的优先级，关系运算符的优先级相同。当一个表达式中出现了多种不同类型的运算符时，其优先级顺序如下：

算术运算符＞字符运算符＞关系运算符＞逻辑运算符

可以在有多种运算符并存的表达式中增加圆括号，以改变优先级或使表达式更清晰。对于初学者来说，这一点尤其重要。

例如，前面例子中，如果去掉最后一对括号，则变成 $((a+2*b)-c)/a*b\hat{}2$，结果是否会发生变化，请读者考虑。

2.2.5　常用内部函数

VB 提供了大量的内部函数（或称标准函数）供用户在编程时调用。内部函数按其功能可分成数学函数、转换函数、字符串函数、日期函数和格式输出函数等。下面的叙述中，用 N 表示数值表达式，C 表示字符表达式，D 表示日期表达式。用户可以通过"帮助"菜单，获得所有内部函数的使用方法。

1. 数学函数

数学函数与数学中的定义一致，表 2-10 列出了常用的数学函数。关于数学函数有如下几点说明：

（1）在三角函数中，自变量 N 以弧度表示。Sqr 函数的自变量不能是负数。

（2）Log 和 Exp 互为反函数，即 Log（Exp（N））、Exp（Log（N））的结果还是自变量 N 值。

（3）Rnd 函数返回的范围为 [0，1），即小于 1 但大于或等于 0 的双精度随机数。默认情况下，每次运行一个应用程序，VB 提供相同的种子，即 Rnd 产生相同序列的随机数。为了每次运行时，产生不同序列的随机数，可执行 Randomize 语句。该语句形式如下：

Randomize [number]

用 number 将 Rnd() 函数的随机数生成器初始化，给该随机数生成器一个新的种子值。如果省略 number，则用系统计时器返回的值作为新的种子值。

表 2-10　　　　　　　　　　常用数学函数

函数名	含 义	实 例	结 果
Abs(N)	取绝对值	Abs(−3.5)	3.5
Atn(N)	反正切函数	Atn(1)	0.785398(弧度)
Cos(N)	余弦函数	Cos(0)	1
Exp(N)	e 为底的指数函数，即 e^x	Exp(3)	20.086
Log(N)	以 e 为底的自然对数	Log(10)	2.3
Rnd[(N)]	产生随机数	Rnd	[0~1)之间的数

续表

函数名	含　义	实　例	结　果
Sin(N)	正弦函数	Sin(0)	0
Sgn(N)	符号函数	Sgn(-3.5)	-1
Sqr(N)	平方根	Sqr(9)	3
Tan(N)	正切函数	Tan(0)	0

数学函数的使用举例如下：

（1）将数学表达式 $x^2 e^3 + |x+y| - \sin 30° + \sqrt{xy} - \lg 5$ 写成 VB 表达式为：

x^2*exp(3)+abs(x+y)-sin(30*3.14159/180)+sqr(x*y)-log(5)/log(10)

（2）要产生 [30，50] 之间的随机数：

Int(Rnd() * 21+30)

注意：要产生在一定范围内的随机数通常可以用 Int（Rnd() * 范围＋基数）来实现。

2. 转换函数

常用转换函数见表 2-11。关于转换函数有以下几点说明：

表 2-11　　　　　　　　　　　　**常用转换函数**

函数名	功　能	实　例	结　果
Asc(C)	字符转换成 ASCII 码值	Asc("A")	65
Chr(N)	ASCII 码值转换成字符	Chr(65)	"A"
Fix(N)	取整,小数部分丢掉	Fix(-3.5), Fix(3.5)	-3, 3
Int(N)	取小于等于 N 的最大整数	Int(-3.5), Int(3.5)	-4, 3
Round(N)	四舍五入取整	Round(-3.5), Round(3.5)	-4, 4
Oct(N)	十进制转换成八进制	Oct(100)	144
Hex(N)	十进制转换成十六进制	Hex(100)	64
Val(C)	数字字符串转换成数值	Val("123AB")	123
Str(N)	数值转换成字符串	Str(123.45)	"123.45"
Ucase(C)	小写字母转为大写字母	Ucase("aBc")	"ABC"
Lcase(C)	大写字母转换为小写字母	Lcase("1aBC")	"1abc"

（1）Chr() 和 Asc() 互为反函数，即 Chr（Asc（C））、Asc（Chr（N））的结果为原来变量的值。

（2）Str() 函数将非负数值转换成字符串后，会在字符串左边增加一个空格即符号位。

（3）Val() 函数将数字字符串转换为数值类型，当字符串中出现数值类型规定外的字符时，则停止转换，函数返回的是停止转换前的结果。

（4）VB 还有其他的类型转换函数，例如 CInt()、CBool()、CSng() 和 CStr() 等，详细说明和例子参阅帮助功能。

3. 字符串操作函数

（1）InStr() 函数。用于查找字符串的子串，形式如下：

InStr([N1,]C1,C2,[,M])

其作用是在 C1 中从 N1 开始查找 C2，省略 N1 表示从头开始查找，若找到 C2，则返回 C2 在 C1 中的位置，否则返回 0。例如，InStr（"abcdefgh","bc"）的返回值是 2。

（2）Left() 函数、Right() 函数、Mid() 函数。用于从某个字符串中取出其中的一部分。Left() 函数从字符串的左侧开始取，Right() 函数从右侧开始取，而 Mid() 函数可以指定从哪个位置开始取和取几个字符。三个函数都将字符串的取出部分作为一个新的字符串返回。函数的格式为：

Left（C，N）　　　　　　　'取 C 左侧 N 个字符

Right（C，N）　　　　　　 '取 C 右侧 N 个字符

Mid（C，N1［，N2]）　　　'从 C 的第 N1 个字符开始取，共取 N2 个字符；N2 省略则取到 C 的末尾

例如：

Left（"VB 程序设计"，3）　　　　　　'返回值为 "VB 程"

Right（"VB 程序设计"，3）　　　　　 '返回值为 "序设计"

Mid（"VB 程序设计"，3，2）　　　　 '返回值为 "程序"

（3）Len() 函数。求字符串的长度，其形式如下：

Len（C）

返回值是 C 的长度。例如，Len（"高等教育 ABC"）的返回值为 7。

（4）Ltrim() 函数、Rtrim() 和 Trim() 函数。去掉字符串中的有关空格。Ltrim(C) 表示去掉 C 左侧的空格，Rtrim（C）表示去掉 C 右侧的空格，Trim（C）表示同时去掉 C 两侧的空格。例如：

Ltrim（"　　ad23　　"）　　　'返回值为 "　　ad23　　"

Rtrim（"　　ad23　　"）　　　'返回值为 "　　ad23　　"

Trim（"　　ad23　　"）　　　 '返回值为 "　　ad23　　"

4. 日期时间函数

VB 中的日期时间函数很多，这里只简单介绍几个。

Date() 函数：返回系统日期。例如，Date() 的返回值为 2005-11-10。

TimeV() 函数：返回系统时间。例如，Time() 的返回值为 11：29：36AM。

Now 函数：返回系统的日期和时间。

Day() 函数：返回日期代号（1～31）。

Month() 函数：返回月份代号（1～12）。

Year() 函数：返回年份代号（1753～2078）。

Hour() 函数：返回小时（0～24）。

Minute() 函数：返回分钟（0～59）。

Second() 函数：返回秒（0～59）。

5. Format() 函数

用于数值、日期或字符串的格式化输出，此函数的格式为：

Format（表达式，［格式字符串]）

其中，表达式为要格式化的数值、日期和字符串类型的表达式，格式字符串表示要输出的指定的格式。格式字符串有数值格式、日期格式和字符串格式三类。

（1）数值格式化。数值格式化是将数值表达式的值按"格式字符串"的格式输出。有关格式见表 2-12。

表 2-12　　　　　　　　　　　　　　　　　常用数值格式符及举例

符号	作　　用	数值表达式	格式字符串	结　果
0	实际数字位数小于符号位数,数字前后加 0,大于时整数部分按实际显示,小数部分四舍五入	1234.567 1234.567	"00000.0000" "000.00"	01234.5670 1234.57
#	实际数字位数小于符号位数,数字前后不加 0,大于时同上	1234.567 1234.567	"#####.####" "###.##"	1234.567 1234.57
.	加小数点	1234	"0000.00"	1234.00
,	千分位	1234.567	"#,##0.0000"	1,234.5670
%	数值乘以 100 并加%	1234.567	"####.##%"	123456.7%
$	在数字前加 $	1234.567	"$###.##"	$1234.57
+	在数字前加+	1234.567	"+###.##"	+−1234.57
−	在数字前加−	1234.567	"−###.##"	−1234.57
E+	用指数表示	0.1234	"0.00E+00"	1.23E-01
E−	用指数表示	1234.567	".00E−00"	.12E04

（2）字符串格式化。字符串格式化是将字符串按"格式字符串"指定的格式进行大小写显示。常用的格式字符串及举例见表 2-13。

表 2-13　　　　　　　　　　　　　　　　　常用字符串格式符及举例

符号	作用	字符串表达式	格式字符串	结果
<	强制以小写显示	HELLo	"<"	Hello
>	强制以大写显示	Hello	">"	HELLO
@	实际字符位数小于符号位数,字符前加空格	Hello	"@@@@@@@"	□□Hello
&	实际字符位数小于符号位数,字符前不加空格	Hello	"&&&&&&&"	Hello

（3）日期时间格式化。日期时间格式化将日期类型表达式的值或数值表达式的值以日期、时间的序数值按"格式字符串"指定的格式输出。有关格式见表 2-14。

说明：

（a）时间分钟的格式说明 m、mm 与月份的说明符相同，区分的方法是，跟在 h、hh 后的是分钟，否则是月份；

（b）非格式说明符"—"、"/"、":"等照原样显示。

例 2.8：Format() 函数格式化时间。

在窗体的标题栏和标签控件上显示当时运行的日期和时间。程序设计界面如图 2-14 所示，执行界面如图 2-15 所示。

表 2-14	常用日期和时间格式符		
符号	作　用	符号	作　用
d	显示日期(1~31),个位前不加 0	dd	显示日期(1~31),个位前加 0
ddd	显示星期缩写(Sun~Sat)	dddd	显示星期全名(Sunday~Saturday)
ddddd	显示完整日期(yy/mm/dd)	dddddd	显示完整日期(yy yy 年 mm 月 dd 日)
w	星期为数字(1~7,1 是星期日)	ww	一年中的星期数(1~53)
m	显示月份(1~12),个位前不加 0	mm	显示月份(1~12),个位前加 0
mmm	显示月份缩写(Jan~Dec)	mmmm	显示月份全名(January~December)
y	显示一年中的天(1~366)	yy	两位数显示年份(00~99)
yyyy	四位数显示年份(0100~9999)	q	季度数(1~4)
h	显示小时(00~23),个位前不加 0	hh	显示小时(00~23),个位前加 0
m	在 h 后显示分(0~59),个位前不加 0	mm	在 h 后显示分(0~59),个位前加 0
s	显示秒(00~59),个位前不加 0	ss	显示秒(00~59),个位前加 0
tttt	显示完整时间(小时、分和秒),默认格式位 hh:mm:ss	AM/PM am/pm	12 小时的时钟,午前为 AM 或 am,午后为 PM 或 pm
A/P,a/p	12 小时式,午前为 A/a,午后为 P/p	—	—

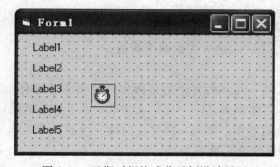

图 2-14　日期时间格式化示例设计界面

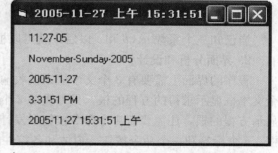

图 2-15　日期时间格式化示例执行界面

```
Private Sub Form _ Load()
    Timer1. Interval = 1000
End Sub
Private Sub Timer1 _ Timer()
    Form1. Caption = Now
    Label1. Caption = Format (Date, "m/d/yy")
    Label2. Caption = Format (Date, "mmmm-dddd-yyyy")
    Label3. Caption = Format (Date, "ddddd")
    Label4. Caption = Format (Time, "h-m-s AM/PM")
    Label5. Caption = FormatDateTime (Now)          'VB 新提供的函数
End Sub
```

6. Shell() 函数

Shell() 函数用于调用各种应用程序。凡是在 DOS 或 Windows 下运行的可执行程序,都可以在 VB 中调用。Shell() 函数的格式如下:

Shell (命令字符串,[窗口类型])

其中,命令字符串表示要执行的应用程序名(包括路径),程序必须是可执行文件(扩

展名为 .exe、.com、.bat）；窗口类型表示执行应用程序的窗口大小，可选择 0～4 的整数或 6。一般取 1，表示正常窗口状态；默认是 2，表示窗口以一个有焦点的图标显示。

函数成功调用时的返回值是一个任务标识 ID，它是运行程序的唯一标识，用于程序调试时判断执行的应用程序正确与否。例如，要调用 Windows 的计算器，可以使用如下代码：

i＝Shell("c：\ windows \ calc. exe"，1)

程序执行后，会显示计算器界面，可以用该计算器程序进行有关的计算。

2.3 应用举例

2.3.1 解一元二次方程

1. 数学模型

本节我们来设计一个求解一元二次方程的程序。首先来分析一下问题的数学模型。一个一元二次方程由二次项系数、一次项系数和常数项确定，有两个实根或两个虚根。我们现在先假设方程只有两个实根，下一章来考虑如何让程序自动判断方程根的情况。

对于一个一般的一元二次方程 $ax^2+bx+c=0$，当判别式 $\Delta=b^2-4ac\geq0$ 时，方程有两个实根，它们分别是

$$x_1=\frac{-b+\sqrt{b^2-4ac}}{2a}, \quad x_2=\frac{-b-\sqrt{b^2-4ac}}{2a}$$

当已知三个系数 a、b 和 c 以后，就可以根据上式求解方程的两个实根。

2. 界面分析和设计

程序的界面上需要有 3 个文本框来接收输入的一元二次方程的系数和常数项，还要有 2 个文本框显示求得的方程的根，另外需要 3 个标签来辅助显示一元二次方程、2 个标签辅助显示方程的根，还需要有 1 个命令按钮触发计算的动作。因此，需要在窗体上绘制 5 个文本框、5 个标签和一个命令按钮。窗体和各控件的属性设置见表 2-15。

表 2-15   解一元二次方程程序窗体及控件属性设置

对象	属性	值	对象	属性	值
Form1	Caption	解一元二次方程	Text1	Text	1
Label1	Caption	x * x	Text2	Text	+2
Label2	Caption	x	Text3	Text	+1
Label3	Caption	=0	Text4	Text	0
Label4	Caption	x1=	Text5	Text	0
Label5	Caption	x2=	Command1	Caption	计算

适当调整窗体和控件的大小以及控件的位置，程序设计界面如图 2-16 所示。

3. 编写代码

对命令按钮的 Click 事件编程，实现一元二次方程的求解，并将结果显示在 Text4 和 Text5 中。代码如下：

```
Private Sub Command1 _ Click()
    Dim a#, b#, c#, X1#, X2#
    a = Text1. Text  ：  b = Text2. Text  ：  c = Text3. Text
    X1=(-b+Sqr (b*b-4*a*c))/(2*a)
```

$$X2=(-b-Sqr(b*b-4*a*c))/(2*a)$$

　　Text4. Text = X1　；　Text5. Text = X2

End Sub

4. 运行调试

　　程序运行后，输入一个有实根的一元二次方程的系数，点击"计算"按钮，会显示方程的解。由于程序中还没有编写判断方程根的分布情况的代码，因此当输入的方程无实根时，程序会报错终止。在下一章学习了 VB 语言基础知识之后，我们将对本程序进行进一步的完善。程序执行时的界面如图 2-17 所示。

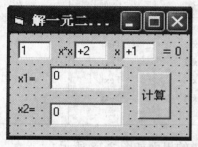

图 2-16　解一元二次方程设计界面

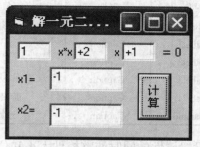

图 2-17　解一元二次方程执行界面

2.3.2　由三角形边长求面积

1. 数学模型

　　已知一个三角形三边的边长求三角形的面积，是测量工作中经常遇到的问题。求解的方法有两种：一是先由余弦定理求一个角的余弦值，再由同角正余弦关系求得该角的正弦，最后用正弦定理求三角形面积；另一种方法是通过著名的海伦公式直接由边长求面积。

　　当已知一个三角形的任意两边及其夹角的正弦值时，可以使用正弦定理

$$S=\frac{1}{2}ab\sin C \tag{2-1}$$

求得该三角形的面积。但本节中只已知三角形的三个边长，没有已知角条件，所以需要先使用三角形三边的余弦定理求出某个角的余弦值，例如

$$\cos C=\frac{a^2+b^2-c^2}{2ab} \tag{2-2}$$

然后根据同角的正余弦之间的关系求出该角的正弦值

$$\sin C=\sqrt{1-\cos^2 C} \tag{2-3}$$

再将该正弦值带入式（2-3-1）中，求得三角形的面积。

　　使用海伦公式由三角形三边求面积则比较简单，海伦公式的形式如下：

$$S=\sqrt{p(p-a)(p-b)(p-c)} \tag{2-4}$$

其中

$$p=\frac{a+b+c}{2} \tag{2-5}$$

　　本节只给出用海伦公式求面积的实现方法，读者可以自己实现用余弦定理和正弦定理求三角形面积的方法，并比较这两种方法的异同。

2. 界面分析和设计

　　本程序需要 3 个文本框输入三角形 3 个边长，并需要 3 个标签来辅助说明文本框的输入

内容，另外需要 1 个文本框输出计算结果，同样需要 1 个标签辅助说明输出结果的含义。还需要 1 个命令按钮提供计算的事件。另外，我们还设计一个数据清零的过程，以方便下一次数据的输入，也需要 1 个命令按钮来触发事件。这样程序需要 4 个文本框、4 个标签及 2 个命令按钮。

新建一个工程，在窗体上绘制 4 个文本框、4 个标签和 2 个命令按钮，属性设置见表 2-16。

表 2-16　　　　　　　　　求三角形面积程序窗体及控件属性设置

对象	属性	值	对象	属性	值
Form1	Caption	三角形面积	Command2	Caption	清零
Label1	Caption	a	Text1	Text	3
Label2	Caption	b	Text2	Text	4
Label3	Caption	c	Text3	Text	5
Label4	Caption	面积=	Text4	Text	
Command1	Caption	计算	—	—	—

设置属性的同时调整控件大小和位置，程序设计时的界面如图 2-18 所示。

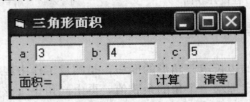

图 2-18　求三角形面积设计界面

3. 编写代码

在"计算"按钮的 Click 事件中编写根据海伦公式求解三角形面积的代码，如下：

```
Private Sub Command1 __ Click()
    Dim a#，b#，c#，p#，s#
    a＝Text1. Text
    b＝Text2. Text
    c＝Text3. Text
    p＝(a＋b＋c)/2
    s＝Sqr（(p－a)*(p－b)*(p－c)*p）
    Text4. Text＝s
End Sub
```

在"清零"按钮的 Click 事件中编写清空文本框等待下次输入的代码，如下：

```
Private Sub Command2 __ Click()
    Text1. Text ＝ ""
    Text2. Text ＝ ""
    Text3. Text ＝ ""
    Text4. Text ＝ ""
    Text1. SetFocus
End Sub
```

4. 执行调试

运行程序，输入三角形三边的长度，点击"计算"按钮，程序显示三角形的面积。单击"清零"按钮，程序清空所有文本框的内容，并将焦点定位在第一个文本框上等待输入。执行时界面如图 2-19 所示。

图 2-19　求三角形面积的执行界面

2.3.3　高斯投影带号计算

1. 数学模型

高斯投影是我国采用的地图投影方法，它从 $0°$ 子午线起，每隔经差 $6°$ 自西向东分带，称为 $6°$ 带。带号 N_e 依次编为 $1 \sim 60$。位于各带中央的子午线，称为中央子午线，其经度 L_0 可按照下式计算：

$$L_0 = N_e \times 6° - 3°（N_e \text{ 为带号}）\tag{2-6}$$

若已知某点的经度 L，求该点所在的 $6°$ 带的带号可以用下式计算：

$$N_e = \text{Int}(L/6 + 1)\tag{2-7}$$

2. 界面分析和设计

本程序的输入值是某地的经度，输出值是该地所在的 $6°$ 带带号和中央子午线经度。因此需要 3 个文本框输入和输出，同时需要 3 个标签辅助说明，另需 1 个命令按钮来触发计算的事件。本程序中再增加 1 个退出按钮，单击退出按钮、程序终止。因此，共需 3 个文本框、3 个标签和 2 个命令按钮。

新建一个工程，在窗体上绘制 3 个文本框、3 个标签和 2 个命令按钮，窗体和各控件属性设置见表 2-17，程序设计状态的界面如图 2-20 所示。

表 2-17　　　　　　　已知经度求带号程序窗体及控件属性设置

对象	属性	值	对象	属性	值
Form1	Caption	带号计算	Label1	Caption	经度
Command1	Caption	计算	Label2	Caption	带号
Command2	Caption	退出	Label3	Caption	中央子午线

3. 代码编写

本程序没有在设计状态下清空文本框，而是在窗体的 Load 事件中进行，代码如下：

```
Private Sub Form _ Load()
    Text1. Text = ""
    Text2. Text = ""
    Text3. Text = ""
End Sub
```

在"计算"按钮的 Click 事件中编写由经度计算带号和中央子午线的代码，如下：

```
Private Sub Command1 _ Click()
    Dim L#，N%
    L=Text1. Text
    N=L \ 6+1
    Text2. Text = N
```

```
        Text3. Text = N * 6 - 3
    End Sub
```

在"退出"按钮中，使用了 End 语句来结束程序的运行，End 语句将在第 3 章详细介绍，这里只是使用一下，代码如下：

```
Private Sub Command2 __ Click()
    End
End Sub
```

4. 执行调试

程序运行时，输入某地经度后，单击"计算"按钮，计算并显示带号和中央子午线经度；单击"退出"按钮。程序终止。运行时界面如图 2-21 所示。

图 2-20　根据经度求带号程序设计界面

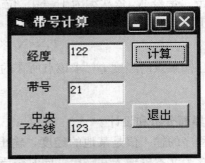

图 2-21　带号计算执行界面

2.3.4　距离相对误差的计算*

1. 数学模型

距离观测的精度采用相对误差表示，即往返距离的较差 $\Delta D = D_{ab} - D_{ba}$ 的绝对值与往返测的平均值 D_0 之比，并将分子化为 1，分母取整至百位数的分数，公式如下：

$$K = \frac{|\Delta D|}{D_0} = \frac{1}{D_0 / |\Delta D|} \tag{2-8}$$

2. 界面分析和设计

本程序需要 2 个文本框输入距离的往测和返测观测值，2 个文本框输出平均距离和距离的相对误差分母，另需 7 个标签来辅助说明。本程序设计了 2 个命令按钮，一个用来执行计算，一个用来执行清零。这样程序需要 4 个文本框、7 个标签及 2 个命令按钮。

新建一个工程，在窗体上绘制 4 个文本框、7 个标签和 2 个命令按钮，窗体和各控件的属性设置见表 2-18。

表 2-18　　　　　　　　　　相对误差计算程序窗体及控件属性设置

对象	属性	值	对象	属性	值
Form1	Caption	距离测量的精度	Label1	Caption	往测：
Text1	Text		Label2	Caption	米
Text2	Text		Label3	Caption	返测：
Text3	Text		Label4	Caption	米
Text4	Text		Label5	Caption	平均：

续表

对象	属性	值	对象	属性	值
Command1	Caption	计算	Label6	Caption	米
Command2	Caption	清零	Label7	Caption	精度:1/

设置属性的同时调整控件大小和位置，程序设计时的界面如图 2-22 所示。

3. 编写代码

在"计算"按钮的 Click 事件中编写计算平均距离和相对精度的代码，如下：

```
Private Sub Command1 __ Click()
    Dim Sw#, Sf#, Sa#, Sd#, r#
    Sw=Val (Text1. Text)
    Sf=Val (Text2. Text)
    Sa=(Sw + Sf)/2
    Sd=Abs(Sw—Sf)
    r=Int(Sa * 100/Sd)/100
    Text3. Text=Trim(Str (Sa))
    Text4. Text = Trim(Str (r))
End Sub
```

在"清零"按钮的 Click 事件中编写清空文本框的代码，参见本章第 2.3.2 节。

4. 执行调试

运行程序，输入距离往测和返测值，单击"计算"按钮，程序显示距离平均值和距离相对误差；单击"清零"按钮，程序清空所有文本框的内容，并将焦点定位在第一个文本框上等待输入。执行时界面如图 2-23 所示。

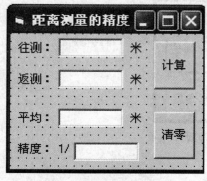

图 2-22　距离精度计算设计界面

图 2-23　距离精度计算执行界面

2.3.5　角度弧度换算

1. 数学模型

角度和弧度之间的换算也是测量学中经常用到的计算。由于一般测量仪器观测得到的值都是度分秒形式，而 VB 的三角函数用弧度进行计算，因此有必要设计角度和弧度换算的程序。在输入时，将度分秒的形式化为弧度表示，为程序计算做准备；在输出时，将弧度换算成度分秒形式，以利于显示输出。

设一个角用角度表示为 A（度），弧度表示为 R（弧度），则角度与弧度互化公式为：

角度化为弧度
$$R=\frac{A\times\pi}{180°}\qquad(2\text{-}9)$$

弧度化为角度
$$A=\frac{R\times180°}{\pi}\qquad(2\text{-}10)$$

2. 界面分析和设计

程序需要 4 个文本框分别输入或显示度数、分数、秒数以及弧度值，相应有 5 个辅助说明标签，还需要有 2 个命令按钮触发角度弧度换算事件。另外设计 1 个清零按钮，便于下一次的输入。因此，程序共需要 4 个文本框、5 个标签和 3 个命令按钮。

新建一个工程，在窗体上绘制 4 个文本框、5 个标签和 3 个命令按钮，窗体和各控件的属性设置见表 2-19。

表 2-19 　　　　　　　　　　角度弧度换算程序窗体及控件属性设置

对象	属性	值	对象	属性	值
Form1	Caption	角度弧度换算	Text2	Text	0
Label1	Caption	角度：	Text3	Text	0
Label2	Caption	度	Text4	Text	0
Label3	Caption	分	Command1	Caption	角度->弧度
Label4	Caption	秒	Command2	Caption	弧度->角度
Label5	Caption	弧度：	Command3	Caption	清零
Text1	Text	0			

设置后调整控件的位置和大小，设计窗体如图 2-24 所示。

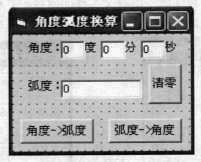

图 2-24　角度弧度换算程序设计界面

3. 代码编写

有关变量和常量的声明如下：
```
Dim a%, b%, c%, d#
Const PI = 3.14159265   '将圆周率 π 定义为常量
```
在"角度→弧度"按钮的 Click 事件中编写角度换算为弧度的代码，如下：
```
Private Sub Command1 _ Click()
    a=Text1. Text
    b=Text2. Text
    c=Text3. Text
    d=a+b/60+c/3600              '十进制度表示
```

```
        d=d * PI/180                          '化为弧度
        Text4. Text = Format（d,"0. 000000"）
End Sub
```

在"弧度→角度"按钮的 Click 事件中编写弧度换算为角度的代码，如下：

```
Private Sub Command2 __ Click()
        d=Text4. Text
        d=d * 180/PI                '化为十进制度
        a=Int(d)                    '获得度数
        d=(d−a) * 60
        b=Int(d)                    '获得分数
        d=(d−b) * 600               '秒数取小数点后一位
        c = Int（d)/10♯             '获得秒数
        Text1. Text=a
        Text2. Text=b
        Text3. Text=c
End Sub
```

在"清零"按钮的 Click 事件中编写文本框清零的代码，参见本章第 2.3.2 节。

4. 执行调试

运行程序，输入角度后，单击"角度→弧度"按钮，可以将角度换算为弧度；输入弧度后，点击"弧度→角度"按钮，可以将弧度换算为角度；点击"清零"按钮，可以清空各文本框内容，等待输入。执行界面如图 2-25 所示。

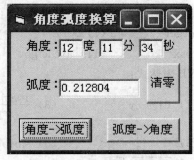

图 2-25　角度弧度换算执行界面

小　结

使用 VB 编写程序的基础知识，包括控件基础和语言基础。属性、事件和方法是 VB 控件学习的三个重要内容。本章在介绍窗体和控件的有关内容前，先介绍了这些对象的共同的基本属性，然后主要介绍了窗体和几个最常用的基本控件的有关内容和使用方法。和任何一门编程语言一样，用 VB 编写代码时也需要遵循一定的语法规则，本章在语言基础部分介绍了 VB 的常用数据类型、变量和常量的定义和使用、运算符和表达式以及常用的内部函数。窗体和控件可以创建应用程序界面，语言基础可以书写程序代码。有了这两方面的基础知识以后，本章在最后给出了几个简单的应用举例来说明前述的编程基础知识如何在实际中应用，需要读者反复练习、熟练掌握。

习 题

问答题：

1. 为了使一个控件不可见，应对该控件的什么属性如何设置？若要使一个控件不可用，应对该控件的什么属性如何设置？

2. 要使一个文本框在程序开始运行时就获得焦点应如何实现？

3. 为使标签的大小随其显示的内容的变化而变化，应对哪个属性如何设置？要修改标签显示的内容应修改哪个属性？要修改文本框显示的内容应修改哪个属性？

4. 标签和文本框的区别是什么？标签和命令按钮的区别是什么？

5. 确定一个控件的位置和大小的属性有哪些？若要一个控件运行时在窗体的中央，应在窗体的 Load 事件中如何设置这些属性？

6. 要使时钟控件每秒钟发生两次 Timer 事件，应对哪个属性如何设置？

7. 说明下列哪些是 VB 合法的直接常量，并分别指出它们的类型。

(1) 100.0   (2) %100   (3) 1E1   (4) 123D3

(5) 123，456   (6) 0100   (7) "asdfs"   (8) "1234"

(9) ♯2005/11/27♯   (10) π   (11) &O100   (12) True

(13) &H 123   (14) &H12ag   (15) −1125.24!   (16) T

8. 下列符号中，哪些是 VB 合法的变量名？

(1) a123   (2) a12__3   (3) 123__a   (4) 中华__1 号

(5) a 123   (6) Integer   (7) XYZ   (8) False

(9) cos（x）   (10) cosx   (11) abcdefgh   (12) π

9. 把下列算术表达式写成 VB 表达式：

(1) $|a^2+b|-c^3$ (2) $(1+xy^2)^3$ (3) $\dfrac{10x+\sqrt{3}y}{xy}$

(4) $\dfrac{-b+\sqrt{b^2-4ac}}{2a}$ (5) $\dfrac{1}{\frac{1}{r_1}+\frac{1}{r_2}+\frac{1}{r_3}}$ (6) $\sin 45°+\dfrac{e^{10}+\ln 10}{\sqrt{x+y+1}}$

10. 根据条件写 VB 表达式：

(1) 产生一个 100～200（包括 100 和 200）之间的正整数。

(2) 将变量 x 的值按四舍五入保留小数点后两位。例如，x 的值为 1.2345，保留后的值应为 1.23。

(3) 取字符串变量 S 中第五个字符起 4 个字符。

(4) 表示 $1 \leqslant x \leqslant 15$ 的关系表达式。

(5) x 与 y 中有一个小于 z。

(6) x 和 y 都小于 z。

11. 写出下列表达式的值：

(1) 123 + 23 \ 7 + Asc ("S")

(2) 100 + "100" & 100

（3）Int（68.555＊100＋0.5）/100

（4）已知 S＝"89708770"，求表达式 Val（Left（S，4）＋Mid（S，4，2））的值。

（5）Len（"Visual Basic 程序设计"）

12. 将数字转换成字符串要用什么函数？判断是否是数字字符串使用什么函数？取字符串中某几个字符用什么函数？大小写字母之间的转换用什么函数？

13. 要使一个单精度变量 x 分别保留 1 位、2 位、3 位小数，应如何实现？

编程题：

14. 设计一个只能显示大写字母文本框，要求用 KeyPress 事件实现。

15. 设计一个密码和明码的显示程序。

16. 设计一个程序，窗体上的命令按钮不但控制文字放缩，而且控制左右移动。

17. 设计一个用时钟控制文字移动、字体大小和颜色改变的程序。

18. 用正余弦定理求三角形面积，并比较计算结果与海伦公式方法的异同。

19. 角度弧度换算中，如何让程序在文本框内容改变的同时，就计算角度或弧度？

20. 利用 Shell() 函数，在 VB 程序中分别调用画图和 Word 程序。

第3章 简单的程序设计

上一章介绍了 VB 编程的基础知识，包括 VB 最基本的几个控件以及 VB 语言基础，如数据类型、常量和变量、运算符和表达式、内部函数等。本章将介绍 VB 语言中的顺序结构和选择结构这两种比较简单的结构，并总结 VB 程序中数据的输入和输出方法，接着介绍框架、复选框、单选钮和列表框、组合框等选择控件，以及程序调试和帮助等有关内容。最后是一些应用的例子。

本章将要涉及的例子包括：解一元二次方程程序的完善；两点间距离和坐标方位角的计算；水平角的计算；竖直角的计算；三角高程测量的计算；交会定点（包括前方交会、测边交会、后方交会）。

3.1 顺序结构

VB 虽然采用事件驱动方式将应用程序划分成相对较小的子过程，但是每一个子过程仍要用到结构化程序设计的方法。结构化程序设计包含三种基本结构：顺序结构、选择结构和循环结构。本章先介绍较简单的顺序结构和选择结构，循环结构将在下一章中介绍。

所谓顺序结构，就是按照语句的顺序一条一条地执行。一般的程序设计语言中，顺序结构的语句主要是赋值语句、输入/输出语句等。本节将介绍 VB 语言的书写规则和 VB 中的赋值语句、注释语句及 End 语句。输入输出方法将在下一节中作总结。

3.1.1 VB 语言的书写规则

和任何程序设计语言一样，VB 编写代码有一定的书写规则，其主要规定如下：

（1）VB 代码中不区分字母的大小写。

1）为了提高程序的可读性，VB 对用户程序代码进行自动大小写转换。

2）对于 VB 中的关键字，首字母总被转换成大写，其余字母被转换成小写。

3）若关键字由多个英文单词组成，自动将每个单词首字母转换成大写。

4）对于用户自定义的变量、过程名，VB 以第一次定义的为准，以后输入的自动向首次的定义转换。

（2）语句书写自由。

1）在同一行上可以书写多条语句，语句间用"："号分隔。

2）单行语句可分若干行书写，在本行后加上续行符" _"（由一个空格字符和一个下划线字符组成）。

3）一行最多允许书写 255 个字符。

（3）注释有利于程序的维护和调试。

1）注释以 Rem 开头，也可以以" ' "引导注释内容。

2）可以使用"编辑工具栏"的"设置注释块"、"解除注释块"按钮，使选中的若干行语句（或文字）成为注释或取消注释。

（4）行号与标号。VB 代码中接受行号与标号，但行号与标号不是必须的。标号是以字母开始并以冒号结束的字符串，一般用在转向语句中。结构化程序设计中应尽量限制转向语句的使用。

例如，下面是一段代码的书写形式：

```
9 Rem This is an example
Dim A As String, B As Boolean, _          '续行，下行还有
BirthDay As Date
X=15：y=10                                  '两条语句书写在同一行
Z=(x−y)＊3
```

3.1.2　赋值语句

赋值语句是最简单和最基本的顺序结构语句，在前面的示例程序中已经不止一次使用过，这里再将有些概念重申一下。赋值语句的形式如下：

［Let］变量名＝表达式

其中，关键字 Let 为可选项，通常都省略该关键字。"表达式"可以是任何类型的表达式，一般其类型应与"变量名"的类型一致。

注意： 赋值语句要求右端表达式的类型与左端变量的类型相容。例如，不能将字符串表达式的值赋给数值变量，也不能将数值表达式的值赋给字符串变量，否则，将会在编译时出现错误。但数据类型相容时可以赋值，例如，可以把单精型表达式赋给整型变量。

赋值语句具有计算和赋值的双重功能。它先计算"＝"号右边的表达式，再把结果赋给"＝"号左侧的变量。不要把赋值号"＝"与关系运算符的等号混淆。等号表示其两侧的值相等，而赋值号"＝"的作用是将一个值赋给一个变量。下面两个语句作用是不同的：

```
x=y      '将 y 的值赋给 x
y=x      '将 x 的值赋给 y
```

因此赋值号两侧的内容不能随意互换。例如：$z=x+y$ 不能写成 $x+y=z$。因为赋值语句要求"＝"左边只能是一个变量名，而"$x+y$"是一个非法的变量名。

引用变量的值不会改变变量的现行值。例如：

x=2：y=x：z=x

执行上面的语句后，变量 x、y、z 的值均为 2。

数值型变量可以与自身相运算，字符型变量可以与自身相连接。例如：

```
x=5
x=x+1
```

表示将 x 的原值 5 加 1，把它们的和 6 送回变量 x 中。这种累加经常用到，变量 x 可以起到计数器或循环累加变量的作用。

字符型变量 st 与自身相连接。例如：

```
st="Good"
st=st & "morning"
```

连接后 st 的值为："Goodmorning"。

注意： 在 VB 中，如果变量未被赋值而直接引用，则数值型变量的值为 0，字符型变量的值为空串""。

给变量赋值和设定属性是 VB 编程中常见的两项任务，例如：

```
A＝0.1                                   '给变量 A 赋值 0.1
Text1.Text＝""                          '清除文本框的内容
Text1.Text ＝"VB 程序设计"               '让文本框显示字符串
```

这里有几点说明：

（1）赋值号与关系运算符中的等于号都用"＝"表示，但 VB 系统会根据所处的位置自动判断是哪种意义的符号，即在条件表达式中出现的是等号，其余场合出现的是赋值号。例如，赋值语句 $a＝b$ 和 $b＝a$ 的含义不同，而关系表达式中 $a＝b$ 和 $b＝a$ 则是两种等价的表示方法。初学者要注意区分这两种情况。

（2）赋值号左边只能是变量，不能是常量或表达式。下面是错误的赋值语句：

```
Tan(a)＝x＋y                            '左边是表达式，即函数的调用
5＝abs(b)＋z                            '左边是常量
x＋y＝7                                 '左边是表达式
```

但是在关系表达式中"＝"前是允许出现上述情况的，请读者注意区分。

（3）不能在一条赋值语句中同时给多个变量赋值。在某些编程语言（如 C 语言）里允许同时给多个变量赋值，但是 VB 中要求各变量分别赋值。例如要给 a、b、c 三个变量赋初值 0，如下书写在语法上没有错误，但是结果不正确：

```
Dim x%, y%, z%
x＝y＝z＝1
```

执行该语句前 x、y 和 z 变量的默认值是 0。VB 编译时并不是把 1 分别赋给这三个变量，而是将右边两个"＝"作为关系运算符处理，最左边的"＝"作为赋值运算符。执行时，先进行 $y＝z$ 的比较，结果为 True（-1），接着进行 True＝1 的比较，结果为 False（0），最后将 False 赋值给 x。因此最后三个变量中的值都是 0。

正确的书写形式如下：

```
x＝1：y＝1：z＝1                        '也可以分行书写
```

3.1.3　End 语句

End 语句在前面的例子中已经用到过，用来结束一个程序的运行。其使用语法如下：

```
End
```

VB 中还有多种形式的 End 语句，用于停止执行过程或语句块，在过程或控制语句块中经常使用，其形式包括：End If、End Select、End Sub、End Function 等。End 语句可以在过程中的任何位置关闭程序。执行时，End 语句会重置所有模块级别变量和所有模块的静态局部变量。若要保留这些变量的值，改为使用 Stop 语句，则可以在保留这些变量值的基础上恢复执行。

注意：End 语句不调用 Unload、QueryUnload 或 Terminate 事件或任何其他 VB 代码，只是生硬地终止代码执行，并且释放程序所占用的内存。

End 语句提供了一种强迫中止程序的方法。只要没有其他程序引用该程序公共类模块创建的对象并无代码执行，程序将立即关闭。

3.2　输入和输出

在第 1 章中，我们已经总结过创建 VB 应用程序的四个步骤，包括绘制界面、设置属

性、编写代码和执行调试。而程序的使用过程大体可以分为数据输入、数据运算、结果输出三个部分，因此数据的输入和输出在程序设计中占有很重要的地位。程序的输入和输出方式不仅决定了程序的界面如何设计，而且也是代码编写的一个主要内容。

在程序设计中所说的输入，指的是数据从计算机的输入设备或外部存储介质，如键盘、鼠标、扫描仪、摄像头、手写识别或语音识别设备、硬盘、光驱、软驱等输入到程序的内存变量当中；而输出指的是数据从程序的内存变量输出到计算机的输出设备或外部存储介质，如屏幕、打印机、硬盘、光驱、软驱等。

VB 的输入有文本框、InputBox() 函数和文件等方式，而输出方式主要有文本框、Print 方法、MsgBox 函数（过程）、文件等。文本框控件在第 1 章已经介绍，文件的操作将在第 4 章介绍，下面主要介绍 InputBox() 函数、MsgBox 函数（过程）和 Print 方法。

3.2.1　InputBox() 函数

此函数用于将用户从键盘输入的数据作为函数的返回值返回到当前程序中。用此函数的一个优点在于：该函数使用的是对话框界面，可以提供一个良好的交互环境。

该函数在使用时，将输入的数据以返回值形式返回程序，其格式为：

InputBox(提示 [，标题][，默认][，x 坐标位置，y 坐标位置][，帮助文件，帮助上下文])

各参数的含义详述如下：

（1）提示。为字符串型变量，用于设置出现的对话框中的提示信息。可以通知用户该对话框要求输入何种数据，此提示信息在一行内不能容纳时会自动换行到下一行输出，但总长度不能超过 1024 个字符，否则会被删掉。如果要自己指定换行位置，则可以在适当的位置添加回车换行符（vbCrlf 或 Chr（13）+Chr（10））。使用时，此参数不能省略。

（2）标题。为字符串型变量，用于设置对话框的标题信息，即对话框的名称。可以简单介绍对话框的功能，一般在对话框顶部的标题栏中显示。此参数可以省略，省略时程序把应用程序名放入标题栏中。

（3）默认。为字符串型变量，用于设置在输入区内默认的输入信息。一般此参数为该对话框常用的输入值，使用此参数是为了方便用户输入。使用时，此参数可以省略。

（4）x 坐标位置。为整型数值变量，用于设置对话框与屏幕左边界的距离值，即该对话框左边界的横坐标，单位是缇（twip）（1 英寸＝1440 缇）。

（5）y 坐标位置。也是一个整型数值变量，用于设置对话框与屏幕上边界的距离值，即该对话框上边界的纵坐标，单位也是缇（twip）。一般在使用时，"x 坐标位置"和"y 坐标位置"是成对出现的，可以同时给出，也可以全部省略。在省略时，系统会给出一个默认数值，令对话框出现在屏幕的中间偏上的位置。

（6）帮助文件。为字符串变量或字符串表达式，用于表示所要使用的帮助文件的名字。使用时，此参数可以省略。例如：要使用 C 盘根目录下的帮助文件 readme. hlp，可将此项设置为"C：\ readme. hlp"。

（7）帮助上下文。为一个数值型变量或表达式，用于表示帮助主题的帮助号。使用时，此参数与"帮助文件"一起使用，可以同时存在，也可以全部省略。

例 3.1：使用 InputBox() 函数作为输入方式改写由三角形边长求面积的程序。

由于使用 InputBox() 函数作为输入，可以省略三个用于输入边长的文本框和相应的标签，删除这六个控件以及相应的用于清零的命令按钮，修改后的程序界面如图 3-1 所示。

图 3-1　使用 InputBox 作为输入方式的三角形面积计算程序设计界面

将 Command2 _ Click（）事件过程全部删除（因该命令按钮已经删除），并将 Command1 _ Click（）事件过程中的：

a＝Text1. Text：b＝Text2. Text：c＝Text3. Text

修改为：

a＝InputBox("输入边长 a：", "输入第一个边长", "3")
b＝InputBox("输入边长 b：", "输入第二个边长", "4")
c＝InputBox("输入边长 c：", "输入第三个边长", "5")

执行程序，单击"计算"命令按钮，依次出现如下输入对话框（图 3-2～图 3-4）。

图 3-2　第一个输入对话框

图 3-3　第二个输入对话框

图 3-4　第三个输入对话框

3.2.2　MsgBox() 函数和 MsgBox 过程

MsgBox 过程用对话框的形式向用户输出一些必要信息，MsgBox() 函数还可以让用户在对话框上进行相应的选择，然后将该选择结果传输给程序。

MsgBox() 函数的格式为：

MsgBox(提示[，按钮][，标题][，帮助文件，帮助上下文])

Msgbox 过程的格式为：

MsgBox 提示[，按钮][，标题][，帮助文件，帮助上下文]

其中的"提示"、"标题"、"帮助文件"和"帮助上下文"参数与 Inputbox() 函数中的同名参数类似。"按钮"参数用于控制对话框中按钮的数目及形式、使用的图标的样式、哪个按钮为默认按钮以及强制对该对话框做出反应的设置。该参数为整型数值变量，具体数值由上述四种控制的取值之和决定。

这四类控制中的每一类都有对应的几种取值情况，每个取值既可以用具体数值表示，也可以用系统定义的常量来表示，见表 3-1。

表 3-1　　　　　　　　　　　　　　　　　　　**参数 button 的取值及说明**

类型	常　　量	数值	功　能　说　明
命令按钮种类	vbOKOnly	0	只显示 OK 一个按钮
	vbOKCancel	1	显示 OK 和 Cancel 按钮
	vbAbortRetryIgnore	2	显示 Abort、Retry 和 Ignore 按钮
	vbYesNoCancel	3	显示 Yes、No 和 Cancel 按钮
	vbYesNo	4	显示 Yes 和 No 按钮
	vbRetryCancel	5	显示 Retry 和 Cancel 按钮
图示	VbCritical	16	显示停止图标"×"
	VbQuestion	32	显示提问图标"?"
	vbExclamation	48	显示警告图标"!"
	vbInformation	64	显示输出信息"i"
默认按钮	vbDefaultButton1	0	第一个按钮为默认按钮
	vbDefaultButton2	256	第二个按钮为默认按钮
	vbDefaultButton3	512	第三个按钮为默认按钮
	vbDefaultButton4	768	第四个按钮为默认按钮
等待模式	vbApplicationModal	0	当前应用程序挂起，直到用户对信息框做出响应才继续工作
	vbSystemModal	4096	所有应用程序挂起，直到用户对信息框做出响应才继续工作

在使用"按钮"参数时，只需在以上四类中分别选出合适的数值或相应的常量，将数值直接相加或者将常量用加号连接即可得到"按钮"参数的值。在每一类中选择不同的值会产生不同的效果，一般对于选择的值最好用常量表示，这样可以提高程序的可读性。此参数可以省略，若省略时代表值为 0，只显示一个 OK 按钮，而且此按钮为默认按钮。

在出现的对话框中，每个按钮上除了有相应的文字说明外，系统还自动为其添加了快捷方式键。即在文字说明后，附带有带下划线的某个快捷访问字母，例如：放弃（A）。在选择此种按钮时，除了可以使用鼠标单击和对于默认按钮可以使用回车键外，还可以对每个按钮使用"ALT＋相应快捷方式键"的方法进行选择。

MsgBox() 函数的返回值是一个整数数值，此数值的大小与用户选择的不同按钮有关。MsgBox() 函数可能出现 7 种按钮：确认、取消、终止、重试、忽略、是和否。函数的返回值分别与这 7 种按钮相对应，为从 1 到 7 的七个数值。具体对应情况见表 3-2。

表 3-2   **MsgBox 函数返回值**

返 回 常 量	返 回 值	操作说明
vbOK	1	选择了 OK 按钮
vbCancel	2	选择了 Cancel 按钮
vbAbort	3	选择了 Abort 按钮
vbRetry	4	选择了 Retry 按钮
vbIgnore	5	选择了 Ignore 按钮
vbYes	6	选择了 Yes 按钮
vbNo	7	选择了 No 按钮

注：InputBox()、MsgBox() 函数中的参数必须按规定顺序提供数值，默认部分也要用逗号占位。

例 3.2： 信息框的样式。

MsgBox "直接显示提示信息，用户只能选择确定按钮！"（图 3-5）

MsgBox "显示三个按钮，让用户进行选择！",3,"信息提示"（图 3-6）

图 3-5   只有"确定"按钮的信息框   图 3-6   有三个按钮的信息框

3.2.3 Print 方法与 Cls 方法

Print 方法可以在窗体、立即窗口、图片框、打印机等对象中显示文本字符串和表达式的值。Print 方法的格式和功能与早期 BASIC 语言中的 PRINT 语句类似。其使用语法如下：

[对象表达式.]Print[{Spc(n) | Tab(n)}]]表达式列表][,|;]

其中

"对象表达式"可以是窗体（Form）、立即窗口（Debug）、图片框（PictureBox）、打印机（Printer）等对象。如果省略"对象表达式"，则在当前窗体上输出。

Spc（n）函数表示输出时插入 n 个空格（从当前打印位置开始，允许重复使用）。

Tab（n）函数定位到第 n 列（从对象界面最左端第 1 列开始计算的第 n 列），如果当前的显示位置已经超过 n，则自动下移一行。当 n 大于行的宽度时，显示位置为"n Mod 行宽"，如果 n<1，则把输出位置移到第一列。

"表达式列表"是要输出的数值或字符串表达式、算术表达式、关系表达式等。Print 方法具有计算和显示的双重功能，对于表达式，先计算后显示。若"表达式列表"省略，则输出一个空行，多个表达式之间用逗号、分号分隔，也可以出现 Spc() 函数和 Tab() 函数。"表达式列表"开始打印的位置由对象的 CurrentX 属性和 CurrentY 属性决定，默认为打印对象的左上角（0，0）。

一般情况下，每一次 Print 方法要自动换行，即后面执行 Print 时将在新的一行上显示信息。为了仍在同一行上显示，可以在 Print 方法末尾加上分号或逗号。";"（分号）表示光标定位在上一个打印字符后，","（逗号）表示光标定位在下一个打印区的开始位置，打印区每隔 14 列开始，若无 ";" 或 "," 表示输出后换行。

当 Print 方法与不同大小的字体一起使用时，使用 Spc() 函数打印的空格字符的宽度总是等于选用字体内以磅数为单位的所有字符的平均宽度。

当要清除窗体或图形框上打印的内容时，可以使用 Cls 方法，形式如下：

〔对象.〕Cls

对象为窗体或图片框，缺省为窗体。例如：

Picture1. Cls   ' 清除图形框内显示的图形或文本

Cls   '清除窗体上显示的文本

注意：

（a）Cls 方法只能清除运行时在窗体或图形框中用 Print 方法显示的文本或图形，不能清除窗体在设计时添加显示的文本和图形。

（b）Cls 方法使用后，CurrentX 和 CurrentY 属性均被设置为 0。

（c）窗体和图片框都有一个 AutoRedraw 属性，默认为 False，当绘有图形或文本的窗体或图片框被其他窗口遮挡后，遮挡部分的图形或文本被清除，不能自动重画，若要自动重画出来，可将 AutoRedraw 属性设置为 True。

例 3.3：设计一个窗体说明 Print 方法的使用。

在窗体上设计如下事件过程：

```
Private Sub Form _ Click()
    Print
    Form1. FontSize＝20              '设置字体大小
    Form1. FontName="黑体"          '设置字体名称
    Form1. Print Tab(6)；"VB 语言与测量平差程序设计"
    Form1. Print
    Form1. FontSize＝14：Form1. FontName="宋体"
    Print Tab(9)；"训练你的编程能力"；Spc(2)；"巩固专业知识"
    Print：FontSize ＝ 12
    Print Spc(4)；"建议每周3学时,授课19周,共计3×19＝"；3 * 19；"学时。"
    Print：FontSize＝8
    Print：Print Tab(20)；Now
End Sub
```

执行本程序，在该窗体屏幕中的任意位置处单击鼠标，出现如图 3-7 所示的结果。

图 3-7 Print 方法示例程序的执行界面

3.3 选择结构

所谓选择结构，是根据不同的情况做出不同的选择，执行不同的操作。此时就需要对某个条件做出判断，根据这个条件的具体取值情况，决定应该执行何种操作。

VB 中的选择结构语句分为 If 语句和 Select Case 语句两种。

3.3.1 If 语句

If 语句又分为单行格式和多行格式。

1. 单行格式 If 语句

此种格式在对条件进行判断后，根据所得的不同结果进行不同的操作。不管是哪种结果，操作部分都必须是单个语句。此种格式的具体语法如下：

If 条件 Then 语句1 ［Else 语句2］

此种格式中的"条件"均为表达式，一般为条件表达式。条件表达式的值只有两种情况：真或假（即取值为零或非零）。这种格式中的 Else 部分是可以省略的。

此格式所代表的含义是：当条件成立时，执行 Then 后面的"语句 1"，执行完后再执行整个 If 语句后的语句；当条件不成立时，若存在 Else 部分，则执行 Else 后的"语句 2"，再执行整个 If 语句后的语句，否则就直接执行整个 If 语句后的语句。

例如：求两个数 a 和 b 中的最大数并将其放入变量 Max 中，可以使用以下代码：

If a>b Then Max=a Else Max=b

2. 多行格式 If 语句

多行格式又分为三种格式。

（1）格式一：单分支结构。

此种格式的具体写法如下：

```
If 条件 Then
    语句体
End If
```

这种格式代表的含义是：当条件成立时，执行 Then 后面的语句体中的全部语句，执行完后跳出整个 If 语句体，执行 If 语句体后的语句；当条件不成立时，直接执行整个 If 语句体后的语句。其流程如图 3-8 所示。

例如前面的求 a、b 中最大数放入 Max 中的代码可以改写为：

```
If a>b Then
    Max=a
End If
If a<=b Then
    Max=b
End If
```

这种改法不一定好，但功能是一致的。

说明：VB 中不要求 If 与 End If 语句之间的语句必须像上例那样向里缩进，但是这样书写代码便于程序调试和维护，也较美观，建议读者从开始就养成良好的代码书写风格。

（2）格式二：双分支结构。

此种格式的具体写法如下：

```
If 条件 Then
    语句体1
Else
    语句体2
End If
```

这种格式代表的含义是：当条件成立时，执行 Then 后面的"语句体 1"中的全部语句，执行完后跳出整个 If 语句体，执行 If 语句体后的语句；当条件不成立时，则执行 Else 后的"语句体 2"中的全部语句，再执行整个 If 语句体后的语句。其流程如图 3-9 所示。

例如，前面的求 a、b 中最大数的代码可以改写为：

```
If a>b Then
    Max=a
Else
    Max=b
End If
```

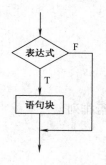

图 3-8　单分支结构

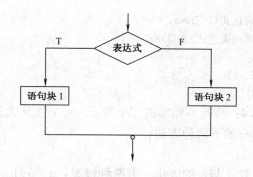

图 3-9　双分支结构

（3）格式三：多分支结构。

此种格式的语法如下：

```
If 条件1 Then
    语句体1
ElseIf 条件2 Then
    语句体2
    ……
Else
    语句体 n
End If
```

此种格式只在前一条件不成立时再判断下一条件。ElseIf 语句可以有一个，也可以有多个，根据具体情况决定。其流程如图 3-10 所示。

（4）If 语句的嵌套。

If 语句的嵌套指 If 或 Else 后面的语句块中又包含 If 语句。其形式如下：

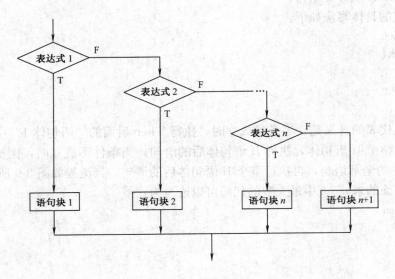

图 3-10   多分支结构

```
If <表达式1> Then
    If <表达式2> Then
        …
    End If
End If
```

例 3.4：将互不相等的三个数 a、b、c 按从大到小的顺序进行排列。

可以有如下两种方法：

方法 1：

先比较 a 与 b 的大小：有两种情况，$a>b$ 和 $a<b$：

当 $a>b$ 时，比较 c 与 a 的关系：

  若 $c>a$，则三个数的顺序为 c、a、b；

  若 $c<a$，还需要再比较 c 与 b 的关系：

    若 $c>b$，则三个数的顺序为 a、c、b；

    若 $c<b$，则三个数的顺序为 a、b、c。

当 $a<b$ 时，比较 c 与 a 的关系：

  若 $c>a$，则还需要比较 c 与 b 的关系：

    若 $c>b$，则三个数的顺序为 c、b、a；

    若 $c<b$，则三个数的顺序为 b、c、a；

  若 $c<a$，则三个数的顺序为 b、a、c。

从上面的分析和书写方法可以很容易地得到相应的 VB 代码，如下：

```
If a>b Then
    If c>a Then
        Print Str(c) & " , " & Str(a) & " , " & Str(b)
    ElseIf c<a Then
```

```
        If c>b Then
            Print Str(a) & " , " & Str(c) & " , " & Str(b)
        ElseIf c<b Then
            Print Str(a) & " , " & Str(b) & " , " & Str(c)
        End If
    End If
ElseIf a<b Then
    If c>a Then
        If c>b Then
            Print Str(c) & " , " & Str(b) & " , " & Str(a)
        ElseIf c<b Then
            Print Str(b) & " , " & Str(c) & " , " & Str(a)
        End If
    ElseIf c<a Then
        Print Str(b) & " , " & Str(a) & " , " & Str(c)
    End If
End If
```

说明：

（a）为了增强程序的可读性，书写时采用锯齿型。

（b）If 语句若不在一行书写，必须有 End If 配对。多个 If 语句嵌套时，End If 与最接近的 If 配对。初学者经常犯的一个错误就是丢失或增加了 End If。

方法 2：

3 个数的大小关系可能有下列 6 种情况：$a>b>c$，$a>c>b$，$b>a>c$，$b>c>a$，$c>a>b$，$c>b>a$。因此，只要将这 6 种情况作为条件进行判断即可。代码如下：

```
If a>b And b>c Then
    Print Str(a) & " , " & Str(b) & " , " & Str(c)
ElseIf a>c And c>b Then
    Print Str(a) & " , " & Str(c) & " , " & Str(b)
ElseIf b>a And a>c Then
    Print Str(b) & " , " & Str(a) & " , " & Str(c)
ElseIf b>c And c>a Then
    Print Str(b) & " , " & Str(c) & " , " & Str(a)
ElseIf c>a And a>b Then
    Print Str(c) & " , " & Str(a) & " , " & Str(b)
ElseIf c>b And b>a Then
    Print Str(c) & " , " & Str(b) & " , " & Str(a)
End If
```

由于本例的输入和输出很简单，因此，界面的设计和变量的声明没有给出，留给读者作为界面设计的练习。

两种方法各有特点，读者可以选择自己习惯的方式在编程实践中使用。作为练习，读者可以考虑，若需要将互不相等的 4 个数 a，b，c，d 按照从大到小的顺序排列，应该如何实现。5 个数时呢？

例 3.5：已知字符型变量 strCh 中存放了一个字符，判断该字符是字母、数字还是空格、回车或其他字符。有关语句如下：

```
If Lcase(strCh) >="a" And Lcase(strCh) <="z" Then
    Print strCh +"是字母字符"
ElseIf strCh >="0" And strCh <="9" Then
    Print strCh+"是数字字符"
ElseIf strCh="" Then
    Print strCh+"是空格"
ElseIf Asc(strCh)=13 Then
    Print strCh+"是回车符"
Else
    Print strCh+"是其他字符"
End If
```

例 3.6：已知高斯平面上的点 (y, x)，判断该点落在了哪个象限。

高斯平面上的象限定义如图 3-11 所示。具体判断代码如下：

```
If x>0 And y>0 Then
    Print "点在第一象限"
ElseIf x<0 And y>0 Then
    Print "点在第二象限"
ElseIf x<0 And y<0 Then
    Print "点在第三象限"
ElseIf x>0 And y<0 Then
    Print "点在第四象限"
End If
```

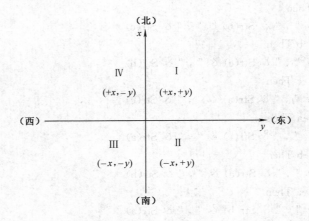

图 3-11　高斯平面上的象限

3.3.2　Select Case 语句

在有些情况下，对某个条件判断后可能会出现多种取值的情况，此时使用上述 If 语句会比较麻烦。在 VB 中，专门为此种情况设计了 Select Case 语句结构。在这种结构中，只有一个用于判断的表达式，根据此表达式的不同计算结果，执行不同的语句体。

这种结构本质上是 If 嵌套结构的一种变形，主要差别在于：If 嵌套结构可以对多个表达式的结果进行判断，从而执行不同的操作；而 Select Case 结构只能对一个表达式的结果进行判断。

Select Case 语句的一般格式为：

Select Case 表达式

    Case 表达式结果列表1

        语句体1

    [Case 表达式结果列表2

        语句体2]

    ……

    [Case Else

        语句体 n]

End Select

只要使用时结构合理，其中的 "Case 表达式结果表" 可以使用任意多个。

上述格式中，表达式可以是数值表达式或字符串表达式，然后用表达式的取值与下列的各个表达式结果列表比较。若与其中某个值相同，则执行该列表后的相应语句体部分，执行后退出整个 Select Case 结构，执行其后的语句；若与列表中的所有值均不相等，再看 Select Case 结构中是否有 Case Else 语句，如果有此语句，则执行其后相应的语句体部分，然后退出 Select Case 结构，执行其后的语句，否则不执行任何结构内的语句，整个 Select Case 结构结束，执行其后的语句。

Select Case 语句格式中的表达式结果列表可以有如下 4 种格式：

（1）表达式结果。此种格式表达式结果列表中只有一个数值或字符串供用户与表达式的值进行比较。例如：Case 1 或者 Case "char" 等。

（2）表达式结果1 [，表达式结果2] …… [，表达式结果 n]。此种格式在某一个表达式结果列表中有多个数值或字符串供用户与表达式的值进行比较，多个取值之间用逗号间隔。如果表达式的值与这些数值或字符串中的一个相等，即可执行此表达式结果列表后相应的语句体部分；若表达式的值与这些取值均不相等，可以再与其他 Case 后的表达式结果列表进行比较。例如：Case 1，3，5，7 或者 Case "a"，"b"，"c"，"d" 等。

（3）表达式结果 1 To 表达式结果 2。此种格式在表达式结果列表中提供了一个数值或字符串的取值范围，可以将此范围内的所有取值与表达式的值进行比较。要求 "表达式结果 1" 的值必须小于 "表达式结果 2" 的值，这样才能提供一个范围。如果表达式的值与此范围内的某个值相等，则可执行此表达式结果列表后的相应语句体部分；否则，再与其后的表达式结果列表进行比较。例如：Case 1 To 4 或者 Case "a" To "z" 等。

（4）Is 关系运算符、数值或字符串。此种格式使用了关键字 "Is"，其后只能使用各种关系运算符："="、"<"、">"、"<="、">=" 和 "<>" 等。可以将表达式的值与关系运算符后的数值或字符串进行关系比较，检验是否满足该关系运算符。若满足，则执行此表达式结果列表后的相应语句体部分；否则，与其后的表达式结果列表进行比较。例如：Case Is < 3 或者 Case Is>"Apple" 等。

在实际使用时，以上这几种格式允许混合使用。例如：

Case Is<5,7,8,9,Is>12

或

Case Is < "z", "A" To "Z"

注意：

在使用 Select Case 结构时，需要注意以下两点：

（a）若在多个 Case 子句中有同一种取值重复出现，则只执行第一个出现此取值的 Case 语句后的相应语句体。

（b）Select Case 结构中的 Case Else 子句部分必须放在其他 Case 子句后面，用于表达式的值与前面所有 Case 子句均不匹配时，执行其后的语句体部分。这个子句部分可以省略，此时若出现与所有 Case 子句均不匹配的情况，则不执行任何语句体部分，直接退出 Select Case 结构，执行其后的部分。

例 3.7： 将百分制的成绩转换成优良等级。

可以使用 Select Case 语句来实现，如下：

```
Dim Level As String
Select Case x
    Case Is>=90
        Level="优"
    Case Is>=80
        Level="良"
    Case Is>=70
        Level="中"
    Case Is>=60
        Level="及格"
    Case Else
        Level="不及格"
End Select
```

其中，变量 x 存储百分制的成绩，变量 Level 存储优良等级。

用 Select Case 语句改写例 3.5，如下：

```
Select Case strCh
    Case "a" To "z" , "A" To "Z"
        Print strCh+"是字母字符"
    Case "0" To "9"
        Print strCh+"是数字字符"
    Case ""
        Print strCh+"是空格"
    Case vbLf
        Print strCh+"是回车符"
    Case Else
        Print strCh+"是其他字符"
End Select
```

而若用 Select Case 语句将例 3.6 改写成如下代码，则是不恰当的：

```
Select Case y, x
```

```
Case x>0 And y>0
    Print "点在第一象限"
Case x<0 And y>0
    Print "点在第二象限"
Case x<0 And y<0
    Print "点在第三象限"
Case x>0 And y<0
    Print "点在第四象限"
End Select
```

其错误有两个：一是"Select Case y，x"出现了两个变量；二是 Case 后出现了不允许的逻辑表达式形式，不符合前面规定的四种形式之一。读者可以思考如何用 Select Case 语句来正确改写上面的例子。

3.3.3　条件函数

VB 中提供了条件函数 IIf() 函数和 Choose() 函数，前者代替 If 语句，后者代替 Select Case 语句，均使用于简单的判断场合。

1. IIf() 函数

IIf 函数的形式是：

IIf(表达式,当条件为 True 时的值,当条件为 False 时的值)

例如，求 a 和 b 中的较小数，放入变量 Min 中，语句如下：

Min=IIf(a<b，a，b)

2. Choose() 函数

Choose() 函数的形式是：

Choose(整数表达式,选项列表)

执行时，Choose() 函数根据整数表达式的值来确定返回选项列表中的某个值。如果整数表达式是 1，则返回选项列表中的第 1 个选项；如果整数表达式的值是 2，则会返回选项列表中的第 2 个选项，……依此类推。若整数表达式小于 1 或大于列出的选项数目，Choose() 函数返回 Null（VB 中定义的特定的值，表示无值）。

3.4　选择控件

VB 中能用于选择的控件很多，本节介绍几个常用的控件。

3.4.1　框架、复选框和单选钮

1. 框架

框架（Frame）的作用主要是区分一个控件组，也就是让用户可以容易地区分窗体中的各个选项，或把几个单选按钮分成组，以便把不同种类的单选按钮分隔开。框架在实际运用中往往和其他控件一起使用。

要在框架中加入组成员，必须先建立框架，再在它的上面建立其所属按钮。如果在框架外面建立好控件之后再将其移到框架内，则控件是不会与所属的框架成为一个群组的。

（1）属性。框架的常用属性只有 Caption，用于设置框架的标题。

（2）事件。框架的基本事件为 Click，这个事件是用户在框架上单击鼠标时触发的，但是框架的事件很少使用。

2. 复选框

复选框（CheckBox）允许在多个选项中做出选择，并且可以选择多个。

复选框的常用属性有：

（1）Caption 属性。设置显示标题，与一般控件不同，复选框的标题一般显示在复选框的右方，主要用来告诉用户复选框的功能。

（2）Value 属性。设置复选框在执行时的三种状态，分别是：

0（默认值）：表示未复选，处于这种状态的复选框在运行时复选框前没有"√"标志；

1：表示选中，执行时复选框呈现"√"标志。

2：表示灰色，复选框呈现"√"标志，但以灰色显示，表示已经处于选中状态，但不允许用户修改它所处的状态。

复选框的常用事件为 Click 事件，当用户在一个复选框上单击鼠标按钮时发生。每单击一次将切换一次复选框的状态——选中或者未选中，同时激活复选框的 Click 事件。

3. 单选钮

单选钮（OptionButton）控件与复选框控件的功能非常相近，复选框可以同时选择多个选项中的一个或多个，即各选项间是不互斥的。单选钮则是只能从多个选项中选择一个，各选项间的关系是互斥的。单选钮使用时经常用多个构成一个组，同一时刻只能选择同一组中的一个单选钮，因此，经常将单选钮放在框架中。

单选钮的常用属性介绍如下：

（1）Caption 属性。设置显示标题，说明单选按钮的功能。默认状态下显示在单选钮的右方，也可以用 Alignment 属性改变 Caption 的位置。

（2）Value 属性。设置单选钮在执行时的两种状态：

True：表示选中，运行时该单选钮的圆圈中出现一个黑点。

False（默认值）：表示未选中，运行时该单选钮的圆圈上没有黑点。

单选钮的常用事件为 Click，当用户在一个单选按钮上单击鼠标按钮时发生。单选钮的方法很少使用。

例 3.8：自我介绍程序。

新建一个工程，在窗体上其中放置 3 个框架和 1 个文本框，前两个框架中分别放置 2 个单选钮，第 3 个框架中放置 4 个复选框，窗体和控件的界面设置如图 3-12 所示。

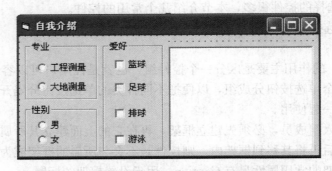

图 3-12　单选钮和复选框及框架示例设计界面

在该窗体上设计如下事件过程：

```
Private Sub Check1 _ Click()
    If Check1. Value = 1 Then Text1. Text = Text1. Text & "我喜欢" & Check1. Caption
End Sub
Private Sub Check2 _ Click()
    If Check2. Value = 1 Then Text1. Text = Text1. Text & "我喜欢" & Check2. Caption
End Sub
Private Sub Check3 _ Click()
    If Check3. Value = 1 Then Text1. Text = Text1. Text & "我喜欢" & Check3. Caption
End Sub
Private Sub Check4 _ Click()
    If Check4. Value = 1 Then Text1. Text = Text1. Text & "我喜欢" & Check4. Caption
End Sub
Private Sub Option1 _ Click()
    Text1. Text = "我的专业是" & Option1. Caption
End Sub
Private Sub Option2 _ Click()
    Text1. Text = "我的专业是" & Option2. Caption
End Sub
Private Sub Option3 _ Click()
    Text1. Text = "我是一个男生"
End Sub
Private Sub Option4 _ Click()
    Text1. Text = "我是一个女生"
End Sub
```

执行本窗体，单击第一个单选钮，如图 3-13 所示。

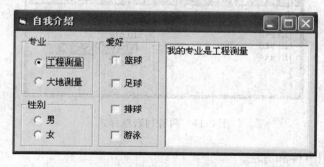

图 3-13 单选钮和复选框及框架示例执行界面

3.4.2 列表框和组合框

1. 列表框

列表框（ListBox）是一个为用户提供选择的列表，用户可从其列出的一组选项中用鼠标选取一个或多个所需的选项。如果有较多的选择项，超出所画的区域而不能一次全部显示时，VB 会自动加上滚动条。

（1）列表框的常用属性。

1）MultiSelect 属性。用于设置该列表框是否能选择多项。可能的取值如下：

0（默认值）：表示不允许多重选择，用户一次只能选择一个。

1：表示简单多重选定，用户用鼠标单击或按 Space 键来选取多重列表项，但一次只能增减一个项目。

2：表示高级多重选定，用户可利用 Ctrl 键与鼠标的配合来进行重复选取，或利用与 Shift 键的配合进行连续选取。

2）ListCount 属性。用于返回列表框中所有选项的总数。

3）List 属性。它是一个一维数组，数组中元素的值就是在执行时看到的列表项。设计时可以在属性窗口中输入 List 属性来建立列表项，运行时对 List 数组从 0 到 ListCount-1 依次取值可以获得列表的所有项目。

4）Selected 属性。它是一个与 List 数组中的各个元素相对应的一维数组，记录 List 数组中每个项目是否被选取。例如，如果 List（1）被选取，则 Selected（1）的值为 True；如果 List（1）未被选取，则 Selected（1）的值为 False。

5）Sorted 属性。设置列表框中的项目是否按字母表顺序排序。可能的取值如下：

True：列表框中的项目按字母表顺序排序。

False：列表框中的项目不按字母表顺序排序。

注意：Sorted 属性必须在设计时设置，在运行时是只读的。

6）SelCount 属性。如果 MultiSelect 属性设置为 1 或 2，则这个属性反映出列表框中被选中的项目。它通常与 Selected 数组一起使用，用以处理控件中所选的项目。

7）Style 属性。这个属性只能在设计时确定。用于控制控件的外观，其数值可以设置为 0（标准样式）和 1（复选框样式）。图 3-14 给出了两个列表框，左边为标准样式，右边为复选框样式。

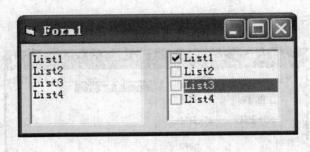

图 3-14　两种列表框样式

（2）列表框常用事件和方法。

1）Click 事件。当用户在一个对象上单击鼠标按钮时发生。

2）AddItem 方法。用于将项目添加到列表框中，其语法为：

Object. AddItem Item, Index

其中，Item 是要添加到列表框中的字符表达式；Index 是可选参数，用来指定新项目在列表框中的位置。如果所给出的 Index 值有效，则 Item 将放置在列表框相应的位置。如果省略 Index，当 Sorted 属性设置为 True 时，Item 将添加到恰当的排序位置，当 Sorted 属性设置为 False 时，Item 将添加到列表的末尾。

3）RemoveItem 方法。用于从列表框中删除一个项目，其语法为：

Object. RemoveItem Index

其中 Index 用来指定要删除的项目在列表框中的位置。

4）Clear 方法。删除列表框中的所有项目，其语法为：

Object. Clear

例 3.9：设计一个窗体说明列表框的基本应用方法。

新建一个工程，在窗体上绘制两个标签、两个列表框和两个命令按钮，属性设置见表3-3。

表 3-3   **列表框示例程序属性设置**

对 象	属 性	值	对 象	属 性	值
Label1	Caption	左列表框	Label2	Caption	右列表框
Command1	Caption	≫	Command2	Caption	≪
List1	MultiSelect	1	List2	MultiSelect	1

在设计阶段向列表框 List1 中输入 5 个选择项："道桥系"、"测绘系"、"建工系"、"经管系"和"物流系"。设计界面如图 3-15 所示。

单击第一个命令按钮，将左侧列表框选中的项目移动到右侧列表框，其实现代码如下：

```
Private Sub Command1 _ Click()
    n＝List1. ListCount - 1
    i＝0
    Do While i ＜＝n
        If List1. Selected(i) Then
            List2. AddItem List1. List(i)：List1. RemoveItem i
            n＝n－1
        Else
            i＝i＋1
        End If
    Loop
End Sub
```

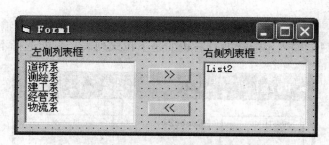

图 3-15 列表框示例设计界面

类似的，单击第二个命令按钮，将右侧列表框中选中的项目移动到左侧列表框中：

```
Private Sub Command2 _ Click()
    n＝List2. ListCount-1：i＝0
    Do While i＜＝n
        If List2. Selected(i) Then
```

```
            List1. AddItem List2. List(i)：List2. RemoveItem i
            n＝n－1
      Else
            i＝i＋1
      End If
  Loop
End Sub
```

程序执行界面如图 3-16 所示，可以通过多项选择，然后单击中间的命令按钮在两个列表框中移动多个选项。

图 3-16　列表框示例执行界面

2. 组合框

组合框（ComboBox）是具有带向下箭头的方框。在程序运行时，按下此按钮就会下拉出一个列表框供用户选择项目，其功能与列表框非常相近，但它一次只能选取或输入一个选项，且不能设定为多重选取模式。另外，也可以在组合框上方的框中输入数据。

（1）组合框的常用属性

1）Style 属性。返回或设置一个用来指示控件的显示类型和行为的值，在运行时只读。其取值如下：

0（默认值）：包括一个下拉式列表和一个文本框的下拉式组合框。

1：包括一个文本框和一个不带下拉列表的简单组合框。

2：下拉式列表。

图 3-17 给出了三种样式的组合框，左边的是下拉式组合框，既可输入又可选择；中间的是简单组合框，只能输入不能选择；右边的是下拉式列表，只能选择不能输入。

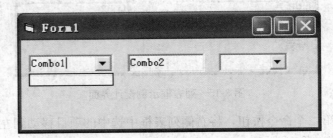

图 3-17　三种样式的组合框

2）Text 属性。在 Style 属性设置为 0 或 1 时，Text 属性返回或设置编辑框中的文本；Style 属性为 2 时，Text 属性返回列表框中选择的项目。在设计时，Text 属性的默认值为组合框的名称，可以将 Text 属性设置为空。

在设计模式下，可直接在属性窗口中编辑组合框的 List 属性，增加或删除列表项。运行时则要与列表框控件一样使用 AddItem，RemoveItem 等方法添加、删除列表项。

（2）组合框的常用事件和方法

1）Change 事件。当组合框内容改变时发生。

2）Click 事件。当用户在一个组合框上单击鼠标按钮时发生。

3）AddItem 方法。添加一项到组合框控件中。

4）Clear 方法。清除组合框的内容。

5）RemoveItem 方法。从一个组合框控件中删除一项。

例 3.10：设计一个窗体说明组合框的基本应用方法。

新建一个工程，在窗体上添加一个组合框 Combo1 和一个标签 Label1。在设计阶段向组合框 List 属性中设置一些值。在该窗体上设计如下事件过程：

```
Private Sub Combo1 _ Change()
    Label1. Caption＝"你输入的是："+Combo1. Text
End Sub
Private Sub Combo1 _ Click()
    Label1. Caption＝"你选择的是："+Combo1. Text
End Sub
```

这样，用户在该组合框中选择一个选项或输入一个文本时都出现相应的提示信息。程序执行的界面如图 3-18 所示。

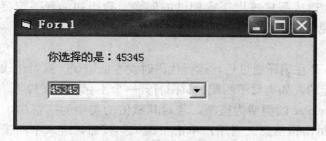

图 3-18　组合框的应用程序执行界面

3.5　程序调试和帮助

在程序的编写中，错误是难免的。查找和修改程序中的错误的过程称为程序调试。VB 为调试程序提供了一组交互的、有效的调试工具。为了便于学习和实践，本节介绍简单的调试功能，例如设置断点、观察变量和过程跟踪等。对于错误捕获和处理技术等较复杂的程序调试技术，限于篇幅，本书中不作介绍。

3.5.1　错误类型

1. 编辑时错误

用户在代码窗口编辑代码时，VB 会对程序直接进行语法检查，当发现程序中存在的错误，如语句没有输完、关键字输错时，VB 会弹出一个对话框，提示出错信息，如图 3-19 所示。这时用户必须单击"确定"按钮，关闭出错提示对话框，出错行变成红色，出错部分被高亮度显示，提示用户进行修改。

2. 编译时错误

编译错误指单击了"启动"按钮，VB 开始运行程序前，先编译执行的程序段时产生的错误。此类错误是由于用户未定义变量、遗漏关键字等原因产生的。这时，VB 也弹出一个对话框，如图 3-20 所示，提示出错信息。出错行被高亮显示，同时，VB 停止编译。这时，用户必须单击"确定"按钮，关闭出错提示对话框，然后对出错行进行修改。

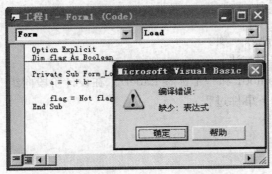

图 3-19　语法错误提示窗口

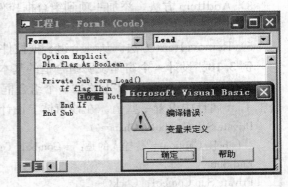

图 3-20　编译时错误提示窗口

图 3-20 中，由于用户将变量名"flag"误输入成"flog"，成为两个变量名，而在过程前面又选用了"Option Explicit"语句，强制显式声明模块中的所有变量，系统就对"flog"变量显示"变量未定义"的错误。此时，若用户撤销选用"Option Explicit"语句，虽然系统不显示错误，但会造成程序难以正确调试的问题。希望初学者一定要使用"Option Explicit"语句，可避免很多变量名输入的错误。

3. 运行时错误

运行时错误指 VB 在编译通过后，运行代码时发生的错误。这类错误往往是由指令代码执行了非法操作引起的，如类型不匹配、试图打开一个不存在的文件等。

例如，属性 FontSize 的类型为整型，若对其赋值的类型为字符串，系统运行时将显示如图 3-21 所示的提示出错信息。当用户单击"调试"按钮，进入中断模式，光标会停留在引起出错的那一句上，如图 3-22 所示，此时允许修改代码。

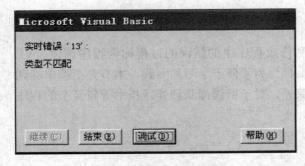

图 3-21　运行时错误对话框

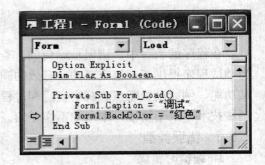

图 3-22　出错处的代码

4. 逻辑错误

程序运行后，得不到所期望的结果，这说明程序存在逻辑错误。例如，运算符使用不正确，语句次序不对，循环语句的初值、终值不正确等。通常，逻辑错误不会产生错误提示信息，故错误较难发现和排除。要排除这类错误，需要程序员仔细地阅读分析程序，并具有调试程序的经验。

3.5.2　调试和排错

1．VB 的三种运行模式

作为一个集编辑、编译与运行于一体的集成环境，VB 的工作状态可分为三种模式。为了测试和调试应用程序，用户在任何时候都要知道应用程序正处在何种模式之下。

（1）设计模式。在设计模式下可以进行程序的界面设计、属性设置和代码编写等，此时标题栏显示"设计"，在此模式下不能运行程序，也不能使用调试工具。

（2）运行模式。执行"运行"菜单下的"启动"命令，或按 F5 键，或单击工具栏的"启动"按钮，即由设计模式进入运行模式，标题栏显示"运行"。在此阶段，可以查看程序代码，但不能修改。若要修改代码，必须选择"运行"菜单的"结束"命令，或单击工具栏上的"结束"按钮，回到设计模式。也可以选择"运行"菜单的"中断"命令，或单击工具栏的"中断"按钮，进入中断模式。

（3）中断模式。当程序运行时，单击"中断"按钮或选择"运行"菜单的"中断"命令，进入中断模式。当程序出现运行错误时，也可以进入中断模式。在中断模式下运行的程序被挂起，可以查看代码、修改代码和检查数据。修改结束，再单击"继续"按钮继续程序的运行或单击"结束"命令停止程序执行。

2．设置断点和逐语句跟踪

在调试程序时，通常可以通过设置断点来中断程序的运行，然后逐语句跟踪检查相关变量、属性和表达式的值是否在预期范围内。

可在中断模式或设计模式下设置或删除断点。当应用程序处于空闲时，也可在运行时设置或删除断点。在代码窗口选择怀疑存在问题的地方作为断点，按下 F9 键，即设置了断点，如图 3-23 所示。在程序运行到断点语句处（该语句未执行）停下，进入中断模式，在此之前的变量、属性、表达式的值都可以查看。

在 VB 中提供了在中断模式下直接查看某个变量的值的功能，只要把鼠标指向所关心的变量处，稍停一下，就在鼠标下方显示该变量的值，如图 3-23 所示。

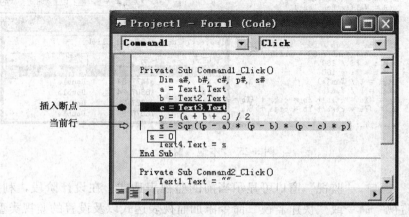

图 3-23　显示当前变量的值

若要继续跟踪断点以后的语句执行情况，只要按 F8 键或者选择"调试"菜单的"逐语句"执行。在图 3-23 中，文本框左侧小箭头为当前执行标记。

将设置断点和逐语句跟踪相结合，是初学者调试程序最简捷的方法。

3. 调试窗口

在中断模式，除了用鼠标指向要观察的变量直接显示其值外，还可以通过"立即"窗口、"监视"窗口和"本地"窗口观察有关变量的值。可单击"视图"菜单中的对应命令打开这些窗口。

（1）"立即"窗口。"立即"窗口是在调试窗口时使用最方便、最常用的窗口。可以在程序代码中利用 Debug. Print 方法，把要输出的内容输出到"立即"窗口，也可以直接在该窗口使用 Print 语句或"?"显示变量的值，如图 3-24 所示。

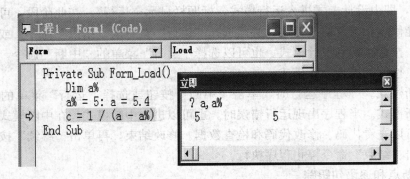

图 3-24 "立即"窗口

（2）"本地"窗口。"本地"窗口显示当前过程中变量的值，如图 3-25 所示。当程序的执行从一个过程切换到另一过程时，"本地"窗口的内容会发生改变，它只反映当前过程中可用的变量。

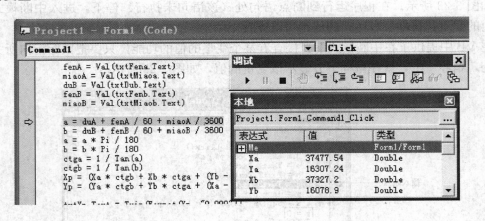

图 3-25 "本地"窗口

（3）"监视"窗口。"监视"窗口可显示当前的监视表达式。在设计阶段，利用"调试"菜单的"添加监视"命令或"快速监视"命令添加监视表达式以及设置的监视类型，运行时在"监视"窗口根据所设置的监视类型进行相应的显示。图 3-26 所示为"监视"窗口。

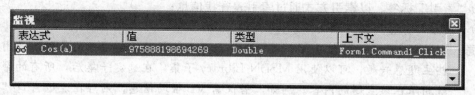

图 3-26　"监视"窗口

3.5.3　使用帮助

学会使用 VB 帮助系统，是 VB 学习的重要组成部分。从 Visual Studio 6.0 开始，所有的帮助文件都采用全新的 MSDN（Microsoft Developer Network）文档的帮助方式。MSDN Library 中包含约 1GB 的内容，涉及内容包括示例代码、文档、技术文章、Microsoft 开发人员知识库等。用户可以通过"用户安装"选项将 MSDN Library 安装到计算机上。最新版的 MSDN 是免费的，用户可以从 http：//www. microsoft. com/china/msdn/上获得。

1. 使用 MSDN Library 查阅器

用户可以在 Windows 的"程序"菜单下选择"Microsoft Developer Network"子菜单，单击"MSDN Library Visual Studio 6.0（CHS）"，就可以打开 MSDN Library（图 3-27）。也可以在 VB 6.0 中，选择"帮助"菜单的"内容"或"索引"菜单项，来进行查询。

图 3-27　进入 MSDN Library 查阅器

在图 3-27 中，左边窗口以树形列表显示了 Visual Studio 6.0 产品的所有帮助信息，用户可以双击坐标窗口的"MSDN Library Visual Studio 6.0"或在右窗口单击"Visual Basic"打开"Visual Basic 文档"，查阅 VB 帮助信息。

一般可以通过以下方法获得帮助信息：

（1）"目录"标签。列出一个完整的主题的分级列表，通过目录树查找信息；

（2）"索引"标签。以索引方式通过索引表查找信息；

（3）"搜索"标签。通过全文搜索查找信息。

注意： MSDN Library 包含了 Visual Studio 6.0 全部帮助信息的目录集合，若用户对某些主题感兴趣，可以使用 MSDN Library 子集。在选定子集后，所有的帮助信息就局限在该主题的内容。例如，若仅需 VB 帮助信息，则可在左边窗口"活动子集"下拉列表框中选择"Visual Basic 文档"即可。

2. 使用上下文相关的帮助

在 VB 的集成开发环境中，使用上下文相关帮助是明智的，它可以根据当前活动窗口或选定的内容来直接定位帮助的内容，使用的方法是选定要帮助的内容，然后按 F1 功能键，这时系统打开 MSDN Library 查阅器，直接显示与选定内容有关的帮助信息。

活动窗口或选定的内容可以是：

（1）Visual Basic 中的每个窗口。

（2）工具箱中的控件。

（3）窗体或文档内的对象。

（4）属性窗口中的属性。

（5）Visual Basic 关键词（声明、函数、属性、方法、事件和特殊对象等）。

（6）出错信息。

实践证明，用上下文相关方法获得的帮助是 VB 最直接、最好的获得帮助信息的方法，因此读者应该切实掌握它。

当对某些内容的帮助要加深理解时，可单击该帮助处的"示例"超链接，显示有关的代码示例，也可以将这些代码复制、粘贴到代码窗口中。

3. 从 Internet 上获得帮助

众所周知，Internet 上的信息丰富、传递速度快。若用户能够访问 Internet，就可以从中获得有关 Visual Basic 的更详细、更新的信息。用户可以在 VB 中选择"帮助"菜单中的"Web 上的 Microsoft"选项，连接到 Microsoft 公司的主页，其地址为 http://www.microsoft.com/china/。

4. 运行所提供的样例

VB 提供了上百个实例，为用户学习、理解和掌握 VB 提供了很大的帮助。VB6.0 在安装 MSDN 时，这些实例默认安装在"\Program Files\Microsoft Studio\MSDN98\98vs\2052\Samples\VB98\"子目录中。该子目录下又以不同的子目录存放了许多不同的实例工程，用户打开所需的工程，可以运行观察其效果，也可以查看代码领会各控件的使用和编程思想。

3.6 应用举例

3.6.1 解一元二次方程程序的完善

1. 程序分析

解一元二次方程的程序在本书第 2.3.1 节中已经介绍过，这里主要对以下几点进行完善：

（1）输入数据的类型和合法性检查。输入的是否全为数字，若有空格或非数字字符，则提示用户重新输入；使用 Val()、Str() 等函数保证类型转换无误和无歧义。

（2）用已经声明的变量，并进行必要的类型转换。上一章由于没有进行必要的类型转换，使得程序虽然能正常工作，但这样的程序稳定性不好，本章将做一些必要的完善。

（3）对二次项系数是否为 0 进行检查。若为 0，则使用解一次方程的方法求解；

（4）对方程有无实根进行检查。判断有无实根，若无实根，则提示用户。

2. 界面分析和设计

由于以上完善只涉及代码，因此对程序的界面无需修改。

3. 编写代码

（1）数据检查。各输入数据的检查可以放在每个输入文本框的 LostFocus 事件中进行，要检查输入的数据是否是数字，可以使用 IsNumeric() 函数进行。具体代码如下：

```
Private Sub Text1_LostFocus()
    If Text1. Text <> "" And Not IsNumeric(Text1. Text) Then
        MsgBox "a 值输入有误：含有非数字字符!",,"输入有误"
        Text1. Text=""   :   Text1. SetFocus
    End If
End Sub
Private Sub Text2_LostFocus()
    If Text1. Text <> "" And Not IsNumeric(Text2. Text) Then
        MsgBox "b 值输入有误：含有非数字字符!",,"输入有误"
        Text2. Text=""   :   Text2. SetFocus
    End If
End Sub
Private Sub Text3_LostFocus()
    If Text1. Text <> "" And Not IsNumeric(Text3. Text) Then
        MsgBox "c 值输入有误：含有非数字字符!",,"输入有误"
        Text3. Text=""   :   Text3. SetFocus
    End If
End Sub
```

（2）类型转换。数据类型转换主要是当数据从文本框输入到内存变量时，使用 Val() 函数将字符变量转换为数值变量；当数据从变量输出到文本框时，使用 Str() 将数值变量转换为字符变量。虽然这种转换 VB 可以自动进行，但是在某些时候，比如文本框内容为空或数值做加法时，程序会发生歧义。因为空值既可以认为是空字符串，也可以认为是 0，而"＋"既可以理解成数值加号，也可以理解为字符串连接符。这种歧义可能造成程序出错，或者不能得到正确的结果。因此，作为初学者，应该经常使用类型转换函数，养成良好的编程习惯。

输入时的类型转换使用如下语句完成：

a＝Val(Text1. Text)   :   b＝Val(Text2. Text)   :c＝Val(Text3. Text)

输出时的类型转换由如下语句完成：

Text4. Text＝Str(x1)   :   Text5. Text＝Str(x2)

（3）对二次项系数是否为 0 的检查和对方程有无实根的检查。在计算按钮的 Click 中，完成了数据输入后，检查变量 a 的值是否为 0 和方程是否有实根。a 为 0 有两种情况：用户忘记输入，这时应该提示用户检查；二次项系数确实为 0，此时应使用解一元一次方程的方法进行求解。对方程有无实根的检查，主要是判断方程的判别式是否大于或等于 0。若无实根，应提示用户，并停止求解。具体实现代码如下：

```
If a=0 Then
    i=MsgBox("方程的二次项系数为0,点击"确定"继续求解,点击"取消"重新输入。" _ ,vbOK-
        Cancel,"二次项系数为0")
    If i=vbOK Then
        x1=-c/b
        Text4.Text=Str(x1) ： Text5.Text="无"
    Else
        Exit Sub
    End If
Else
    If b*b-4*a*c>=0 Then
        x1=(-b+Sqr(b*b-4*a*c))/(2*a)
        x2=(-b-Sqr(b*b-4*a*c))/(2*a)
        Text4.Text=Str(x1) ： Text5.Text=Str(x2)
    Else
        MsgBox "方程无实根!",vbExclamation,"无实根"
        Text4.Text="无" ： Text5.Text="无"
    End If
End If
```

4. 执行调试

由于完善后解一元二次方程可能出现的情况很多，需要多次运行程序尽量把所有可能的情况都试验过，确保得到正确的结果，才能认为程序已经准确无误。图3-28是方程二次项系数为 0 并且选择继续求解时的执行界面。

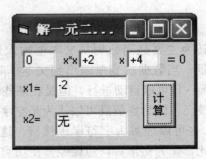

图 3-28　完善后解一元二次
方程的执行界面

3.6.2　两点距离和坐标方位角的计算*

1. 数学模型

由两个已知点的坐标求这两点间的距离和坐标方位角是测量学中经常用到的计算，在后面的综合举例中，计算两点距离和坐标方位角是多个程序计算的基础。

已知两点 $A(x_A, y_A)$ 和 $B(x_B, y_B)$，则求两点间距离的公式如下：

$$S_{AB} = \sqrt{(x_A - x_B)^2 + (y_A - y_B)^2} \tag{3-1}$$

由两点坐标求坐标方位角的计算公式如下：

$$\alpha = \text{tg}^{-1}\left(\frac{y_A - y_B}{x_A - x_B}\right) = \text{tg}^{-1}\left(\frac{\det Y}{\det X}\right) \tag{3-2}$$

上式只是根据坐标增量求得了坐标方位角的正切值对应在第一象限的角度值，而若该坐标方位角不在第一象限，还应做相应的修正，这主要通过两个坐标增量的符号来判断坐标方位角的象限，根据象限来做相应的修正，具体如下：

$\det X > 0$，$\det Y \geqslant 0$：α 本身　　　　　　$\det X > 0$，$\det Y < 0$：$360° + \alpha$

$\det X = 0$，$\det Y > 0$：$90°$　　　　　　　　$\det X = 0$，$\det Y < 0$：$270°$

$\det X < 0$：$180° + \alpha$

2. 界面分析和设计

本程序需用 4 个文本框输入已知两点的 X、Y 坐标，1 个文本框显示距离计算结果，另需 3 个文本框显示计算得到的坐标方位角的度、分、秒值，同时需要 9 个标签来辅助说明。本程序设计了 3 个命令按钮，1 个用来执行计算，1 个用来执行清零操作，1 个用来结束程序的运行。这样，程序共需用 8 个文本框和 9 个标签及 3 个命令按钮。

新建一个工程，在窗体上绘制 8 个文本框、9 个标签和 3 个命令按钮，属性设置见表 3-4。设置属性的同时调整控件大小和位置，程序设计时的界面如图 3-29 所示。

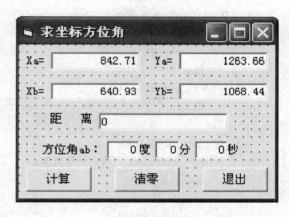

图 3-29　求坐标方位角设计界面

表 3-4　　　　　　　　　　学号抽点程序改进界面的属性设置

对象	属性	值	对象	属性	值
Form1	Caption	求坐标方位角	Text3	Text	640.93
Label1	Caption	Xa=	Text3	Name	txtXb
Label2	Caption	Ya=	Text4	Text	1068.44
Label3	Caption	Xb=	Text4	Name	txtYb
Label4	Caption	Yb=	Text5	Text	0
Label5	Caption	方位角 ab:	Text5	Name	txtDu
Label6	Caption	度	Text6	Text	0
Label7	Caption	分	Text6	Name	txtFen
Label8	Caption	秒	Text7	Text	0
Text1	Text	842.71	Text7	Name	txtMiao
Text1	Name	txtXa	Command1	Caption	计算
Text2	Text	1263.66	Command2	Caption	清零
Text2	Name	txtYa	Command3	Caption	退出
Label9	Caption	距离	Label9	AutoSize	True
Text8	Text	0	Text8	Name	txtS

3. 编写代码

在"计算"按钮的 Click 事件中编写计算两点间的距离和坐标方位角的代码，代码如下：

```
Private Sub Command1_Click()
    Dim Xa#,Ya#,Xb#,Yb#,detX#,detY#,tana#,ab#,du%,fen%,miao%,s#
    Const Pi=3.14159265358979
    Xa=Val(txtXa.Text)    :    Ya=Val(txtYa.Text)
    Xb=Val(txtXb.Text)    :    Yb=Val(txtYb.Text)
    detX=Xb - Xa          :    detY=Yb-Ya
    If Abs(detX)<0.00000001 Then
        MsgBox "除数为零,请检查坐标输入是否正确!"
        txtXa.SetFocus
        Exit Sub
    End If
    s=Sqr(detX * detX+detY * detY)
    If Abs(detX)<0.000001 Then
        If detY>0 Then
            ab=90
        Else
            ab=270
        End If
    Else
        tana=detY/detX
        ab=Atn(tana)    '得到的是弧度
        ab=ab * 180/Pi
        If detX<0 Then
            ab=180+ab
        ElseIf detX>0 And detY<0 Then
            ab=360+ab
        End If
    End If
    du=Fix(ab)    :    ab=(ab-du) * 60
    fen=Fix(ab)   :    ab=(ab-fen) * 60
    miao=Fix(ab)
    txtDu=Trim(Str(du))    :    txtFen=Trim(Str(fen))    :    txtMiao=Trim(Str(miao))
    txtS.Text=Trim(Format(s,"0.0000"))
End Sub
```

"清零"和"退出"按钮的实现代码比较简单，请读者自行完成。

4. 执行调试

运行程序，输入两个已知点坐标，点击"计算"按钮，程序显示两点间的距离和坐标方位角值。单击"清零"按钮，程序清空所有文本框的内容，并将焦点定位在第一个文本框上等待输入。单击"退出"按钮，程序结束运行。执行时界面如图 3-30 所示。

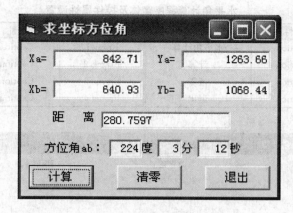

图 3-30　求坐标方位角执行界面

3.6.3　水平角的计算

1. 数学模型

为简化问题，假设一个测站上只有两个待观测的方向，并且只观测一个测回。若实际观测了多个测回，可以多次使用本程序计算每个测回的角度值，再取平均。待学完了下一章循环和数组后，读者可以修改程序以解决多测回问题。

有两个方向的测回法水平角的观测和记录表格见表 3-5。

表 3-5　　　　　　　　　　　　**测回法观测水平角的观测与记录表**

测站	盘位	目标	水平度盘读数	水平角	
				半测回值	一测回值
O	左	A	0°01′20″	49°48′50″	49°48′38″
		B	49°50′10″		
	右	B	229°50′15″	49°48′25″	
		A	180°01′50″		

半测回角值由每一个盘位的 B 方向值减 A 方向值得出。半测回角差，对于 J₆ 仪器，应该小于 40″，当满足限差时，取两个半测回值的均值作为一测回值。

2. 界面分析和设计

本程序需要输入和输出的数据较多，包括 4 个方向观测值和 2 个半测回值以及 1 个一测回值，每个角值都需要分别输入度、分、秒（读者也可以自行考虑用一个文本框同时输入度、分、秒的方法），因此一共需要 21 个文本框。另外需要 21 个标签来辅助说明文本框的输入内容。为了说明盘位、目标等信息，还需 4 个框架和 4 个标签来辅助说明。本程序设计了 3 个命令按钮，即计算、清零和退出。因此，本程序需要 21 个文本框、25 个标签、4 个框架和 3 个命令按钮。

新建一个工程，在窗体上先绘制 4 个框架和 3 个命令按钮。窗体及各控件的属性设置见表 3-6。设置完属性并调整好各控件的位置和大小后的界面如图 3-31 所示。

表 3-6 水平角计算程序窗体及控件属性设置

对象	属性	值	对象	属性	值
Form1	Caption	水平角计算	Frame1	Caption	盘左
Command1	Caption	计算	Frame 2	Caption	盘右
Command2	Caption	清零	Frame 3	Caption	半测回值
Command3	Caption	退出	Frame 4	Caption	一测回值

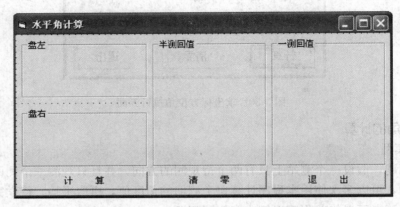

图 3-31　水平角计算设计界面（未完成）

在 Frame1（盘左）上绘制 8 个标签和 6 个文本框，各控件属性设置见表 3-7。

表 3-7 Frame1 上的控件属性设置

对象	属性	值	对象	属性	值
Label1	Caption	A	Label8	Caption	秒
Label2	Caption	度	Text1	Text	0
Label3	Caption	分	Text2	Text	01
Label4	Caption	秒	Text3	Text	20
Label5	Caption	B	Text4	Text	49
Label6	Caption	度	Text5	Text	50
Label7	Caption	分	Text6	Text	20

在 Frame2（盘右）上绘制的各控件及属性设置与 Frame1 上近似，只是将文本框中显示的内容相应修改成本节开头示例表格中盘右的观测数据即可。

在 Frame3（半测回值）上绘制 6 个标签和 6 个文本框，各控件属性设置见表 3-8。

表 3-8 Frame3 上的控件属性设置

对象	属性	值	对象	属性	值
Label17	Caption	度	Text13	Text	
Label18	Caption	分	Text14	Text	
Label19	Caption	秒	Text15	Text	
Label20	Caption	度	Text16	Text	
Label21	Caption	分	Text17	Text	
Label22	Caption	秒	Text18	Text	

在 Frame4（一测回值）上绘制 3 个标签、3 个文本框，各控件属性设置见表 3-9。

表 3-9　　　　　　　　　　　　　　Frame4 上的控件属性设置

对象	属性	值	对象	属性	值
Label23	Caption	度	Text19	Text	
Label24	Caption	分	Text20	Text	
Label25	Caption	秒	Text21	Text	

设置属性的同时调整控件大小和位置，使界面整洁美观，程序设计界面如图 3-32 所示。

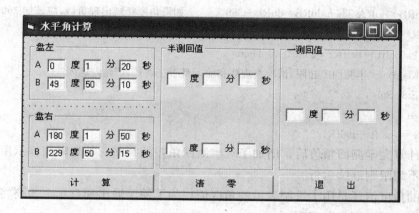

图 3-32　水平角计算设计界面（完成）

3. 编写代码

在"计算"按钮的 Click 事件中编写计算水平角的代码。先声明变量。由于本程序中涉及的输入和输出值多且有规律，因此规定输入或输出度的变量用前缀"du"标识；同理，分和秒分别用前缀"fen"和"miao"标识。而观测值，盘左用 L 标识，盘右用 R 标识，两个观测方向用 A、B 自身标识，计算结果的半测回值用 H（half）标识，一测回值用 W 标识（whole），因此看到一个变量就可以知道这个变量对应哪一个输入或输出值。

由于这些输入输出值都是与文本框对应的，其值都是整数，因此都声明成整型变量。为了编程和计算的方便，再单独定义 2 个半测回角值变量和 1 个一测回角值变量，类型都为双精型，用于使用十进制小数方式存储角度值。所有这些变量的声明代码如下：

```
Dim duLA%,fenLA%,miaoLA%,duLB%,fenLB%,miaoLB%
Dim duRA%,fenRA%,miaoRA%,duRB%,fenRB%,miaoRB%
Dim duHAL%,fenHAL%,miaoHAL%,duHAR%,fenHAR%,miaoHAR%
Dim duWH%,fenWH%,miaoWH%,halfL#,halfR#,angle#
```

将观测值从文本框输入到内存变量的数据输入过程实现代码如下：

```
duLA=Val(Text1.Text)  ：  fenLA=Val(Text2.Text)  ：  miaoLA=Val(Text3.Text)
duLB=Val(Text4.Text)  ：  fenLB=Val(Text5.Text)  ：  miaoLB=Val(Text6.Text)
duRA=Val(Text7.Text)  ：  fenRA=Val(Text8.Text)  ：  miaoRA=Val(Text9.Text)
duRB=Val(Text10.Text) ：  fenRB=Val(Text11.Text) ：  miaoRB=Val(Text12.Text)
```

注意：由于这里变量和文本框较多，读者需要注意的是不要将文本框与其要表达的值弄混。实际上，同类控件较多时，使用默认名非常容易造成控件的混淆，不便于程序的阅读和维护。一个好的习惯是在设置控件属性阶段，就按照"匈牙利命名法"将每个控件名修改成"前缀＋含义"的形式。例如，本程序中 Text1 是为了存储盘左的 A 方向的度的值，可以将其控件名修改为"txtduLA"。其中，txt 为控件前缀，duLA 为控件含义。

计算半测回角和一次回角值可以使用下面的代码来实现：

```
If duLB<duLA Then duLB=duLB+360          '如果角度相减出现负数,应该加 360 度
halfL=(duLB－duLA)+(fenLB-fenLA)/60+(miaoLB-miaoLA)/3600
If duRB<duRA Then duRB=duRB+360          '如果角度相减出现负数,应该加 360 度
halfR=(duRB－duRA)+(fenRB-fenRA)/60+(miaoRB-miaoRA)/3600
If Abs(halfL－halfR)*3600>40 Then
    MsgBox "半测回差超限,请检查观测和输入是否正确!",,"角差超限"
    Exit Sub
End If
angle=(halfL+halfR)/2
```

其中，计算完半测回角值后，增加了对半测回角差的判断。若超限则提示用户并结束计算过程；若不超限则继续运行。

计算完的角度值还是用十进制表示的角度值，为了便于输出和显示，需要将度、分、秒的值分离出来，用以下代码实现：

```
duHAL=Int(halfL)   :  halfL=(halfL－duHAL)*60
fenHAL=Int(halfL)  :  halfL=(halfL－fenHAL)*60  :  miaoHAL=Int(halfL+0.5)
duHAR=Int(halfR)   :  halfR=(halfR－duHAR)*60
fenHAR=Int(halfR)  :  halfR=(halfR－fenHAR)*60  :  miaoHAR=Int(halfR+0.5)
duWH=Int(angle)    :  angle=(angle－duWH)*60
fenWH=Int(angle)   :  angle=(angle－fenWH)*60   :  miaoWH=Int(angle+0.5)
```

以上的代码读者并不陌生，与本书 2.3.6 节角度与弧度换算的计算非常相似，只有少数几个地方有区别，大部分都是重复的。下一章将介绍如何利用这些重复来简化代码。

最后将计算的结果，包括半测回值和一测回值，输出到相应的文本框中，代码如下：

```
Text13.Text=Str(duHAL)  :  Text14.Text=Str(fenHAL)  :  Text15.Text=Str(miaoHAL)
Text16.Text=Str(duHAR)  :  Text17.Text=Str(fenHAR)  :  Text18.Text=Str(miaoHAR)
Text19.Text=Str(duWH)   :  Text20.Text=Str(fenWH)   :  Text21.Text=Str(miaoWH)
```

清零和退出按钮的实现代码比较简单，请读者自行完成。

4. 执行调试

运行程序，输入方向观测值，程序计算并显示半测回角度值和一测回角度值。图 3-33 是角差通过时的执行界面，图 3-34 是角差不通过时的执行界面。

3.6.4 竖直角的计算

1. 数学模型

竖直角计算相对比较简单，一个测回的数值角观测与计算表见表 3-10。

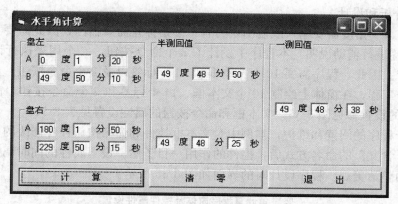

图 3-33 水平角计算执行界面（角差通过）

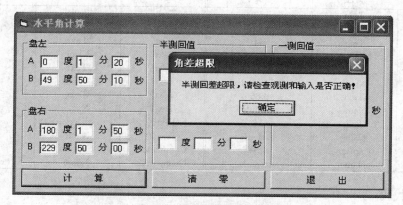

图 3-34 水平角计算执行界面（角差不通过）

表 3-10   竖直角一测回观测与计算

测站	目标	盘位	竖盘读数	指标差	一测回值
O	A	左	$73°44'12''$	$+12''$	$+16°16'00''$
		右	$286°16'12''$		

由于竖盘注记有顺时针和逆时针两种形式，因此竖直角的计算公式也不同。

顺时针注记形式下的计算公式：

$$\alpha = \frac{1}{2}(R - L - 180°) \tag{3-3}$$

逆时针注记形式下的计算公式：

$$\alpha = \frac{1}{2}(L - R + 180°) \tag{3-4}$$

本程序只实现逆时针注记形式的竖直角计算，顺时针注记形式的竖直角计算只需修改相应的计算公式，留给读者作为练习。竖盘指标的计算公式为：

$$x = \frac{1}{2}(L + R - 360°) \tag{3-5}$$

竖直角观测中，单个测回的指标差没有特别要求，但是对测回间指标差之差要求小于 $15''$。由于本程序只计算一个测回的竖直角，因此不涉及指标差之差的检核。

2. 界面分析和设计

本程序有 3 个角度需要输入或输出，另有 1 个指标差需要输出，因此需要 10 个文本框，另需 14 个标签进行辅助说明。本程序中设计了 2 个命令按钮，一个用来执行计算，另一个终止程序运行。因此，程序需要 10 个文本框和 14 个标签以及 2 个命令按钮。

新建一个工程，在窗体上绘制 10 个文本框、14 个标签和 2 个命令按钮，窗体和标签的 Caption 属性的设置参见图 3-35，文本框和命令按钮的属性设置见表 3-11。

为了便于程序的阅读和维护，本例中对文本框控件和命令按钮控件修改的 Name 属性使用了"前缀+含义"的命名方式后，控件的作用一目了然。设置属性的同时调整控件大小和位置，使界面整洁美观。程序设计时的界面如图 3-35 所示。

表 3-11 竖直角计算程序窗体及控件属性设置

对象	属性	值	对象	属性	值
Text1	Text	73	Text6	Text	12
Text1	Name	txtduL	Text6	Name	txtmiaoR
Text2	Text	44	Text7	Text	
Text2	Name	txtfenL	Text7	Name	txtcha
Text3	Text	12	Text8	Text	
Text3	Name	txtmiaoL	Text8	Name	txtduS
Text4	Text	286	Text9	Text	
Text4	Name	txtduR	Text9	Name	txtfenS
Text5	Text	16	Text10	Text	
Text5	Name	txtfenR	Text10	Name	txtmiaoS
Command1	Caption	计算	Command2	Caption	退出
Command1	Name	cmdCalc	Command2	Name	cmdExit

3. 编写代码

在"计算"按钮的 Click 事件中编写计算竖直角的代码，代码如下：

```
Private Sub cmdCalc_Click()
    Dim angLeft As Double, angRight As Double, angle As Double, cha As Double
    Dim duL%, fenL%, miaoL%, duR%, fenR%, miaoR%, duS%, fenS%, miaoS%
    duL = Val(txtduL.Text) : fenL = Val(txtfenL.Text) : miaoL = Val(txtmiaoL.Text)
    duR = Val(txtduR.Text) : fenR = Val(txtfenR.Text) : miaoR = Val(txtmiaoR.Text)
    angLeft = duL + fenL / 60 + miaoL / 3600 : angRight = duR + fenR / 60 + miaoR / 3600
    cha = (angLeft + angRight - 360) / 2 : angle = (angLeft - angRight + 180) / 2
    duS = Fix(angle) : angle = (angle - duS) * 60
    fenS = Int(angle) : angle = (angle - fenS) * 60 : miaoS = Int(angle)
    txtcha.Text = Trim(Str(Int(cha * 3600 + 0.5)))
    txtduS.Text = Trim(Str(duS))
    txtfenS.Text = Trim(Str(Abs(fenS)))
    txtmiaoS.Text = Trim(Str(Abs(miaoS)))
End Sub
```

本节的例子较为简单，且与水平角的计算非常相似，读者可以对照上一节的例子来自行读懂本节的代码。退出按钮的实现代码比较简单，请读者自行完成。

4. 执行调试

运行程序，输入竖直角的观测值，点击"计算"，程序计算并显示指标差和竖直角的值。

单击"退出"按钮，程序结束运行。执行时的界面如图 3-36 所示。

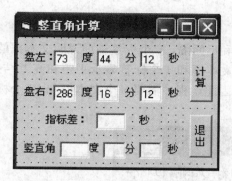

图 3-35　竖直角计算程序设计界面

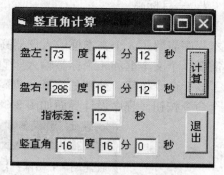

图 3-36　竖直角计算程序执行界面

3.6.5　三角高程测量*

在地形测量中使用视距法测绘碎部点时，需要用到视距测量和三角高程测量，即使用经纬仪读取尺间隔，从而求出斜距，再结合竖直角将斜距换算成平距，并结合仪器高和目标高计算高差。这个计算过程需要在测图过程中进行，一般采用可编程计算器来计算。这里我们设计一个程序来熟悉和演示这一计算过程。

1. 数学模型

三角高程测量的原理如图 3-37 所示。

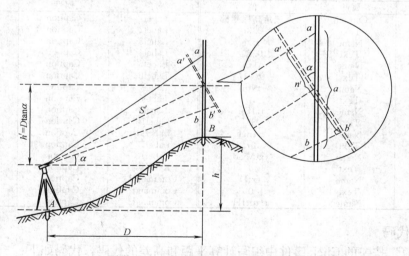

图 3-37　三角高程测量的原理示意图

平距公式　　　　　　　　　　　因为　$n'=n\cos\alpha$

所以　$S'=100n\cos\alpha$

$$D=S'\cos\alpha=100n\cos^2\alpha \tag{3-6}$$

高差公式　　　　　　　　　　　$\Delta h'=D\tan\alpha$

$$\Delta h=\Delta h'+i-l=D\tan\alpha+i-l \tag{3-7}$$

式中　α——竖直角；

n——尺间隔；

　　i——仪器高；

　　l——目标高。

2. 界面分析和设计

　　本程序需要用3个文本框输入仪器高、目标高和尺间隔，6个标签辅助说明文本框的内容；需要3个文本框和4个标签输入竖直角，2个文本框和4个标签显示平距和高差结果；设计了3个命令按钮，分别是计算、清零和退出。因此，程序需要8个文本框和14个标签及3个命令按钮。程序设计界面如图3-38所示。

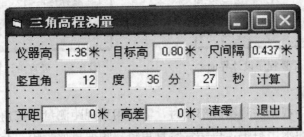

图3-38　三角高程测量设计界面

　　新建一个工程，在窗体上绘制8个文本框、14个标签和3个命令按钮，窗体和各控件的属性设置见表3-12。

表3-12　　　　　　　　　　　　　三角高程测量计算程序窗体及控件属性设置

对象	属性	值	对象	属性	值
Form1	Caption	三角高程测量	Label1	Caption	仪器高
Text1	Text	0.36	Label2	Caption	米
Text1	Name	txti	Label3	Caption	目标高
Text2	Text	0.80	Label4	Caption	米
Text2	Name	txth	Label5	Caption	尺间隔
Text3	Text	0.437	Label6	Caption	米
Text3	Name	txtn	Label7	Caption	竖直角
Text4	Text	12	Label8	Caption	度
Text4	Name	txtDu	Label9	Caption	分
Text5	Text	36	Label10	Caption	秒
Text5	Name	txtFen	Label11	Caption	平距
Text6	Text	27	Label12	Caption	米
Text3	Name	txtMiao	Label13	Caption	高差
Text7	Text	0	Label14	Caption	米
Text7	Name	txtD	Command1	Caption	计算
Text8	Text	0	Command2	Caption	清零
Text8	Name	txtdetH	Command3	Caption	退出

3. 编写代码

　　在"计算"按钮的 Click 事件中编写计算平距和高差的代码，代码如下：

```
Private Sub Command1_Click()
    Dim i#,h#,n#,du%,fen%,miao%,a#,D#,detH#
    i=Val(txti. Text)    :  h=Val(txth. Text)    :  n=Val(txtn. Text)
    du=Val(txtDu. Text)  :  fen=Val(txtFen. Text) :  miao=Val(txtMiao. Text)
    a=du+fen/60+miao/3600  :  a=a*3. 14159265/180
    D=100*n*Cos(a)*Cos(a)  :  detH=D*Tan(a)+i-h
    txtD. Text=Trim(Str(Format(D,"0. 000")))
    txtdetH. Text=Trim(Str(Format(detH,"0. 000")))
End Sub
```

清零和退出按钮的实现代码比较简单，请读者自行完成。

4. 执行调试

运行程序，输入仪器高、目标高、尺间隔和竖直角等观测值，点击"计算"，程序计算并显示平距和高差。单击"清零"按钮，程序清空所有文本框的内容，将焦点定位在第一个文本框上等待输入。单击"退出"按钮，程序结束运行。执行时的界面如图 3-39 所示。

图 3-39　三角高程测量执行界面

3.6.6　交会定点*

1. 数学模型

常用的交会定点方法主要是前方交会、测边交会和后方交会等。其原理比较简单，测量学中都有详细介绍，但采用手算时，计算非常繁琐。本节将介绍使用 VB 编程计算的方法。

前方交会的示意图如图 3-40 所示。其中 P 为待定点，A、B 为已知点，a、b 为测定的两个水平角。使用 A、B 的坐标和 a、b 的角度值计算 P 点坐标的公式如下：

$$\left.\begin{aligned} x_P &= \frac{x_A \text{ctan}\beta + x_B \text{ctan}\alpha + (y_B - y_A)}{\text{ctan}\alpha + \text{ctan}\beta} \\ y_P &= \frac{y_A \text{ctan}\beta + y_B \text{ctan}\alpha + (x_A - x_B)}{\text{ctan}\alpha + \text{ctan}\beta} \end{aligned}\right\} \tag{3-8}$$

测边交会原理如图 3-41 所示。已知点 A、B，S_a、S_b 为测定的边长。在 △ABP 中

$$\cos\angle A = \frac{S_1^2 + S_a^2 + S_b^2}{2S_1 a}$$

$$a_{AP} = a_{AB} - \angle A$$

所以

$$\left.\begin{aligned} x_P &= x_A + S_a \cos a_{AP} \\ y_P &= y_A + S_a \sin a_{AP} \end{aligned}\right\} \tag{3-9}$$

后方交会是在待定点 P 设站，向 3 个已知点 A、B、C 进行观测（图 3-42），然后根据

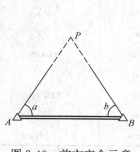

图 3-40　前方交会示意

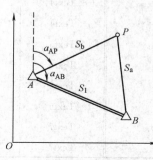

图 3-41　测边交会示意

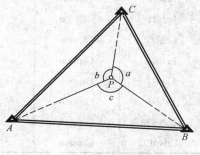

图 3-42　后方交会示意

测定的水平角 α、β、γ 和已知点的坐标，计算 P 点的坐标。

计算后方交会点坐标的实用公式很多，通常采用的是仿权计算法。其公式的形式如下：

$$\left.\begin{aligned} x_P &= \frac{P_A x_A + P_B x_B + P_C x_C}{P_A + P_B + P_C} \\ y_P &= \frac{P_A y_A + P_B y_B + P_C y_C}{P_A + P_B + P_C} \end{aligned}\right\} \tag{3-10}$$

式中
$$\left.\begin{aligned} P_A &= \frac{1}{\operatorname{ctan}\angle A - \operatorname{ctan}\alpha} \\ P_B &= \frac{1}{\operatorname{ctan}\angle B - \operatorname{ctan}\beta} \\ P_C &= \frac{1}{\operatorname{ctan}\angle C - \operatorname{ctan}\gamma} \end{aligned}\right\}$$

A、B、C 3 个已知点编排时无一定顺序，$\angle A$、$\angle B$、$\angle C$ 为它们构成的三角形的内角，其值可根据 3 条已知边的方位角计算出。未知点 P 上的 3 个角 α、β、γ 必须分别与点 A、B、C 按图 3-42 所示的关系相对应，这 3 个角可按方向观测法获得，其总和应等于 360°。

2. 界面分析和设计

为了使界面清晰，本程序使用三个框架分别组织与前方交会、测边交会和后方交会有关的控件。每个框架中除绘制了与输入和输出有关的文本框、标签和与计算、清零有关的命令按钮外，还各有一个图片框用于显示交会方法的示意图，该示意图是在画图软件中绘制后保存在硬盘上，在设计时加载到图片框的 Picture 属性中。

新建一个工程，在窗体上绘制 3 个框架，窗体和各框架的属性设置见表 3-13。

表 3-13　　　　交会定点计算程序窗体及部分控件属性设置

对象	属性	值	对象	属性	值
Form1	Caption	交会定点	Frame2	Caption	测边交会
Frame1	Caption	前方交会	Frame 3	Caption	后方交会

在 Frame1 上绘制 14 个标签、12 个文本框和 2 个命令按钮，其属性设置见表 3-14。

表 3-14　　　　　　　　Frame1 上控件的属性设置

对象	属性	值	对象	属性	值
Label1	Caption	Xa=	Text3	Text	37327.20
Label2	Caption	Ya=	Text3	Name	txtXb
Label3	Caption	Xb=	Text4	Text	16078.90
Label4	Caption	Yb=	Text4	Name	txtYb
Label5	Caption	角 a:	Text5	Text	40
Label6	Caption	度	Text5	Name	txtDua
Label7	Caption	分	Text6	Text	41
Label8	Caption	秒	Text6	Name	txtFena
Label9	Caption	角 b:	Text7	Text	57
Label10	Caption	度	Text7	Name	txtMiaoa

续表

对象	属性	值	对象	属性	值
Label11	Caption	分	Text8	Text	75
Label12	Caption	秒	Text8	Name	txtDub
Label13	Caption	Xp	Text9	Text	19
Label14	Caption	Yp	Text9	Name	txtFenb
Command1	Caption	计算	Text10	Text	02
Command2	Caption	清零	Text10	Name	txtMiaob
Text1	Text	37477.54	Text11	Text	0
Text1	Name	txtXa	Text11	Name	txtXp
Text2	Text	16307.24	Text12	Text	0
Text2	Name	txtYa	Text12	Name	txtYp

测边交会和后方交会部分的控件属性设置仿照前方交会，由读者自己完成。设置属性的同时调整控件大小和位置，全部完成的交会定点程序界面如图 3-43 所示。

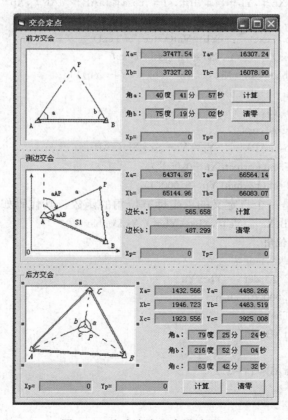

图 3-43　交会定点程序设计界面

3. 编写代码

在前方交会"计算"按钮的 Click 事件中编写代码，如下：

```
Private Sub Command1_Click()
```

```
Dim Xa#,Ya#,Xb#,Yb#,duA%,fenA%,miaoA%,duB%,fenB%,miaoB%
Dim a#,b#,ctga#,ctgb#,Xp#,Yp#
Xa=Val(txtXa. Text)          :   Ya=Val(txtYa. Text)
Xb=Val(txtXb. Text)          :   Yb=Val(txtYb. Text)
duA=Val(txtDua. Text)   :  fenA=Val(txtFena. Text)   :   miaoA=Val(txtMiaoa. Text)
duB=Val(txtDub. Text)   :  fenB=Val(txtFenb. Text)   :   miaoB=Val(txtMiaob. Text)
a=duA+fenA/60+miaoA/3600   :   b=duB+fenB/60+miaoB/3600
a=a * Pi/180              :   b=b * Pi/180
ctga=1/Tan(a)            :   ctgb=1/Tan(b)
Xp=(Xa * ctgb+Xb * ctga+(Yb-Ya))/(ctga+ctgb)
Yp=(Ya * ctgb+Yb * ctga+(Xa-Xb))/(ctga+ctgb)
txtXp. Text=Trim(Format(Xp,"0. 000"))
txtYp. Text=Trim(Format(Yp,"0. 000"))
```
End Sub

在测边交会"计算"按钮的 Click 事件中编写代码，代码如下：

```
Dim Xa#,Ya#,Xb#,Yb#,a#,b#,s1#,cosa#,aAB#,aAP#,Xp#,Yp#
Xa=Val(txtceXa. Text)   :   Ya=Val(txtceYa. Text)
Xb=Val(txtceXb. Text)   :   Yb=Val(txtceYb. Text)
Sa=Val(txta. Text)      :   Sb=Val(txtb. Text)
s1=Sqr((Xa-Xb) * (Xa-Xb)+(Ya-Yb) * (Ya-Yb))
cosa=(s1 * s1+a * a-b * b)/(2 * s1 * a)
aAB=GetAB(Xa,Ya,Xb,Yb)
aAP=aAB-ArcCos(cosa)
Xp=Xa+Sa * Cos(aAP)   :   Yp=Ya+Sa * Sin(aAP)
txtceXp. Text=Trim(Format(Xp,"0. 000"))
txtceYp. Text=Trim(Format(Yp,"0. 000"))
```

其中，GetAB() 是一个自定义的求坐标方位角的函数，其代码如下：

```
Public Function GetAB(Xa#,Ya#,Xb#,Yb#) As Double
    '求 AB 的坐标方位角
    Dim detX#,detY#,tana#
    detX=Xb - Xa   :   detY=Yb-Ya
    If Abs(detX)<0. 000001 Then
        If detY>0 Then
                GetAB=Pi/2
        Else
                GetAB=Pi * 3/2
        End If
    Else
        tana=detY/detX
        GetAB=Atn(tana)   '得到的是弧度
        If detX<0 Then
            GetAB=Pi+GetAB
        ElseIf detX>0 And detY<0 Then
```

```
            GetAB＝Pi＊2＋GetAB
        End If
    End If
End Function
```

由于 VB 中没有反余弦函数，因此，用户需要自己编写一个反余弦函数。上面测边交会程序中的 ArcCos（）函数就是一个自定义的反余弦函数，具体代码如下：

```
Public Function ArcCos(ByVal x＃) As Double
    If x＝0 Then
        x＝Pi/2
    ElseIf x＝-1 Then
        x＝Pi
    ElseIf x＞0 Then
        x＝Atn(Sqr((1/x)＾2－1))
    Else
        x＝Pi－Atn(Sqr((1/x)＾2－1))
    End If
    ArcCos＝x
End Function
```

关于自定义函数的内容将在本书第 4.3 节中详细介绍。

在后方交会"计算"按钮的 Click 事件中编写代码，代码如下：

```
Private Sub Command6_Click()
    Dim Xa＃,Ya＃,Xb＃,Yb＃,Xc＃,Yc＃,duA％,fenA％,miaoA％,duB％,fenB％,miaoB％
    Dim duC％,fenC％,miaoC％,a＃,b＃,c＃,ctga＃,ctgb＃,ctgc＃,Pa＃,Pb＃,Pc＃,Xp＃,Yp＃
    Dim ia＃,ib＃,ic＃,ctgia＃,ctgib＃,ctgic＃
    Xa＝Val(txthouXa. Text)　：　Ya＝Val(txthouYa. Text)
    Xb＝Val(txthouXb. Text)　：　Yb＝Val(txthouYb. Text)
    Xc＝Val(txthouXc. Text)　：　Yc＝Val(txthouYc. Text)
    duA＝Val(txthoudua. Text)： fenA＝Val(txthoufena. Text)　： miaoA＝Val(txthoumiaoa. Text)
    duB＝Val(txthoudub. Text)： fenB＝Val(txthoufenb. Text)　： miaoB＝Val(txthoumiaob. Text)
    duC＝Val(txthouduc. Text)： fenC＝Val(txthoufenc. Text)：miaoC＝Val(txthoumiaoc. Text)
    a＝duA＋fenA/60＋miaoA/3600：a＝a＊Pi/180　： ctga＝1/Tan(a)
    b＝duB＋fenB/60＋miaoB/3600：b＝b＊Pi/180　： ctgb＝1/Tan(b)
    c＝duC＋fenC/60＋miaoC/3600：c＝c＊Pi/180　： ctgc＝1/Tan(c)
    Call GetInnerAngle(Xa,Ya,Xb,Yb,Xc,Yc,ia,ib,ic)
    ctgia＝1/Tan(ia)：ctgib＝1/Tan(ib)：ctgic＝1/Tan(ic)
    Pa＝1/(ctgia－ctga)　： Pb＝1/(ctgib－ctgb)　： Pc＝1/(ctgic－ctgc)
    Xp＝(Xa＊Pa＋Xb＊Pb＋Xc＊Pc)/(Pa＋Pb＋Pc)
    Yp＝(Ya＊Pa＋Yb＊Pb＋Yc＊Pc)/(Pa＋Pb＋Pc)
    txthouXp. Text＝Trim(Format(Xp,"0. 000"))
    txthouYp. Text＝Trim(Format(Yp,"0. 000"))
End Sub
```

其中，GetInnerAngle（）是一个自定义的由三角形 3 个顶点坐标求 3 个内角的函数。

具体实现代码如下：

```
Public Sub GetInnerAngle(Xa#,Ya#,Xb#,Yb#,Xc#,Yc#,a#,b#,c#)
    Dim Sa#,Sb#,Sc#,cosa#,cosb#,cosc#
    Sa=Sqr((Xc-Xb)*(Xc-Xb)+(Yc-Yb)*(Yc-Yb))
    Sb=Sqr((Xc-Xa)*(Xc-Xa)+(Yc-Ya)*(Yc-Ya))
    Sc=Sqr((Xa-Xb)*(Xa-Xb)+(Ya-Yb)*(Ya-Yb))
    cosa=(Sb*Sb+Sc*Sc-Sa*Sa)/(2*Sb*Sc)
    cosb=(Sa*Sa+Sc*Sc-Sb*Sb)/(2*Sa*Sc)
    cosc=(Sb*Sb+Sa*Sa-Sc*Sc)/(2*Sa*Sb)
    a=arccos(cosa)
    b=arccos(cosb)
    c=arccos(cosc)
End Sub
```

"清零"按钮的代码比较简单，由读者自己完成。

4. 执行调试

运行程序，输入已知点坐标和角度观测值，点击"计算"，程序计算并显示前方交会得到的待定点的坐标。单击"清零"按钮，程序清空所有文本框的内容，并将焦点定位在第一个文本框上等待输入。执行时的界面如图 3-44 所示。

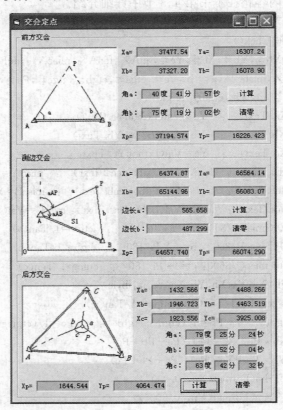

图 3-44　交会定点执行界面

小　　结

在上一章的基础上，本章主要介绍了较简单（涉及的变量不多）的程序设计的方法。结构化的程序设计包括顺序结构、选择结构和循环结构三种结构。当涉及的变量不多、功能有限时，使用前两种结构就可以解决。本章首先介绍了 VB 代码的书写规则，然后介绍顺序结构中的赋值语句、End 语句、与输入和输出相关的语句等，接着介绍了选择结构中的 If 语句和 Select Case 语句，以及与选择有关的几个基本控件。本章还简单介绍了有关程序调试和帮助的内容，程序调试和阅读有关的帮助文档是初学者迅速提高编程能力的捷径，也是一个程序员经常的工作之一。本章的最后继续给出几个程序设计的例子，它们既是本章内容的熟悉和演练，也是测绘专业学习和工作中经常用到的工具。

习　　题

1. 如何将多条语句写在同一行？如何将一条语句写在多行？语句注释可以有哪些方法？

2. 如何指定 InputBox 输入框中的默认值？MsgBox 函数和 MsgBox 语句有哪些区别？

3. 用 If 语句和 Select 语句编写百分制成绩折算成优良等级的程序时，有何区别？

4. 编写一个程序计算扣除个人所得税后的工资。个人所得税的标准为：1600 元以下不收税；超过 1600 元的部分，按下表所示的税率收取。

级　数	全月超过 1600 元的金额/元	税率(%)
1	<500	5
2	500~2000	10
3	2000~5000	15
4	5000~20000	20
5	20000~40000	25
6	40000~60000	30
7	60000~80000	35
8	80000~100000	40
9	>100000	45

5. 水平角计算程序中，使用单个文本框输入或输出一个角的度、分、秒，应该如何实现？需要哪些转换？

第 4 章 批量数据的处理

前面几章中介绍了简单的 VB 程序设计方法，并且使用它们解决了简单的专业问题。而测量数据往往都是大量的数据同时处理，例如一个简单的三角网就有几十个点，需要列上百个方程，很难想象使用一个一个的简单变量和一条一条的简单语句来处理这些数据。

本章将介绍处理批量数据的几个工具：循环、数组和过程。数组可以存储批量的数据，而循环则可以重复多次执行某些语句，过程则进一步将某些程序段封装起来以便于重用。本章还将介绍 VB 程序中较复杂的界面设计方法，有了这些知识，可以将已有的程序有效地集成起来，便于程序的组织和数据的输入输出。批量数据的输入和输出有其特定的方法，本章将介绍几种常用方法。

本章将要涉及的例子包括：观测值均值和中误差的计算；水平角计算程序的完善；封面程序的完善；考试成绩分析统计程序等。

4.1 循环结构

编写程序时经常需要对某条或某些语句重复执行多次，这可以利用各种循环结构来实现。VB 提供了两种类型的循环语句，即计数型循环语句和条件型循环语句。For 循环是计数型循环语句，而 While 循环和 Do 循环语句属于条件型循环语句。

4.1.1 For 循环

For 循环用于实现循环次数已知的循环结构，程序按照此种结构中指明的循环次数来执行循环体部分。For 循环格式如下：

For 循环变量＝初始值 To 终值 [Step 步长]

    [循环体]

    [Exit For]

    [循环体]

Next 循环变量

在此格式中，使用了这样几个参数：

(1) 循环变量：用于统计循环次数的变量，此变量可以从某个值变到另一个值，此变化的两个相邻数值之间的差值由步长决定。由此可以决定该循环执行了几次，即该循环的循环次数可以确定。该变量为数值型变量。

(2) 初始值：用于设置循环变量的初始取值，为数值型变量。

(3) 终值：用于设置循环变量的最后取值，为数值型变量。

(4) 步长：用于决定循环变量每次增加的数值，即变量在变化时的增值，为数值型变量。一般默认值为 1，此时可以省略 Step 步长部分。步长的取值可以根据初始值和终值的关系分为正值和负值两种。若初始值大于终值，则必须将步长设为负值才有可能执行内部循环体；若初始值小于终值，则必须将步长设为正值才有可能执行内部循环体。

（5）循环体：需要重复执行的部分。

（6）Exit For：在某些情况下，需要中途退出 For 循环时使用。

（7）Next 循环变量：用于结束一次 For 循环，根据终值和循环变量当前值的大小关系决定是否执行下一次循环。其中的"循环变量"必须与 For 循环开始时的循环变量相同。

当不存在 Exit For 语句时，上述 For 循环的执行过程是：先令循环变量取初始值，检验循环变量的值是否超出终值。步长为正值时循环变量大于终值为超出状态；步长为负值时循环变量的值小于终值为超出状态。若循环变量没有超出终值，则执行一次循环体，然后将循环变量加上步长，再与终值进行比较，判断是否可以执行下一次循环，接着重复上述过程；否则直接退出循环，执行循环体后面的语句（图 4-1）。

若存在 Exit For 语句，则在执行循环体的过程中，在遇到 Exit For 语句时即可跳出 For 循环，执行其后的语句。一般循环体内不会单独存在此语句，总是用一个条件进行控制，满足时跳出、不满足时继续执行循环体。使用 Exit For 语句只能跳出一层循环，若存在两层 For 循环嵌套，则只能跳出内层，继续执行外层循环。

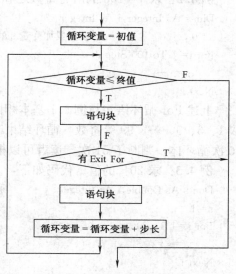

图 4-1　For 循环语句的逻辑流程

若 For 循环的循环体内没有具体语句，称为"空循环"。循环变量循环了一定次数，虽不执行任何操作，但却花费一定时间，故可作为延时工具使用。其常用的代码形式如下：

```
For i=1 to 100000000        '程序执行 1 亿次空循环来进行延时
Next i
```

例 4.1：求 1～100 的所有整数之和。代码如下：

```
Dim s As Integer,i As Integer
s=0                '设置累加变量 s 的初值为 0
For i=1 To 100
    s=s+i
Next i
```

上述 For 循环语句开始执行时，s 值为 0。首先令 $i=1$，判断此时 i 值是否大于终值 100，由于不超出终值，因此执行 $s=s+i$，结果 s 的值变为 1；然后执行 Next i，i 自身加 1（由于省略了步长，所以默认步长为 1）；再回到 For 语句，判断此时 i 是否大于 100；由于 i 加 1 后变为 2，没有大于 100，因此继续执行循环体语句 $s=s+i$，此时 s 的值变为 3；然后执行 Next i，i 自身加 1 变为 3 并回到 For 语句；由于仍没有大于 100，继续执行循环体语句 $s=s+i$，然后 i 加 1……依此类推，直到 i 的值为 100 时，执行 $s=s+i$，s 的值变为 5050，i 自加 1 后变为 101，大于 100，不再执行循环体语句，结束循环。此时 i 的值是 101，s 的值是 5050，循环共执行了 100 次循环体语句 $s=s+i$，判断了 101 次。计算循环次数的公式为：

$$循环次数 = \mathrm{Int}\left(\frac{终值 - 初值}{步长} + 1\right) \tag{4-1}$$

其中，Int 为取整函数。

例 4.2： 求 1～100 的所有奇数之和。代码如下：

```
Dim s As Integer,i As Integer
s=0                    '设置累加变量 s 的初值为 0
For i=1 To 100 Step 2
    s=s+i
Next i
```

上述 For 循环语句与例 4.1 基本相同，只是增加了步长 Step 2，使循环变量 i 的值依次取 1、3、5、…、99 等奇数，循环结束时 i 的值为 101，s 的值是 2500，整个循环共执行了 50 次循环体，判断了 51 次。读者可以根据式（4-1-1）计算并验证本例中的循环次数。

例 4.3： 求 20! 的值。代码如下：

```
Dim s As Double,i As Integer    '乘积的值很大,需要把 s 定义为双精度型变量
s=1                             '设置存放乘积的变量 s 的初值为 1
For i=1 To 20
    s=s*i
Next i
```

本例修改了存放乘积的变量 s 的数据类型，因为整型变量最大只能存放 32767，而 20! 的值非常大，需要将其定义为双精度型的变量，以防发生溢出错误。另外，由于本例是连乘运算，需要把 s 的初值设置为 1。

例 4.4： 求 π 的近似值。计算公式如下：

$$\pi = 2 \times \frac{2^2}{1 \times 3} \times \frac{4^2}{3 \times 5} \times \frac{6^2}{5 \times 7} \times \cdots \times \frac{(2 \times n)^2}{(2 \times n - 1) \times (2 \times n + 1)} \tag{4-2}$$

```
Dim Pi#,n#,i#
n=10000  :  Pi=1
For i=1 To n
    Pi=Pi*(2*i*2*i)/((2*i-1)*(2*i+1))
Next i
Pi=Pi*2
Print Pi
```

反复改变 n 的值。当 n = 10000 时，π = 3.14151411868192；n = 100000 时，π = 3.14158479965716；n = 1000000 时，π = 3.14159186819204；要达到 6 位小数的精度，需要计算 1 千万项才可以，可见此公式收敛较慢。请读者思考，项数 n 和循环变量 i 存储的都是整数，为什么不声明成整型或长整型，而是声明成双精度型？

例 4.5： 判断一个数 m 是不是素数。

素数，也称质数，指一个大于 1 且只能被 1 和自身整除的整数。判别某数 m 是否为素数的方法很多，最简单的方法是根据素数的定义来求解，其算法思路是：

用 i = 2，3，…，m - 1 分别去除 m，判断 m 能否被 i 整除，只要有一个能整除，m 就不

是素数，否则 m 是素数。

　　本例中，通过 InputBox() 函数输入一个正整数，编写程序判断其是不是素数，然后使用 Print 方法在窗体上打印判断的结果。具体代码如下：

```
Dim i%,m%,b as Boolean
m=Val(InputBox("请输入一个正整数："))
b=True
For i=2 To m-1
    If m Mod i=0 Then
        b=False
        Exit For
    End If
Next I
If b=True Then
    Print m;"是一个素数。"
Else
    Print m;"不是一个素数。"
End If
```

上述代码中，使用了一个逻辑型变量 b 记录 m 是不是素数。首先令 b 的值为 True，即假设 m 是一个素数，然后用 2、3、…、$m-1$ 依次去除 m；如果有一个把 m 整除，就说明 m 不是素数，令 b 的值为 False，此时已经确定 m 不是素数，无需再进行判断，因此使用 Exit For 语句退出循环；若所有数都不能将 m 整除，则 b 的值始终是 True，这说明 m 是一个素数。For 循环语句执行完毕后，根据 b 的值来确定 m 是否是一个素数。由上述分析可知，当 b 的值仍为 True 时，m 是一个素数；当 b 的值被修改为 False 时，m 不是一个素数。

　　例 4.6：递推法举例：猴子吃桃。

　　小猴子在一天摘了若干个桃子，当天吃掉一半多一个；第二天接着吃了剩下的桃子的一半多一个；以后每天都吃掉剩余桃子的一半多一个，到第 8 天早上要吃的时候只剩下 1 个了，问小猴子那天共摘下了多少桃子？

　　设第 n 天的桃子为 x_n，那么它是前一天的桃子数 x_{n-1} 的 1/2 减 1，即

$$x_n=\frac{1}{2}x_{n-1}-1,\text{或 } x_{n-1}=(x_n+1)\times 2 \tag{4-3}$$

　　已知当 $n=8$ 即第 8 天时桃子数为 1，则根据上述递推公式，第 7 天有 4 个桃子，依此类推，可以求得第 1 天摘的桃子数。程序如下：

```
Private Sub Form_Click()
    Dim n%,i%,x%
    x=1                    '第 8 天的桃子数
    Print "第 8 天的桃子数为：1 只"
    For i=7 To 1 Step-1
        x=(x+1)*2
        Print "第"; i; "天的桃子数为："; x; "只"
    Next i
End Sub
```

程序运行的结果如图 4-2 所示。

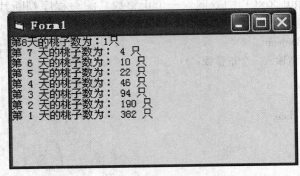

图 4-2　递推法举例程序执行界面

4.1.2　Do 循环和 While 循环

　　Do 循环和 While 都属于条件循环结构，它们都是通过判断一个条件的成立与否来决定是执行循环体语句还是结束循环。它们与 For 循环最大的差别在于：For 循环用于循环次数已知的情况，执行一定次数后即可结束循环；而 Do 循环和 While 循环用于不知道循环次数的情况。对于循环次数未知，可以用一个条件限制的情况，使用 Do 循环或 While 循环来实现比较方便。

　　1. While 循环

　　While 循环比较简单，其格式如下：

While 条件

　　［循环体］

Wend

该循环格式中的条件一般为条件表达式，结果为布尔变量 True 或 False。

　　此种循环的执行过程为：首先判断条件是否成立，若条件成立，则执行循环体内的语句，执行完以后再判断条件，重复上述过程；若条件不成立，则结束循环，执行循环后的语句。所以给定的条件必须在循环体内有所变动，否则，若初始条件成立，则每次执行完循环体后再检验条件，条件仍然成立，此循环可以无限执行下去，不能结束，变成所谓的"死循环"；若初始条件不成立，则循环体一次都不能执行。

　　例如，对于例 4.1 中求 1～100 的所有正整数之和的计算可以用 While 循环改写为：

Dim s As Integer,i As Integer

i=1　：　s=0

While　(i<=100)

　　s=s+i

　　i=i+1

Wend

　　与前面的代码比较可以发现，While 循环需要另外编写循环变量赋初值和累加的语句，判断是否执行循环体语句的条件则写在 While 关键字之后，循环变量的步长是被显式地写在累加语句中；而 For 循环中，循环变量赋初值和循环条件被集成在"For i＝初值 to 终值"语句中，而循环变量累加则被集成到"Next i"语句中，循环变量每次累加的量在 For 语句的步长项里。由此可以看出，For 语句的格式比较紧凑，表达丰富；但是 While 语句比较简单灵活、易于理解，对于有一个判断条件、循环次数未知的循环尤其适用。

2. Do 循环

Do 循环也是根据某个条件是否成立来决定能否执行相应的循环体部分，与 While 循环不同的是，Do 循环有两种格式，既可以在初始位置检验条件是否成立，也可以在执行一遍循环体后的结束位置判断条件是否成立，能否进入下一次循环。

Do 循环的两种格式如下：

（1）格式一：

```
Do
    ［语句体］
    ［'满足某条件时
    Exit Do］
    ［语句体］
Loop ［While 或 Until 条件］
```

（2）格式二：

```
Do ［While 或 Until 条件］
    ［语句体］
    ［'满足某条件时
    Exit Do］
    ［语句体］
Loop
```

上述两种格式构成了 Do 循环的两种使用方法。这两种格式既有共同点又有明显的差异，其共同点为：

（1）都可以有一定的循环条件，但循环体部分为空。此种情况下，可以用于延时，对于某些程序需要一个短时间的暂停时可以使用这样一个空循环。此方法对于上述 For 循环和 While 循环也同样适用。

（2）都可以从中间用"Exit Do"语句退出循环。在 Do 循环中可以使用一个或多个 Exit Do 语句，用于在某些需要中途跳出的情况时使用。可以从所在的 Do 循环中跳出，执行循环后的语句。

（3）都可以没有循环条件。此种情况下，只有 Do…Loop 结构的循环，整个程序没有结束条件。若循环体为空，则成为一个死循环；若在非空循环体中有 Exit Do 语句存在，也可以在某些条件满足时退出，否则不能退出，也成为死循环。

（4）都有两种判断格式。一种为"While 条件"，只要条件成立，就继续执行循环体，然后重复上述判断过程；而如果条件不成立，则退出循环，执行其后的语句。一种为"Until 条件"，直到条件成立才退出循环。也即，条件不成立时，继续执行循环体，然后重复判断过程；当条件成立时，就要退出循环体，执行其后的语句。

上述两种格式的不同点为：

（1）第一种格式中的判断条件"While 或 Until 条件"的位置在整个循环体的最后；而第二种格式中的判断条件"While 或 Until 条件"的位置在整个循环体的起始位置。

（2）第一种格式的执行过程为：先执行一遍循环体，在碰到 Loop 后的条件时再进行判断，根据不同的判断条件格式执行不同的判断过程，决定是继续执行循环体还是退出循环。

而第二种格式的执行过程为：先对条件进行判断，判断为能够执行循环体时，才能进入循环体内执行相应语句；否则只能退出循环体。所以，第一种格式至少要执行一遍循环体，而第二种格式则可能一遍也不执行循环体。

例如，对于例 4.1 中求 1～100 的所有正整数之和的计算，可以使用 Do 循环的两种格式改写为：

格式一：

```
Dim s As Integer,i As Integer
i=1 ： s=0
Do
    s=s+i
    i=i+1
Loop while(i<=100)          '或者 Loop Until(i>100)
```

格式二：

```
Dim s As Integer,i As Integer
i=1 ： s=0
Do While(i<=100)           '或者 Do Until(i＞100)
    s=s+i
    i=i+1
Loop
```

3. 跳出循环的语句

在 VB 中，有如下几种跳出循环的语句，前面已经涉及：

（1）Exit For。用于中途跳出 For 循环，可以直接使用，也可以用条件判断语句加以限制，在满足某个条件时才能执行此语句，跳出 For 循环。例如，在 For 循环内部添加语句"If 条件 Then Exit For"。

（2）Exit Do。用于中途跳出 Do 循环。同上类似，既可以直接使用，也可以用条件判断语句限制使用。

（3）Exit Sub 和 Exit Function。用于中途跳出 Sub 过程和 Function 过程，既可以直接使用，也可以用条件判断语句限制使用。当跳出 Sub 过程或 Function 过程后，循环也同时结束。这两条语句将在本章第 4.3 节中使用。

使用上述几种中途跳出语句，可以为某些循环体或过程设置明显的出口，能够增强程序的可读性。

例如，对于例 4.1 中求 1～100 的所有正整数之和的计算，可以使用 Exit Do 语句改写为：

```
Dim s, i As Integer
i=1 ：    s=0
Do
    If (i>100) Then Exit Do
    s=s+i ： i=i+1
Loop
```

此时循环的出口设在 Exit Do 语句处，而不必用 While 或 Until 条件语句控制。

4.1.3　循环的嵌套

在一个循环体内又包含了一个完整循环的循环结构称为循环的嵌套。循环的嵌套对 For 循环、Do 循环和 While 循环都适用。

对于循环的嵌套，要注意以下几点：

（1）内循环变量与外循环变量不能同名。

（2）外循环必须包含内循环，不能交叉。

下面的程序段都是错误的：

```
'内、外循环变量同名
For ii＝1 to 100
    For ii＝1 to 50
        …
    Next ii
Next ii
```

```
'内、外循环变量交叉
For ii＝1 to 100
    For jj＝1 to 50
        …
    Next ii
Next jj
```

下面的程序段是正确的：

```
'两个并列的循环结构同名
For ii＝1 to 100
    …
Next ii
For ii＝1 to 100
    …
Next ii
```

```
'正确的嵌套循环
For ii＝1 to 100
    For jj＝1 to 50
        …
    Next jj
Next ii
```

最后列举一些循环部分常见的错误：

（1）不循环或死循环：主要是循环条件、初值、终值和步长的设置有问题。

（2）循环结构中缺少配对的结束语句：For 缺少配对的 Next，Do 缺少配对的 Loop。

（3）循环嵌套时，内外循环交叉。

（4）累加、连乘时，存放累加、连乘结果的变量赋初值问题：循环中，存放累加、连乘结果的变量初值设置应在循环语句前。

例 4.7：穷举法举例：100 元换零钱。

把一张一百元的人民币，兑换成 40 张 1 元、2 元或 5 元的零钱，编程计算可以有多少种兑换方法。

设 1 元、2 元、5 元的零币分别为 x、y、z 张，根据题目要求，列出方程为

$$\left.\begin{array}{l} x+2y+5z=100 \\ x+y+z=40 \end{array}\right\} \tag{4-4}$$

三个未知数，只有两个方程，因此解不确定，可以有如下两种方法求解：

方法一：

```
Private Sub Form_Click()
    Dim x,y,z      '声明成变体类型

    For x＝0 To 40
        For y＝0 To 40
```

方法二：

```
Private Sub Form_Click()
    Dim x%,y%,z%    '声明成整型

    For z＝0 To 20
        For y＝0 To 40
```

```
        For z=0 To 40                                If(40−z−y)+2*y+5*z=100 _
          If x+2*y+5*z=100 _                             And z+y<41 Then
            And x+y+z=40 Then                              Print(40−z−y),y,z
              Print x,y,z                              End If
          End If                                     Next y
        Next z                                      Next z
      Next y                                      End Sub
    Next x
  End Sub
```

方法一使用三重循环表示三种零币的张数，把所有找零的情况都考虑了进去，有大量不可能的情况也都进行了计算和判断；方法二对循环进行了优化，根据零币的面值和零币总张数为 40 的条件，使用二重循环来实现，循环次数显著减少。

通过上面的比较不难发现，在多重循环中，为了提高程序的效率和允许速度，应注意以下问题：

（1）尽量利用已知条件，减少循环的次数。

（2）合理选择内、外层的循环控制变量，即，将循环次数多的放在内循环。

（3）尽量少用变体类型变量。

程序执行的界面如图 4-3 所示。

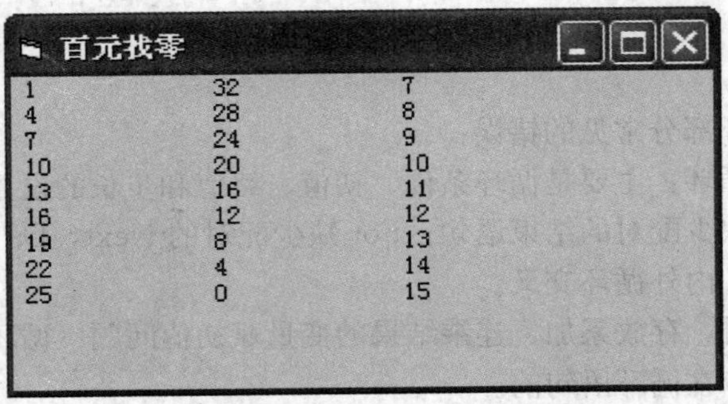

图 4-3　百元找零程序执行界面

4.2　数组

在实际应用中经常要处理同一性质的成批数据，有效的办法是通过数组来存取。而数组与循环相结合编写出的程序就有了无穷的威力。

例 4.8：求 15 个观测值（等权）的均值和方差。若使用简单变量来存储 15 个观测值，则需要 15 个变量 $v1$，$v2$，…，$v15$，如果各观测值不等权，还需另外定义相应的 15 个变量存储 15 个观测对应的权 $p1$，$p2$，…，$p15$。这样写出的程序会十分复杂，而且只能处理 15 个观测值的情况，当观测值数增加或减少时，则要修改程序，十分不方便。而若观测值数增加到几百个甚至上万个时，这样编写代码是难以忍受的。当使用数组时，不但可扩展性好，而且结合循环，只要很少的代码就可以实现这一工作。其实现代码如下：

```
Dim v(1 to 15) as double          '数组声明,v 数组有 15 个元素,下标从 1 到 15
Dim aver#,squa#,i%
```

```
aver ＝0    ：    squa＝0
For i＝ 1 to 15                          '本循环用于给 v 数组的元素赋值并累加
    v(i)＝InputBox("输入" & i & "个观测值：")
    aver＝aver＋v(i)
Next i
aver＝aver/15                            '求各观测值的平均值
Print "平均值为";aver                    '在窗体上显示平均值
```

上例中，虽然观测值输入和累加的语句都只有一行，但在循环体内则被执行了 15 次。其中的 v 就是一个数组，$v(i)$ 表示数组 v 的第 i 个元素。

数组并不是一种数据类型，而是一组相同类型的变量的集合。在程序中使用数组的最大好处是用一个数组名代表逻辑上相关的一批数据，用下标来区分数组中的不同元素，并与循环语句结合使用，以简化程序，实现大量数据的处理。

数组内的元素是连续存放的，而且有上、下两个边界限制数组内元素的个数和数组的起始位置及结束位置。一般情况下，一个数组中的元素类型必须相同，可以是前面讲过的各种基本类型。特殊的是当数组类型指定为 Variant 时，其中元素的类型可以为各种基本类型的混合。一个数组可以是一维的，也可以是多维的，VB 中最多允许数组有 60 维。

上例中，语句 "Dim v (1 to 15) as double" 声明了一个一维双精型数组，共有 15 个元素，下标范围是 1～15。声明数组，仅表示在内存中分配了一个连续的区域供程序使用，而具体操作时一般是针对某个数组元素进行。$v(i)$ 就是一个数组元素的形式，圆括号内的数字就是数组的下标，它是每个数组元素唯一的顺序号。圆括号里有一个下标，表示一维数组；若有多个用逗号隔开的下标，则是多维数组。下标不能超出数组声明的上、下界范围，否则程序运行时会显示"下标越界"的错误。下标可以是整型的常数、变量和表达式，甚至是另一个数组元素。因此 $v(3)$，$v(i)$，$v(4+5)$ 都是合法的数组元素。每个数组元素的使用方法与简单变量的使用方法相同。

一般可以将数组分成两类，一类是固定数组，该数组的大小始终保持不变；另一类是动态数组，该数组的大小在程序运行过程中可以改变。

4.2.1　固定数组

1. 数组的声明

（1）一维数组。声明一个固定数组时，必须给定数组使用的有效范围。以一维数组为例，声明时在数组名后跟一个用括号括起来的上界（默认下界为 0）。声明格式如下：

Dim 数组名(下标)〔As 类型〕

下标必须为常数，不能是表达式或变量。若要使用变量或表达式声明数组大小，必须要用动态数组（将在下一节中介绍）。下标的形式为：〔下界 to 〕上界，下标的下界最小可为 −32768，最大上界为 32767。若省略下界，默认为 0。一维数组的大小为：上界−下界＋1，类型可以是任何一种数据类型，默认为变体类型。

例如：声明一个整型、长度为 7 的局部数组 A，可以使用如下语句声明：

Dim A(6)As Integer

若要令数组的下标从 1 开始，可以使用如下语句声明：

Dim A(1 To 7)As Integer

说明：

（a）在数组声明中，下标表示数组的大小，与数组名结合在一起，说明数组的整体性质，而在程序的其他地方出现的下标用于指明是哪个数组元素，与数组名结合起来表示数组中的一个元素，两者写法相同但意义有区别。例如：

Dim x(20) As Long 　　　　　　　　　　　'声明了 x 数组,有 21 一个元素

x(20)＝20 　　　　　　　　　　　　　　　'给 x(20)这个元素赋值为 20

（b）数组声明时的下标只能是常数，而在其他地方出现时，数组元素的下标可以是变量或表达式，这一点要加以区分。

（2）多维数组。声明多维数组的形式如下：

Dim 数组名(下标 1[,下标 2…])［As 类型]

其中出现的下标个数决定了数组的维数。每一维的大小与一维数组的计算方法相同，数组总的大小为每一维大小的乘积。例如：

Dim Matrix(3,4) as Double 　　　　　　　'声明一个 4×5 的二维数组,双精型

其元素见表 4-1。

表 4-1　　　　　　　　　　　　　　　**二维数组 Matrix 元素表**

Matrix(0,0)	Matrix(0,1)	Matrix(0,2)	Matrix(0,3)	Matrix(0,4)
Matrix(1,0)	Matrix(1,1)	Matrix(1,2)	Matrix(1,3)	Matrix(1,4)
Matrix(2,0)	Matrix(2,1)	Matrix(2,2)	Matrix(2,3)	Matrix(2,4)
Matrix(3,0)	Matrix(3,1)	Matrix(3,2)	Matrix(3,3)	Matrix(3,4)

可用显式下界来声明两个维数或两个维数中的任何一个：

Dim Matrix(1 To 4,1 To 5) as Double 　　　　'下标都从 1 开始

Dim Matrix(3,1 To 5) as Double 　　　　　'第一维下标从 0 开始,第二维下标从 1 开始

注意：在增加数组的维数时，数组所占的存储空间会大幅度的增加，所以要慎用多维数组。使用 Variant 数组时更要格外小心，因为它们需要更大的存储空间。

2. 数组的基本操作

数组是程序设计中最常用的数据组织方式，将数组元素的下标和循环语句结合使用，能用少量的语句解决大量数据处理。熟练掌握数组的一些基本操作对于理解和使用好数组是很有帮助的，下面的例子也将成为解决实际问题时经常用到的素材。

下面的操作都是针对如下声明的数组和变量进行的。

Dim V(1 to 15) As Double,Q(1 to 15,1 to 15) As Double

Dim i%,j%,temp%

（1）给数组元素赋初值。

For i＝1 to 15

　　V(i)＝0

Next i

说明：

（a）数组的下界默认为 0，也可以通过“Option Base 1”语句将默认下界改为 1（只能修改成 0 或 1，不能修改成其他值）。

（b）数组的上、下界除可以从声明语句得知外，还可以用 LBound（）和 UBound（）函

数得到数组的下界和上界。

（2）数组的输入。可以通过文本框控件输入，也可以通过 InputBox（）函数输入。例如：

```
For i＝0 to 15
    V(i)＝InputBox("请输入第" & i & "个观测值")
Next i
```

为了便于编辑，一般大量数据的输入不用 InputBox（）函数，而用文本框加某些处理技术，具体见本书 4.5.1 节文本框的批量输入和输出。

（3）数组的赋值。用一个数组给另一个数组赋值，可以利用循环给每个数组元素赋值，例如：

```
Dim a(4) As Integer,b() As Integer,i%
ReDim b(UBound(a))
a(0)＝0  ：a(1)＝1  ：a(2)＝2  ：a(3)＝3  ：a(4)＝4
For i＝0 to 4
    b(i)＝a(i)
Next i
```

在 VB 6.0 中，还有一个简单的方法，就是将上述利用循环分别给数组 b 的各个元素赋值，改为简单的一句：

```
b＝a
```

就可以了。但此时需要注意：

1）赋值号两边的数据类型必须一致。

2）赋值号左边的必须是一个动态数组，赋值时系统自动将动态数组 ReDim 成与右边同样大小的数组；如果赋值号左边的是一个大小固定的数组，则数组赋值出错。

（4）数组的输出。输出一维数组比较简单，例如输出 V 的所有元素，只要使用一个循环：

```
For i＝1 to 15
    Print V(i);"    ";
Next i
```

若要输出二维数组 Q 的所有元素，则需要使用嵌套的两个循环：

```
For i＝1 to 15
    For j＝1 to 15
      Print Q(i,j);"   ";
    Next j
    Print
Next i
```

其中，内层循环和外层循环之间的空 Print 语句用来换行。

若要输出方阵的下三角，则只需将"For j＝1 to 15"修改成"For j＝1 to i"即可。读者可以考虑一下，若要输出方阵的上三角，应该如何修改？

（5）求数组中最大元素及其下标。求数组中最大元素及下标，一般先声明两个变量分别保存当前最大元素和最大元素下标，然后假设第一个元素为最大值，接着将该数与数组中其他元素逐一比较，若有比最大值更大的元素，马上替换，同时也替换最大值下标。求最小值的方法与此类似。程序如下：

```
Dim Max As Integer,iMax As Integer,sum As Integer
...        '数组 V 赋初值
Max=V(1)   :   iMax =1
For i=2 to 15
    If V(i) > Max Then
        Max=V(i)   :   iMax=i
    End If
Next i
```

（6）交换数组中各元素。这里将数组第 1 个元素与最后一个交换、第 2 个元素与倒数第 2 个交换，依此类推。结果如图 4-4 所示。这其实是找下标之间的规律，在数组操作时经常使用。

```
For i=1 to 15 \2
    Temp=V(i)   :   V(i)=V(15−i+1)   :   V(15−i+1)=Temp
Next i
```

请读者考虑，为什么循环终值是 15\2，而不是 15？如果要将数组的前一半元素与后一半元素交换，即第 1 个与第 9 个交换，第 2 个与第 10 个交换……，上述代码应如何修改？

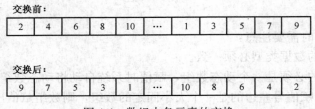

图 4-4　数组中各元素的交换

（7）数组元素排序。排序是将一组数按照递增或递减的次序排列。排序的方法很多，常用的有选择法、冒泡法、插入法和合并排序法等，这里介绍最常用的选择法排序和冒泡法排序。

1）选择法排序。选择法排序假定有 n 个数，要求将它们按递增的次序排序，步骤是：

（a）从 n 个数中选出最小数，将其与第 1 个数交换位置。

（b）除第 1 个数外，其余 $n-1$ 个数按步骤（a）的方法选出次小的数，与第 2 个数交换位置。

（c）重复步骤（a）$n-1$ 次，最后构成递增序列。

由此可见，数组排序必须两重循环才能实现。内循环选择最小数，外循环将该数放到数组中的有序位置；执行 $n-1$ 次外循环使 n 个数都确定了在数组中的有序位置。

若要按递减顺序，只要每次选出最大的数即可。

例如：对已知存放在数组中的 6 个数，用选择法按递增顺序排序。排序的过程如图 4-5 所示。每一行中有下划线的两个数是即将进行交换的两个数。程序如下：

```
Dim iA%(1 to 10),Min%,n%,i%,j%
iA(1)=8   :   iA(2)=6   :   iA(3)=9   :   iA(4)=3   :   iA(5)=2   :   iA(6)=7
n=6
```

```
For i＝1 To n－1
    iMin＝ i
    For j＝i＋1 To n
        If iA(j) ＜ iA(iMin) Then   iMin＝j
    Next j
    t＝ iA(i)：   iA(i)＝iA(iMin)：   iA(iMin)＝t
Next i
```

						原始数据	8 6 9 3 2 7
a(1)	a(2)	a(3)	a(4)	a(5)	a(6)	第 1 趟交换后	2 6 9 3 8 7
	a(2)	a(3)	a(4)	a(5)	a(6)	第 2 趟交换后	2 3 9 6 8 7
		a(3)	a(4)	a(5)	a(6)	第 3 趟交换后	2 3 6 9 8 7
			a(4)	a(5)	a(6)	第 4 趟交换后	2 3 6 7 8 9
				a(5)	a(6)	第 5 趟无交换	2 3 6 7 8 9

图 4-5　排序过程示意图

2）冒泡法排序。冒泡法排序与选择法排序相似，选择法排序在每一轮排序时找最小（递增排序）数的下标，出了内循环（一轮排序结束），再交换最小数的位置。而冒泡法排序在第 i 轮排序时，用第 i 个数依次与其后的数比较，若次序不对则交换位置，一轮比较以后，就冒出一个符合顺序的数。排序的具体步骤如下：

（a）用第 1 个数与其后的数依次比较，若顺序不对则交换位置，经过本轮比较后，最小的数已经冒出。

（b）用第 2 个数与其后的数依次比较，若顺序不对则交换位置，经过本轮比较后，次小的数已经冒出。

（c）重复步骤（a）$n-1$ 次，最后构成递增序列。

排序进行的过程如图 4-6 所示。

						原始数据	8 6 9 3 2 7
a(1)	a(2)	a(3)	a(4)	a(5)	a(6)	第 1 趟排序	2 8 9 6 3 7
	a(2)	a(3)	a(4)	a(5)	a(6)	第 2 趟排序	2 3 9 8 6 7
		a(3)	a(4)	a(5)	a(6)	第 3 趟排序	2 3 6 9 8 7
			a(4)	a(5)	a(6)	第 4 趟排序	2 3 6 7 9 8
				a(5)	a(6)	第 5 趟排序	2 3 6 7 8 9

图 4-6　冒泡法排序示意图

对前面的例子用冒泡法排序来实现，这里只给出不相同的程序段，如下：

```
For i＝1 To n－1               ' 进行 n－1 轮比较
    For j＝i＋1  To n          ' 从 n～i 个元素进行两两比较
        If iA(j)＜iA(i) Then   ' 若次序不对，则交换位置
            t＝iA(j)：   iA(j)＝iA(i)：   iA(i)＝t
        End If
    Next j                    ' 出内循环，一轮排序结束,最小数已冒到最上面
```

Next i

（8）求数组各元素之和。一维数组元素的求和只需要一个循环和一个存放和的变量即可。代码如下：

```
Dim sum%
...        '数组 V 赋初值
For i=1 to 15
    sum=sum+V(i)
Next i
```

二维数组元素的求和则需要两个嵌套的循环：

```
For i=1 to 15
    For j=1 to 15
        sum=sum+Q(i,j)
    Next j
Next i
```

（9）求二维数组的行和、列和、对角线和。二维数组对应的数学模型是二维矩阵，其第一个下标是行号，第二个下标是列号，见表 4-2，清楚这一点非常重要。测绘专业应用中常用到求矩阵的行和、列和、对角线和的情况，这里介绍一下其求法。

表 4-2　　　　　　　　　　　　　　　　　二维矩阵元素

Q(1,1)	Q(1,2)	Q(1,3)	...	Q(1,15)
Q(2,1)	Q(2,2)	Q(2,3)	...	Q(2,15)
Q(3,1)	Q(3,2)	Q(3,3)	...	Q(3,15)
⋮	⋮	⋮	...	...
Q(15,1)	Q(15,2)	Q(15,3)	...	Q(15,15)

求行和前需声明一个一维数组存放行和：

```
Dim Row(1 to 15) As Integer
For i=1 to 15
    Row(i)=0
    For j=1 to 15
        Row(i)= Row(i)+Q(i,j)
    Next j
Next i
```

同样，求列和前需要声明一个一维数组存放列和：

```
Dim Col(1 to 15) As Integer
For j=1 to 15
    Col(j)=0
    For i=1 to 15
        Col(j)=Col(j)+Q(i,j)
    Next i
Next j
```

对角线和是一个数值，用一个简单变量存储就可以，代码如下：

```
Dim Con As Integer
Con＝0
For i＝1 to 15
    Con＝Col＋Q(i,i)
Next i
```

4.2.2　动态数组

事先不知道数组的大小时，可以先声明该数组为动态数组，等需要时再用 Redim 语句指定数组的大小。声明动态数组时不需要给出数组的长度，只需保留一个空维数表。

创建动态数组的步骤为：

（1）声明数组为动态数组，只需给数组附以一个空维数表。

例如，声明一个整型动态数组 Matrix，可以使用如下语句：

Dim Matrix( ) As Integer

（2）在需要指定数组大小时，再使用 ReDim 语句分配数组中实际元素的个数。

ReDim 数组名(数组长度－1)

例如，给上例的 Matrix 数组指定元素个数为 9 时，可以使用如下语句：

ReDim Matrix(8) As Integer

通常是使用已经赋过值的整型变量来指定元素个数。例如 $n＝8$，上面的语句等价为：

ReDim Matrix(n) As Integer

注：在重定义数组时，可以改变数组的大小和维数，但一般都会清除原来的元素。如果带 Preserve 关键词，则不清除原来的元素，不过使用 Preserve 后只能改变数组最后一维的大小。例如，以下语句重定义 Matrix 数组的大小，但没有清除原来其中的元素：

ReDim Preserve Matrix(15)

例如在本节开始的求观测值均值方差的程序中，使用的是固定数组的例子，已知有 15 个观测值，因此设置数组的大小为 15。而当不知道有多少观测值时，一般有两种处理方法：一是仍然使用固定数组，只是尽量大地开辟空间，比如一条导线测站最多也只有十几站，因此数组大小定为 20 基本上可以满足需要；但这种方法会造成大量内存空间的浪费，也容易造成由于对不该被用到的数组单元操作而产生的计算错误。另一种方法就是将数组定义成动态数组，程序开始时并不定义数组大小，待用户输入观测值个数以后，再根据用户的输入确定数组大小。详细的例子见本章第 4.6.2 节。

4.2.3　控件数组

在应用程序编写过程中，可能用到一些类型相同且功能相近的控件，这时可以将这些控件定义为控件数组。使用控件数组类似于使用数组变量，其特点如下：

（1）具有相同的名称（Name）；

（2）通过索引值（下标）来区别控件数组中的元素。

例如，控件数组 Text1（5）表示控件数组名为 Text1 的第 6 个元素。

使用控件数组可以节省系统内部资源，增加程序的可读性。当有多个控件数组成员执行大致相同的操作时，控件数组共享同样的事件过程。在程序运行过程中，可以利用控件数组返回的索引值来标识触发事件的成员。

例如，修改上述控件数组中的某个文本框的内容，将会引发 Text1 集体的 Change 事件：

```
Private Sub Text1_Change(Index As Integer)
    ...
End Sub
```

程序通过参数 Index 确定用户修改了哪个文本框的内容，可以在对应的过程中进行有关的编程处理。

1. 设计时建立控件数组

（1）建立的步骤如下：

1）在窗体上画出某控件，可进行控件名的属性设置，这是建立的第一个元素。

2）选中该控件，进行复制、粘贴操作，系统会提示："已有了命名的控件，是否要建立控件数组"，单击"是"，就建立了一个控件数组元素。进行若干次粘贴操作，就建立了所需个数的控件元素。

3）进行事件过程的编程。

（2）对于类型相同的控件，可通过修改控件的名称创建控件数组。其方法为：

1）确定某个控件是数组成员（记住其名称）的第一个元素，将该控件的索引属性 Index 的值设置为 0，在窗体上绘制出一个同类型的控件。

2）将新绘制的控件名称定义为数组名称，系统会弹出一个对话框，提示"是否创建控件数组"。单击"是（Y）"即可完成操作。

向控件数组中添加新成员，可反复进行上述操作，系统不再弹出"是否创建控件数组"对话框，其索引值自动递增。

2. 运行时添加控件数组

上面的方法都是在设计状态下建立控件数组，下面介绍用运行时添加控件数组的方法。建立的步骤如下：

（1）在窗体上画出某控件，设置该控件的 Index 值为 0，表示该控件为控件数组，也可进行控件名的属性设置，这是建立的第一个元素。

（2）在编程时使用 Load 方法添加其余的若干元素，也可以通过 Unload 方法删除某个添加的元素。

（3）每个新添加的控件数组元素通过 Left 和 Top 属性，确定其在窗体的位置，并将 Visible 属性设置为 True。

运行时添加控件数组的方法参见本书第 6.1.2 节程序的数据输入窗体。

3. 焦点与 Tab 顺序

焦点是接收用户鼠标或键盘输入的能力。当对象具有焦点时，可接收用户的输入。在 Microsoft Windows 环境中，任一时刻都可以运行几个应用程序，但只有具有焦点的应用程序才有活动标题栏（蓝色标题栏），也只有具有焦点的程序才能接受用户的输入（键盘或鼠标的动作）。

并非所有的控件都具有接受焦点的能力，Frame，Label，Menu，Line，Image 和 Timer 等控件均不能接受焦点。而且只有不包含任何可接受焦点的控件的窗体，才能接受焦点。

当对象得到或失去焦点时，会产生 GotFocus 或 LostFocus 事件。窗体和多数控件支持这些事件。从事件的名称上不难看出，GotFocus 事件发生在对象得到焦点时，LostFocus 事件发生在失去焦点时。使用以下的操作方法可以将焦点赋予对象：

（1）运行时选择对象。

（2）运行时用快捷键选择对象。

（3）在代码中使用 SetFocus 方法。

大多数的控件得到或失去焦点时的外观是不相同的。如命令按钮得到焦点后周围会出现一个虚线框，文本框得到焦点后会出现闪烁的光标等。

当对象的 Enabled 和 Visible 属性为 True 时，它才能接收焦点。Enabled 属性允许对象响应由用户产生的事件，如键盘和鼠标事件。Visible 属性决定了对象在屏幕上是否可见。

所谓 Tab 顺序指的是在用户按下 Tab 键时，焦点在控件间移动的顺序。每个窗体都有自己的 Tab 顺序。默认状态下 Tab 顺序与建立这些控件的顺序相同。例如在窗体上建立 3 个命令按钮 Command1，Command2 和 Command3，程序启动时 Command1 首先获得焦点，当用户按下 Tab 键时焦点依次向 Command2，Command3 转移，就这样往复循环。

如果希望更改 Tab 顺序，例如希望焦点直接从 Command1 转移到 Command3，可以通过设置 TabIndex 属性来改变一个控件的 Tab 顺序。控件的 TabIndex 属性决定了它在 Tab 顺序中的位置。按照默认规定，第一个建立的控件其 TabIndex 值为 0，第二个的 TabIndex 值为 1，以此类推。当改变了一个控件的 Tab 顺序，VB 将自动为其他控件的 Tab 顺序重新编号，以反映插入和删除操作的结果。例如，要使 Command3 变为 Tab 顺序中的首位，其他控件的 TabIndex 值将自动调整。

注意：不能获得焦点的控件，以及无效的和不可见的控件，不具有 TabIndex 属性，因而不包含在 Tab 顺序中。按 Tab 键时，这些控件将被跳过。

通常，运行时按 Tab 键能选择 Tab 顺序中的每一控件。将控件的 TabStop 属性设为 False，便可将此控件从 Tab 顺序中删除。TabStop 属性已设置为 False 的控件，仍然保持它在实际 Tab 顺序中的位置，只不过在按 Tab 键时这个控件将被跳过。

4.3　过程

将程序分割成较小的逻辑部件可以简化程序设计任务，这些部件称为过程。VB 的过程根据是否有返回值分为子过程和函数过程两类。

4.3.1　子过程

子过程（Sub 过程）是在响应事件时执行的代码块。将模块中的代码分成子过程后，在应用程序中查找和修改代码更容易。子过程的定义方法如下：

［Private|Public］［Static］Sub 过程名(参数表)

　　语句

End Sub

每次调用过程都会执行 Sub 和 End Sub 之间的语句，可以将子过程放入标准模块、类模块和窗体模块中。按照默认规定，所有模块中的子过程为 Public，这意味着在应用程序中可随处调用它们。

过程的参数表类似于变量声明，它声明了从调用过程传递进来的值。

在 VB 中应区分通用过程和事件过程这两类子过程。

（1）通用过程。建立通用过程是为了让事件过程来调用它，这样就不必重复编写代码。图 4-7 所示说明了通用代码的使用，3 个 Click 事件中的代码都调用 Gen( ) 子过程，子过程

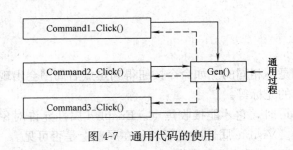

图 4-7　通用代码的使用

运行自身的代码，然后将控制返回到 Click 事件过程。

（2）事件过程。当 VB 中的对象对一个事件的发生作出标识时，便自动用相应于事件的名称调用该事件过程。一个控件的事件过程将控件的（在 Name 属性中指定）实际名字、下划线（_）和事件名组合起来。例如，如果希望在单击一个名为 Command1 的命令按钮后，这个按钮会调用事件过程，则要使用 Command1 _ Click 过程。

所有的事件过程使用相同的语法。

控件事件过程的语法如下：

Private Sub 控件名_事件名（参数表）

　〔语句〕

End Sub

窗体事件过程的语法如下：

Private Sub Form _事件名（参数表）

　〔语句〕

End Sub

虽然可以自己编写事件过程，但使用 VB 提供的代码过程会更方便，这个过程自动将正确的过程名包括进来。从"对象框"中选择一个对象，从"过程框"中选择一个过程，就可在"代码编辑器"窗口选择一个模板。

在开始为控件编写事件过程前先设置控件的 Name 属性。如果对控件附加一个过程之后又更改控件的名称，那么也必须更改过程的名字，以符合控件的新名字。否则，VB 无法使控件和过程相符。过程名与控件名不符时，过程就成为通用过程。

4.3.2　函数过程

VB 除了内部函数，如 Sqr()、Sin() 和 Chr() 等，还可用 Function 语句编写自己的函数（Function）过程。

函数过程的语法是：

〔Private|Public〕〔Static〕Function　函数过程名（参数表）〔As 类型〕

　〔语句〕

End Function

与 Sub 过程一样，Function 过程也是一个独立的过程，可读取参数、执行一系列语句并改变其参数的值。与 Sub 过程不同的是，Function 过程可返回一个值给调用的过程。

在 Sub 过程与 Function 过程之间有三点区别：

（1）一般来说，让较大的语句或表达式的右边包含函数过程名和参数（返回值＝函数名），这就调用了函数。

（2）与变量完全一样，函数过程有数据类型，这就决定了返回值的类型。如果没有 As 子句，默认的数据类型为 Variant。

（3）给函数过程名自身赋一个值，就可返回这个值；Function 过程返回一个值时，该值可成为表达式的一部分。

例 4.9： 下面是已知一个三角形的 3 条边长，计算其面积的函数：

Function Area(a As Single, b As Single, c As Single) As Single

　　Dim s As Single

　　s＝(a＋b＋c)/2

　　Area＝Sqr(s * (s－a) * (s－b) * (s－c))

End Function

在 VB 中调用 Function 过程的方法与调用任何函数的方法是一样的。

例 4.9 在窗体中有 4 个文本框，前 3 个分别用于输入三角形 3 个边长的值，第 4 个文本框用于显示面积，则可在"计算"命令按钮上设计以下事件过程来调用上面的函数过程 Area：

Private Sub Command1_Click()

　　Text4. Text＝Area(Val(Text1. Text), Val(Text2. Text), Val(Text3. Text))

End Sub

4.3.3　使用过程

1. 创建过程

要创建新的通用过程，可以在代码窗口下点击"工具"菜单的"添加过程"命令，弹出"添加过程"对话框（图 4-8）。在"名称"后的对话框中输入要创建的通用过程的名字，例如，输入名字为 GetData，在"类型"框里选择"子过程"，在"范围"框里选择"公有的"，然后单击"确定"按钮，则代码窗口中出现如下代码：

Public Sub GetData()

End Sub

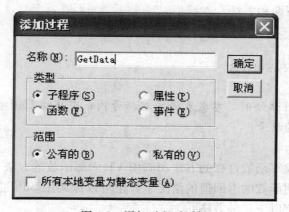

图 4-8　添加过程对话框

上述自动生成的过程代码中，Public 代表"公有的"，即在其他模块中也可以使用本过程；若在创建过程中，选择的是"私有的"，则代码中 Public 会显示为 Private，即本过程在其他模块中不能使用。Sub 关键字说明这里产生的过程是一个子过程。Sub 关键字后面的是过程的名字，后跟一对空的圆括号，可以在其中输入相关的参数，也可以什么都不输入，但是圆括号不能省略。VB 还会自动给出过程的结束定义，即 End Sub。

如果想要创建一个函数过程，用同样的方法调出"添加过程"对话框，输入名称后在

"类型"框中选择"函数"，然后单击"确定"，代码窗口中会出现如下代码：

```
Public Function GetData()

End Function
```

仔细比较可以发现，这个过程用 Function 关键字替代了 Sub 关键字，表明这是一个函数过程。读者可以在函数名后的圆括号里添加需要的参数，还可以在圆括号后面使用 As 子句声明函数返回值的类型。

另外，读者也可以直接在"代码"窗口输入过程头并按回车键。例如，输入代码：

```
Public Sub GetData()
```

并按回车键，VB 会自动将过程代码补全为：

```
Public Sub GetData()

End Sub
```

2. 调用 Sub 过程

由于没有返回值，所以不能在表达式中调用 Sub 过程。Sub 过程的调用是一个独立的语句，有以下两种方法：

Call Sub 过程名(实参数表)

Sub 过程名 实参数表

例如，如下定义的 Sub 过程：

```
Public Sub abc(x%,y%)

End Sub
```

其调用可以有以下两种方法：

```
'第一种调用方法:用 Call 关键字
Call abc(x,y)
'第二种调用方法:用 Sub 过程名
abc x,y
```

注意： 当使用 Call 语法时，参数表必须在括号内；若省略 Call 关键字，则必须省略参数表两边的括号。

3. 调用函数过程

通常，调用自行编写函数过程的方法和调用 VB 内部函数的方法一样，即在表达式中写上它的名称。在不使用函数的返回值的情况下，也可以像调用 Sub 过程那样调用函数过程。因此，调用函数过程有以下三种方法：

变量＝函数过程名(实参数表)

Call 函数过程名(实参数表)

函数过程名 实参数表

例如，例 4.9 中定义的函数 Area 可以有如下三种调用方法：

```
'第一种方法:像调用内部函数那样调用
s=Area(a,b,c)
'第二种方法:用 Call 关键字调用
Call Area(a,b,c)
```

'第三种方法:用函数过程名

Area a,b,c

其中，后两种方法没有使用函数的返回值，只是使用了函数对其参数的副作用。它们与第一种方法产生的效果是不同的，读者需要仔细加以区分。

4. 调用其他模块中的过程

在工程中的任何地方都可以调用其他模块中的公用过程。调用的方法取决于该过程是在窗体模块中、类模块中，还是标准模块中。

（1）调用窗体模块中的过程。所有窗体模块的外部调用必须指向包含此过程的窗体模块。例如，如果在窗体模块 Form1 中包含 SomeSub 过程，则可使用以下语句调用 Form1 中的过程：

Call Form1. SomeSub(参数表)

（2）调用类模块中的过程。与窗体中调用过程相似，在类模块中调用过程要调用与过程一致并且指向类实例的变量。例如，如果 DemoClass 是类 Class1 的实例：

Dim DemoClass As New Class1

DemoClass. SomeSub

但是不同于窗体的是，在引用一个类的实例时，不能用类名作限定符，而是必须首先声明类的实例为对象变量（在这个例子中为 DemoClass），并用变量名引用它。

（3）调用标准模块中的过程。如果过程名是唯一的，则不必在调用时加模块名，无论是在模块内还是在模块外调用，结果总会引用这个唯一的过程。如果两个以上的模块都包含同名的过程，那就有必要用模块名来限定了。例如，如果在模块 Module1 和 Module2 中都有名为 CommonName 的过程，那么从 Module2 中调用 CommonName 则运行 Module2 中的 CommonName 过程，而不是 Module1 中的 CommonName 过程。

例 4.10：用两分法迭代求解非线性方程 $f(x)=x+\sin x-\sqrt{x+1}-x^3=0$ 在 (0，1) 内的根，要求精确到 0.0001。

二分法迭代求解非线性方程的思路是：将根存在的区间不断二分，以缩小求根区间，当根的区间缩小到满足精度要求时，即可用区间中点的值作为方程的根。若方程 $f(x)=0$ 在区间 (a，b) 上有一个根，则 $f(a)$ 与 $f(b)$ 的符号必然相反(图 4-9)，求根方法如下：

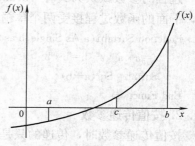

图 4-9　两分法求根示意图

（1）取 a 与 b 的中点 $c=(a+b)/2$，将求根区间分成两半。

（2）判断根在哪个区间，有三种情况：

1）$f(c)\leqslant\varepsilon$ 或 $|c-a|\leqslant\varepsilon$，c 为求得的根，结束。

2）若 $f(c)f(a)<0$，求根区间在 (a，c)，b=c，转 1)。

3）$f(c)f(a)>0$，求根区间在 (c，b)，a=c，转 1)。

这样不断重复二分过程，将含根区间缩小一半，直到达到要求的精度。

首先添加一个函数 $f(x)$ 用于求函数在指定点的函数值：

Public Function f(x As Double)

　　f=x+Sin(x)−Sqr(x+1)−x*x*x

```
End Function
```

然后编写用二分法求方程根的函数：

```
Public Sub GetRoot(a#,b#,x#,eps#)
    Dim x1#,dif#
    x=(a+b)/2
    Do While Abs(f(x)) > eps
        If f(a) * f(x) > 0 Then
            a=x
        Else
            b=x
        End If
        x=(a+b)/2
    Loop
End Sub
'在主调程序调用
Private Sub Command1_Click()
    Dim root#
    Call GetRoot(0,1,root,0.0001)
    Print root
End Sub
```

4.3.4 向过程传递参数*

过程中的代码通常需要某些有关程序执行状态的信息才能完成它的工作。信息包括在调用过程时传递到过程内的变量。当将变量传递到过程时，称变量为参数。

1. 参数的数据类型

过程的参数默认为具有 Variant 数据类型。不过，也可以声明参数为其他数据类型。例如，下面的函数过程接受两个单精度数：

```
Function Sqrtab1(a As Single,b as Single)
    a=a * a  :  b=b * b
    Sqrtab=Sqr(a+b)
End Function
```

2. 按值传递参数

按值传递参数时，传递的只是变量的副本。如果过程改变了这个值，则所作变动只影响副本而不会影响变量本身。使用 ByVal 关键字指出参数是按值来传递的。例如：

```
Function Sqrtab2(ByVal a As Single,ByVal b as Single)
    a=a * a  :  b=b * b
    Sqrtab=Sqr(a+b)
End Function
```

3. 按地址传递参数

按地址传递参数是用过程用变量的内存地址去访问实际变量的内容。结果将变量传递给过程时，通过过程可永久改变变量值。在 VB 中参数传递默认是按地址传递的。

如果给按地址传递参数指定数据类型，就必须将这种类型的值传给参数。可以给参数传递一个表达式，而不是数据类型。如果可能的话，VB 计算表达式还会按要求的类型将值传递给参数。例如，上面的 Sqrtab1 函数过程中的参数 a 和 b 默认都是按地址传递的参数，以下调用语句使得 x 和 y 的值因为调用 Sqrtab1 函数过程而改变。

```
Sub Comp()
    Dim x As Single  ：  Dim y As Single  ：  Dim z As Single
    x＝3  ：  y＝4
    z＝Sqrtab1（x,y）  '调用后 x＝9,y＝16
End Sub
```

把变量转换成表达式的最简单方法就是把它放在括号内。例如，改变上面例子调用 Sqrtab1 函数过程的方式，这样 x 和 y 的值不会因调用 Sqrtab1 函数过程而改变。

```
Sub Comp()
    Dim x As Single  ：  Dim y As Single  ：  Dim z As Single
    x＝3  ：  y＝4
    z＝Sqrtab1（（x）,（y））  '调用后 x 和 y 的值不改变
End Sub
```

4. 使用可选参数

在过程的参数表中列入 Optional 关键字，就可以指定过程的参数为可选的。如果指定了可选参数，则参数表中此参数后面的其他参数也必是可选的，并且要用 Optional 关键字来声明。例如，以下函数的参数 c 是可选参数：

```
Function CompAdd1(a As Integer,b As Integer,Optional c As Integer)
    If IsMissing(c) Then
        CompAdd1＝a＋b＋c
    Else
        CompAdd1＝a＋b
    End If
End Function
```

其中，IsMissing 函数用于测试丢失的可选参数。在未提供某个可选参数时，实际上将该参数作为具有 Empty 值的变体来赋值。

以下语句调用上述函数都是正确的：

```
x＝CompAdd1（2,3）          '调用后 x 的值为 5
y＝CompAdd1（2,3,4）        '调用后 y 的值为 9
```

5. 提供可选参数的默认值

可以给可选参数指定默认值。例如,以下函数的参数 c 是可选参数,指定默认值为 10：

```
Function CompAdd2(a As Integer,b As Integer,Optional c As Integer＝10)
    CompAdd2＝a＋b＋c
End Function
```

以下语句调用上述函数都是正确的：

```
x＝CompAdd2（2,3）          '调用后 x 的值为 15
y＝CompAdd2（2,3,4）        '调用后 y 的值为 9
```

6. 使用不定数量的参数

一般来说，过程调用中参数个数应等于过程说明的参数个数。若用 ParamArray 关键字

指明，过程将接受任意个数的参数。于是，可以这样来编写求总和的 CompAdd3 函数：

```
Dim x As Variant,s As Integer,intSum As Integer
Function CompAdd3(ParamArray intNums())
    For Each x In intNums
        s=s+x
    Next x
    CompAdd3=s
End Function
```

以下语句调用上述函数都是正确的：

```
x=CompAdd3( 2,3,4,5)        '调用后 x 的值为 14
y=CompAdd3(1,3)            '调用后 y 的值为 4
```

4.3.5 几个常用的过程*

为了后面程序设计的方便，这里把前面章节中出现过的常用计算改写成函数过程或子过程的形式，供后面的程序调用。

1. 角度化为弧度

```
'将度.分秒形式化为弧度:输入为度.分秒形式,输出为弧度
Public Function DoToHu(ByVal DoFenMiao As Double) As Single
    Dim du%,fen%,miao%,angle#
    du=Fix(DoFenMiao)
    DoFenMiao=(DoFenMiao—du)*100
    fen=Fix(DoFenMiao)
    miao=(DoFenMiao—fen)*100
    angle=du+fen / 60+miao / 3600
    DoToHu=angle * PI / 180
End Function
```

2. 弧度化为角度

```
'弧度化为度.分秒的形式:输入弧度值,输出度.分秒(各占两位)
Public Function HuToDo(ByVal Hu As Double) As Single
    Dim du%,fen%,miao%
    Hu=Hu * 180 / PI  :  du=Fix(Hu)
    Hu=(Hu—du) * 60   :  fen=Fix(Hu)
    Hu=(Hu—fen) * 60  :  miao=Fix(Hu+0.5)
    If miao=60 Then
        fen=fen+1  :  miao=0
    End If
    If fen=60 Then
        du=du+1  :  fen=0
    End If
    HuToDo=du+fen / 100+miao / 10000
End Function
```

3. 反余弦函数

```
'求反余弦的函数:输入的是余弦值,输出的是第一象限的弧度值
```

```
Public Function ArcCos(ByVal x#) As Double
    If x=0 Then
        x=PI / 2
    ElseIf x=-1 Then
        x=PI
    ElseIf x > 0 Then
        x=Atn(Sqr((1 / x)^2-1))
    Else
        x=PI-Atn(Sqr((1 / x)^2-1))
    End If
    ArcCos=x
End Function
```

4. 由三角形顶点坐标求内角

```
'由三角形顶点求内角的子过程
Public Sub GetInnerAngle(Xa#,Ya#,Xb#,Yb#,Xc#,Yc#,a#,b#,c#)
    Dim Sa#,Sb#,Sc#,cosa#,cosb#,cosc#
    Sa=Sqr((Xc-Xb) * (Xc-Xb)+(Yc-Yb) * (Yc-Yb))
    Sb=Sqr((Xc-Xa) * (Xc-Xa)+(Yc-Ya) * (Yc-Ya))
    Sc=Sqr((Xa-Xb) * (Xa-Xb)+(Ya-Yb) * (Ya-Yb))
    cosa=(Sb * Sb+Sc * Sc-Sa * Sa) /(2 * Sb * Sc)
    cosb=(Sa * Sa+Sc * Sc-Sb * Sb) /(2 * Sa * Sc)
    cosc=(Sb * Sb+Sa * Sa-Sc * Sc) /(2 * Sa * Sb)
    a=ArcCos(cosa)：b=ArcCos(cosb)：c=ArcCos(cosc)
End Sub
```

5. 由三角形三个边长求内角

```
'由三角形边长求内角的子过程
Public Sub GetInnerAngleS(Sa#,Sb#,Sc#,a#,b#,c#)
    Dim cosa#,cosb#,cosc#
    cosa=(Sb * Sb+Sc * Sc-Sa * Sa) /(2 * Sb * Sc)
    cosb=(Sa * Sa+Sc * Sc-Sb * Sb) /(2 * Sa * Sc)
    cosc=(Sb * Sb+Sa * Sa-Sc * Sc) /(2 * Sa * Sb)
    a=ArcCos(cosa)：b=ArcCos(cosb)：c=ArcCos(cosc)
End Sub
```

6. 求两点间的距离

```
'求 AB 两点间的距离
Public Function DistAB(Xa#,Ya#,Xb#,Yb#) As Double
    Dim detX#,detY#
    detX=Xb-Xa    ：  detY=Yb-Ya
    DistAB=Sqr(detX * detX+detY * detY)
End Function
```

7. 求两点间的坐标方位角

'求 AB 的坐标方位角,输出的是弧度值

```
Public Function DirectAB(Xa#,Ya#,Xb#,Yb#) As Double
    Dim detX#,detY#,tana#
    detX=Xb － Xa    :    detY=Yb－Ya
    If Abs(detX) < 0.000001 Then
        If detY>0 Then
            DirectAB=Pi / 2
        Else
            DirectAB=Pi * 3 / 2
        End If
    Else
        tana=detY / detX    :    DirectAB=Atn(tana)
        If detX < 0 Then
            DirectAB=Pi+DirectAB
        ElseIf detX > 0 And detY < 0 Then
            DirectAB=Pi * 2+DirectAB
        End If
    End If
End Function
```

8. 前方交会

```
'计算前方交会点：由 A、B 两点坐标和角度 a、b 计算待测点 P 的坐标
Public Sub ForIntersec(Xa#,Ya#,Xb#,Yb#,a#,b#,Xp#,Yp#)
    Dim ctga#,ctgb#
    ctga=1 / Tan(a)    :    ctgb=1 / Tan(b)
    Xp=(Xa * ctgb+Xb * ctga+(Yb－Ya)) /(ctga+ctgb)
    Yp=(Ya * ctgb+Yb * ctga+(Xa－Xb)) /(ctga+ctgb)
End Sub
```

9. 极坐标法

```
'用极坐标方法求待定点坐标：依次输入已知两点坐标、边长、夹角、方位角；输出待求坐标
Public Sub PolarPositioning(x1#,y1#,x2#,y2#,dblS#,dblA#,xQ#,yQ#)
    Dim dblD#              '临时的方位角
    dblD=DirectAB(x1,y1,x2,y2)    :    dblD=dblD+dblA－PI
    If dblD>(2 * PI) Then dblD=dblD－2 * PI
    If dblD<0 Then dblD=dblD+2 * PI
    xQ=x2+dblS * Cos(dblD)    :    yQ=y2+dblS * Sin(dblD)
End Sub
```

4.4   高级界面设计

通过前面的学习，我们已经初步掌握了 VB 的基本控件和语言基础，以及顺序结构、选择结构、循环结构、数组、过程等内容。本节我们来进一步讨论一下 VB 的界面设计和与用户交互操作的实现。主要介绍 VB 控件的键盘和鼠标事件，多窗体、菜单的设计和通用对话框的使用。

4.4.1　多窗体

多窗体是指一个应用程序中有多个并列的普通窗体，每个窗体可以有自己的界面和程序代码，完成不同的功能。当一个程序中需要多个界面时，如输入数据窗体、显示统计结果窗体及某些对话框等，则需用到多窗体。

1. 添加窗体

用户可通过"工程"菜单上的"添加窗体"命令或工具条上的添加窗体按钮打开"添加窗体"对话框（图 4-10），选择"新建"选项卡可以新建一个窗体；选择"现存"选项卡可以添加一个已存在的其他工程的窗体。但当添加一个已有窗体时应注意：

（1）该工程内的每个窗体的 Name 属性不能相同，否则不能将现存的窗体添加进来。

（2）在工程内添加的现存窗体实际上在多个工程中共享，因此，对该窗体所作的改变会影响到共享该窗体的所有工程。

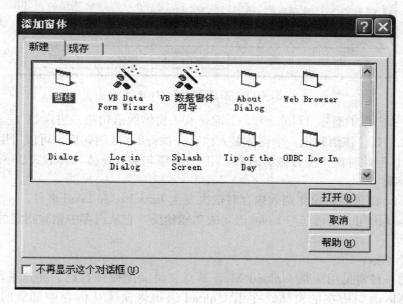

图 4-10　"添加窗体"对话框

2. 设置启动对象

一个应用程序若具有多个窗体，它们都是并列关系。在程序运行过程中，首先执行的对象被称为启动对象。缺省情况下，第一个创建的窗体被指定为启动对象，即启动窗体。启动对象既可以是窗体，也可以是 Main 子过程。如果启动对象是 Main 子过程，则程序启动时不加载任何窗体，以后由该过程根据不同情况决定是否加载以及加载哪一个窗体。

如果要设置 Main 子过程为启动对象，则应单击"工程"菜单的"工程 1 属性"菜单项，在工程对话框（图 4-11）的"启动对象"下拉列表框中选择"Sub Main"。

需要注意的是，Main 子过程必须放在标准模块中，绝对不能放在窗体模块中。

3. 有关窗体的语句、方法

当一个窗体要显示在屏幕上之前，该窗体必须先"建立"（Initialize），接着被装入内存（Load），最后显示（Show）在屏幕上。同样，当窗体暂时不需要时，可以从屏幕上隐藏

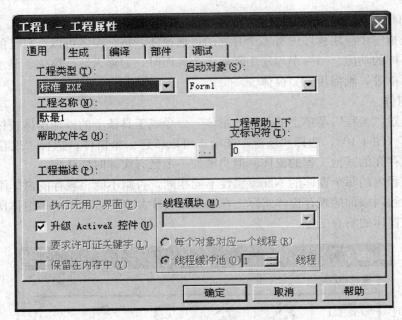

图 4-11 "工程属性"对话框

（Hide），直至从内存中删除（Unload）。下面是有关窗体的语句和方法：

（1）Load 语句。该语句把一个窗体装入内存。执行 Load 语句后，可以引用窗体中的控件及各种属性，但此时窗体没有显示出来。用 Load 语句装入窗体，其形式如下：

Load 窗体名称

在首次用 Load 语句将窗体调入内存时依次发生 Initialize 和 Load 事件。

（2）Unload 语句。该语句与 Load 语句的功能相反，它从内存中删除指定的窗体，其形式如下：

Unload 窗体名称

Unload 的一种常见用法是 Unload Me，其意义是关闭窗体自己。在这里，关键字 Me 代表 Unload Me 语句所在的窗体。在用 Unload 语句将窗体从内存中卸载时，依次发生 QueryUnLoad 和 Unload 事件。

（3）Show 方法。该方法用来显示一个窗体，它兼有加载和显示窗体两种功能。也就是说，在执行 Show 时，如果窗体不在内存中，则 Show 自动把窗体装入内存，然后再显示出来。其形式如下：

[窗体名称]. Show [模式]

其中，"模式"用来确定窗体的状态，有 0 和 1 两个值。若"模式"为 1，表示窗体是"模式型"（Model），用户只有在关闭该窗体后才能将鼠标移动到其他窗口对其进行操作，如 Office 软件中"帮助"菜单的"关于"命令所打开的对话框窗口即是这种窗口。若"模式"为 0，表示窗口是"非模式型"（Modeless），可以对其他窗口进行操作，如"编辑"菜单的"替换"对话框就是一个非模式对话框的实例。"模式"的默认值为 0。

省略窗体名称时默认为当前窗体。当窗体成为活动窗口时发生窗体的 Activate 事件。

（4）Hide 方法。该方法用来将窗体暂时隐藏起来，但并没有从内存中删除。其形式如下：

［窗体名称］. Hide

省略窗体名称时默认为当前窗体。

4. 不同窗体间数据的存取

不同窗体数据的存取分为两种情况：

（1）存取控件中的属性。在当前窗体中要存取另一个窗体中的某个控件的属性，表示如下：

另一个窗体名. 控件名. 属性

例如，设置当前窗体 Form1 中的 Text1. Text 的值为 Form2 窗体中的 Text1、Text2 两个控件的数值和，实现的语句如下：

Text1＝Val（Form2. Text1. Text）＋Val（Form2. Text2. Text）

（2）存取变量的值。这时，必须规定在要存取的窗体内声明的全局（Public）变量，表示如下：

另一个窗体名．全局变量名

为了方便起见，要在多个窗体存取的变量一般应放在标准模块（.BAS）内声明。

例 4.11：密码登陆程序。

设计一个密码登陆程序，由两个窗体组成，界面如图 4-12 所示，Form1 用于用户登陆，Form2 用于欢迎进入。如图设计界面，并在 Form1 中添加如下代码实现密码登陆：

```
Private Sub Command1_Click()          '"登陆"命令按钮，"退出"命令按钮的代码略
    If Text1. Text ＝ "剑胆琴心" And Text2. Text ＝ "jiandanqinxin" Then Form2. Show
End Sub
```

图 4-12　密码登陆程序界面

4.4.2　菜单

菜单是应用程序的组成部分之一，它一般由菜单栏和下拉菜单组成，如 VB 系统集成环境中的菜单栏。从结构上看，菜单可分成若干级，第一级是菜单栏，它包括若干菜单项。菜单项为横向排列，每一菜单项都可对应一个下拉式子菜单，子菜单中的选项竖向排列，同时子菜单中的每一项又可对应有自己的下拉菜单。

1. 建立菜单

建立菜单的过程是先列出菜单的组成，然后在"菜单编辑器"窗口按照菜单组成进行设计，设计完后，再把各菜单项与代码连接起来。

在窗体窗口下，选择"工具"菜单中的"菜单编辑器"或单击工具栏中的"菜单编辑器"快捷按钮打开菜单编辑器，如图 4-13 所示。从形式上看，该窗口由以下几部分组成：

（1）属性设置。菜单是一个特殊的控件，其中的每一个菜单项也是一个控件。"菜单编辑器"窗口的上方部分用于设置每个菜单项的基本属性。

1）"标题"文本框。设置菜单项的标题，即菜单项的 Caption 属性。如果将"标题"设置为一个"-"，表示该菜单项为一个分割条。

2）"名称"文本框。设置菜单项的名称，即菜单项的 Name 属性。

3）"索引"文本框。设置菜单控件数组下标，即菜单项的 Index 属性。

4）"快捷键"组合框。为菜单项选择一个快捷键。

5）"帮助上下文"文本框。通过输入数字来选择帮助文件中特定的页数或与该菜单上下文相关的帮助文件。

6）"协调位置"组合框。通过这个选择来确定菜单是否出现或怎样出现。只有三种选择：不设置、靠左边和居中。

7）"复选"复选框。允许用户设置某一菜单是否可选。

8）"有效"复选框。用来设置菜单项是否可执行。

9）"可见"复选框。若设计时"可见"复选框未被选中，则该菜单项是不可见的。

10）"显示窗口列表"复选框。设置在使用多文档应用程序时，是否使菜单控件中有一个包含打开的多文档文件子窗口的列表框。

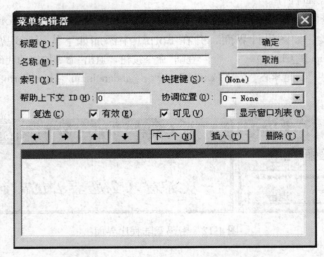

图 4-13 "菜单编辑器"窗口

（2）菜单项编辑按钮。"菜单编辑器"窗口的中部有 7 个按钮用于编辑菜单的菜单项。

1）"下一个"按钮。编辑下一个菜单项。

2）"插入"按钮。插入一个菜单项。

3）"删除"按钮。删除当前菜单项。

4）"↑"和"↓"按钮。用于调整菜单项的位置。单击"↑"按钮时，菜单项上移一行；单击"↓"按钮时，菜单项下移一行。

5）"→"和"←"按钮。用于调整菜单项的级别。在菜单项显示区，菜单项的前面显示有不同的内缩符号"...."（四个黑点）。主菜单项没有内缩符号，一级下拉菜单中的菜单项前有一个内缩符号，二级下拉菜单中的菜单项有两个内缩符号。对显示区中选中的菜单项，要降低一个层次时，单击一次"→"按钮，可在菜单项前加上一个内缩符号；要提高一个层次时，单击一次"←"按钮，可删除一个内缩符号。

（3）菜单项显示区。"菜单编辑器"窗口的下方有一个区域，用于显示用户输入的菜单项，即 Caption 属性。根据显示的各菜单项前面内缩符号的多少，可确定菜单的层次。

完成菜单的编辑工作之后，单击"确定"按钮，系统将检查菜单的有效性，若检查通过，即保存该菜单并返回到窗体上显示其主菜单项；否则，系统将显示对话框提示相应错误信息。当需要放弃或取消本次编辑菜单的操作时，可以单击"取消"命令按钮。

2. 把代码连接到菜单上

在 VB 中，每一菜单项都是一个控件，都响应鼠标单击事件，即每个菜单项都拥有一个事件过程 Name_Click()（这里的 Name 表示菜单项的名称）。每当单击菜单项时，VB 就调用 Name_Click() 过程，执行这一过程中的代码。

编写代码是在代码窗口中进行的。首先在窗体中单击菜单栏，在下拉菜单中单击要连接代码的菜单项，在屏幕上会出现代码窗口，并在窗口中出现这一菜单项的事件处理过程的过程头与过程尾。用户只要在过程头与过程尾之间输入想执行的某项任务的代码即可。

也可以从对象列表框中选择菜单项名称，再在过程列表框中选择 Click 事件，这时代码窗口中会出现这一菜单的过程头与过程尾，在其中添加代码即可。如果有多个菜单项需要与代码过程连接，就要多次重复上述步骤。

3. 动态修改菜单状态

用"菜单编辑器"创建、定义完毕的菜单，在程序运行过程中并非一成不变。用户可以根据实际运行情况动态地调整和控制菜单的使用，给菜单增加一些灵活性。如当某菜单项执行的操作不适合当前环境时，可以暂时使其失效或干脆将其隐藏起来，就像根本没有这个菜单项一样。当需要时也可以向菜单中添加或删除某菜单项。实际上这些操作都是通过菜单项的 Enabled 和 Visible 等属性值设置实现的。

4. 弹出式菜单

上面介绍的菜单是一般菜单，它出现在窗口的顶部，当用户执行某一菜单项时，必须把鼠标指针移动到窗口顶部，这对于常用的功能来说很不方便。可以将菜单设计成弹出式菜单，用户在窗体上单击某一鼠标键（一般为鼠标右键）就可立即弹出该菜单，从而加快用户的操作，所以弹出式菜单也称为快捷菜单。弹出式菜单的设计与一般菜单设计过程基本相同，只需将该菜单的"可见"复选框不选中，这样该菜单就不会在窗体中显示出来了。

注意：实际上，不管该菜单是否可见，都可以成为弹出式菜单，只是我们一般习惯上都使它成为不可见的。

为了显示弹出式菜单，可以使用 PopupMenu 方法，该方法的语法如下：

PopupMenu 菜单名,[标志，x，y]

其中，"标志"参数为常量数值的设置，包含位置及行为两个指定值，"标志"的位置常量的取值如下：

0（默认）：菜单的左上角位于 x。

4：菜单上框中央位于 x。

8：菜单右上角位于 x。

"标志"的行为常量的取值为：

0（默认）：菜单命令只接收右键单击。

2：菜单命令可接收左、右键单击。

"标志"的位置常量和行为常量可以相加，例如，当"标志"设置为 6 时，表示菜单上框中央位于 x，且菜单命令可接收左、右键单击。

4.4.3 通用对话框

VB 的通用对话框（CommonDialog）控件提供了一组基于 Windows 的标准对话框界面。使用通用对话框控件，可以显示文件打开、另存为、颜色、字体、打印和帮助对话框。这些对话框仅用于返回信息，不能真正实现文件打开等操作，必须通过编程解决。

CommonDialog 控件是 ActiveX 控件，需要通过"工程"菜单的"部件"命令选择"Microsoft Common Dialog Control 6.0"选项（在该选项前的小方框上打钩），将 Common-Dialog 控件添加到工具箱。在设计状态，CommonDialog 控件以图标的形式显示在窗体上，其大小不能改变，在程序运行时，控件本身被隐藏。要在程序中显示通用对话框，可以对控件的 Action 属性赋值，或使用说明性的 Show 方法来代替数字值。表 4-3 给出了显示通用对话框的属性值和方法。

表 4-3   **Action 属性和 Show 方法**

通用对话框的类型	Action	方法	通用对话框的类型	Action	方法
打开（Open）	1	ShowOpen	字体（Font）	4	ShowFont
另存为（SaveAs）	2	ShowSave	打印界（Printer）	5	ShowPrinter
颜色（Color）	3	ShowColor	帮助（Help）	6	ShowHelp

除了 Action 属性外，通用对话框具有的共同属性主要为：

（1）CancelError 属性。通用对话框内有一个"取消"按钮，用于向应用程序表示用户想取消当前操作。当 CancelError 属性设置为 True 时，若用户单击"取消"按钮，通用对话框自动将错误对象 Err. Number 设置为 32755（cdlCancel），以便供程序判断。若 Cancel-Error 属性设置为 False，则单击"取消"按钮时不产生错误消息。

（2）DialogTitle 属性。由用户自行设计对话框标题栏上显示的内容。

（3）Flags 属性。通用对话框的 Flags 属性可修改这个具体对话框的默认操作。

下面根据本书的需要，主要介绍"文件"对话框的使用方法。

通用对话框用于获取文件名的操作有两种模式：打开文件和保存文件。在这两种对话框窗口内，可遍历磁盘的整个目录结构，找到所需要的文件。图 4-14 为文件"打开"对话框，"另存为"对话框与其类似。

通用对话框用于文件操作时需要对下列属性进行设置。

（1）FileName。该属性值为字符串，用于设置或得到用户所选的文件名（包括路径）。

（2）FileTitle。该属性设计时无效，在程序中为只读，用于返回文件名。它与 FileName 属性不同，不包含路径。

（3）Filter。该属性用于过滤文件类型，使文件列表框中只显示指定类型的文件。可以在设计时设置该属性，也可以在代码中设置该属性。其格式为：

文件说明 | 文件类型

例如，若要在打开对话框的"文件类型"列表框中显示如图 4-14 所示的三种文件类型，则 Filter 属性应设置为：

图 4-14   "打开"对话框的属性与功能

Text Files | ∗. TXT | All Files | ∗. ∗ | 定向参数文件 | ∗. io

（4）FilterIndex。该属性可指定图 4-14 所示文件类型列表框中的默认设置，要将"文件类型"的第几项设置为默认值，就把 FilterIndex 的值设为几。图中 FilterIndex = 1。

（5）InitDir。指定打开对话框中的初始目录。若显示当前目录，则该属性不需要设置。

"另存为"对话框还有一个 DefaultExt 属性，它表示所存文件的默认扩展名。

例 4. 12：设计一个菜单和通用对话框示例程序。

菜单结构见表 4-4。

表 4-4   **菜单和通用对话框示例程序的菜单结构**

标题	名称	标题	名称
文件	mnuFile	退出程序	mnuExit
打开…	mnuOpen		

在窗体上绘制一个通用对话框，如图 4-15 所示。

图 4-15   菜单和通用对话框示例设计界面

单击"文件→打开"，弹出打开对话框，用户选择某个文本文件后，调用记事本程序打开该文件；单击"退出程序"，结束程序。

Private Sub mnuOpen_Click()'"打开"菜单项，"退出程序"菜单项代码略

CommonDialog1. Filter = "文本文件(∗. txt)| ∗. txt|所有文件(∗. ∗)| ∗. ∗"

CommonDialog1. ShowOpen

```
        Shell "C:\windows\notepad. exe " & CommonDialog1. FileName
End Sub
```

4.5 批量数据的输入和输出

在 VB 中，少量数据的输入可以采用文本框与标签的组合、文本框的控件数组、Input-Box（）函数、自定义对话框等方法，数据的输出可以采用文本框与标签的组合、文本框的控件数组、MsgBox 过程或函数、自定义对话框、Print 方法在窗体或 PictureBox 控件上打印等方法。这些输入和输出方法各有特点：文本框与标签的组合简单易用、直观方便，一般用于 3～5 个不同种类数据的输入，当数据较多时，绘制控件、设置属性和位置布局等的工作量会比较大；文本框的控件数组适用于几个到几十个同类数据的输入或输出，可以方便地采用相同的方法处理这些同类数据，但是界面的大小调整和控制比较复杂；InputBox 和 MsgBox 简单易用、不占用界面空间，但是输入或显示的内容一闪即过，不具有持久性，不利于检查，且数据与数据之间相互区分性差，输入或输出的数据量大时很容易造成混淆；自定义对话框用于输入或输出方便灵活，比直接在主窗体上使用标签和文本框的组合更美观和方便，但是数据传递和控制的难度也比较大，并且同样难于处理大量数据的输入、输出；Print 方法显示内容灵活，对数据的数量和性质不敏感，但仅用于显示，不具备编辑、复制和存储功能。

由以上分析可以看出，当要对批量数据进行输入和输出操作时，使用前面介绍过的方法是不够的，因此，本节介绍几种可以更有效地输入和输出批量数据的方法，包括单个文本框的批量数据输入和输出、使用文件进行数据的批量输入和输出以及使用批量数据控件。这几种方法适合处理数量较多的数据，但是比较复杂，读者在使用过程中应该根据程序的需要选择合适的输入和输出方法，做到简单易用性与程序复杂性的有效平衡。

4.5.1 文本框的批量输入和输出

文本框显示的内容以字符串的形式存在于 Text 属性中，将批量数据存储在同一个文本框中时，首先要定义不同数据项间的分隔符，以及各类数据间的存储顺序和存储结构。明确这些以后，对数据用单个文本框输入或输出，实际就是对存储在文本框 Text 属性中的字符串进行分解或连接的操作。有关的操作在前面章节中已有涉及，本节中做一简单的小结。

1. 单个文本框的批量输出

用单个文本框输出多个内容，就是把要显示的原有内容连接起来赋值给文本框的 Text 属性，需要用到字符串连接符"&"或"+"。例如，要将点 $P(x, y)$ 的坐标同时显示在文本框 Text1 中，可以使用如下代码：

```
Text1. Text="P 点坐标为:" & Str(x) & " , " & Str(y)
```

若 $x=3$、$y=2$，则上述代码执行后，文本框 Text1 显示的内容为"P 点坐标为：3，2"。

要在文本框原有内容上增加内容，则需将文本框原有内容与新增内容连接，再赋值给文本框的 Text 属性。此时，常要换行显示，可以通过连接上 VB 常量 vbCrLf 来实现。例如，上面的例子要求先显示"P 点坐标为:"字样，然后换行显示 P 点坐标，代码如下：

```
Text1. Text = "P 点坐标为:" & vbCrLf
Text1. Text = Text1. Text & Str(x) & " , " & Str(y)
```

2. 单个文本框的批量输入

使用单个文本框输入批量数据，是单个文本框输出数据的逆过程，即把以某种分隔符为间隔存放在一起的各个数据依次分离出来，因而是一个字符串分解的过程。经常用到有关字符串操作函数，例如 Len()、InStr()、Left()、Right()、Mid() 等函数。

不同数据间的分隔符，最常用的是逗号、空格和回车符。由于有时空格也是所存储的信息的一部分，因此使用逗号和回车作为分隔符更为通用。一般同一类数据间使用逗号作为分隔，不同类数据之间使用回车作为分隔符。例如下面是输入一个导线有关信息的文本，包括导线类型、已知点坐标、测站数、观测值等：

```
1
842.71, 1263.66, 640.93, 1068.44, 589.97, 1307.87, 793.52, 1399.15
5
2, 245.43, 213.0005, 224.4805, 214.2105, 202.00
82.14, 77.28, 89.62, 79.85
```

第一行是导线类型，根据具体的约定确定，本例中 1 表示附合导线；第二行是已知点坐标，本例中依次是各已知点的 X 坐标、Y 坐标；第三行是测站数，本例中的导线观测了 5 站；第四行是角度观测值；第五行是距离观测值。本小节只介绍如何将上述文本中的数据分离到相应的变量中，更加详细的内容请参见本书第 5.3 节单导线计算程序的设计。

有关变量的声明可以使用如下代码：

```
Dim sAngle() As Double, sEdge() As Double '分别存放角度观测值、坐标方位角和观测边长
'分别存放导线类型以及四个已知点坐标
Dim iType%, iAngleType%, Xa#, Ya#, Xb#, Yb#, Xc#, Yc#, Xd#, Yd#
Dim iStation As Integer                    '测站数
Dim sInput As String, str As String        '存放输入的字符串和当前操作字符串
Dim iPos As Integer                        '存放分隔符所在的位置
```

为了处理方便，把文本框中的内容都存放在变量 sInput 中，具体代码如下：

```
sInput = Text1. Text
```

首先输入导线类型。导线类型写在第一行，与其后数据用回车符分隔，可以使用如下语句来定位分隔符：

```
iPos = InStr(sInput, vbCr)
```

其中，vbCr 是 VB 常量，代表回车符。

若分隔符的位置是第 iPos 个字符，则从文本开头到第 iPos-1 个字符都是导线类型的内容，将这些内容取出来并转换成数值类型，赋给变量 iType，就实现了数据的分离和赋值，具体实现语句如下：

```
iType = Val(Left(sInput, iPos - 1))
```

为了后面数据的分离和赋值的方便，已经分离出的数据应该从整个文本中去掉，即 sInput 变量中只保留分隔符之后（从 iPos+1 个字符开始）的内容，具体实现代码如下：

```
sInput = Mid(sInput, iPos + 1)
```

这样，经过定位、分离赋值、去除三个步骤，第一个数据就从整个文本中分离出来并赋值给变量。重复上述的过程，就可以把其他的数据分离出来，具体实现代码如下：

```
'分离 Xa、Ya、Xb、Yb、Xc、Yc、Xd、Yd
```

```
iPos = InStr(sInput, ",")   :   Xa = Val(Left(sInput, iPos - 1))   :   sInput = Mid(sInput, iPos + 1)
iPos = InStr(sInput, ",")   :   Ya = Val(Left(sInput, iPos - 1))   :   sInput = Mid(sInput, iPos + 1)
iPos = InStr(sInput, ",")   :   Xb = Val(Left(sInput, iPos - 1))   :   sInput = Mid(sInput, iPos + 1)
iPos = InStr(sInput, ",")   :   Yb = Val(Left(sInput, iPos - 1))   :   sInput = Mid(sInput, iPos + 1)
iPos = InStr(sInput, ",")   :   Xc = Val(Left(sInput, iPos - 1))   :   sInput = Mid(sInput, iPos + 1)
iPos = InStr(sInput, ",")   :   Yc = Val(Left(sInput, iPos - 1))   :   sInput = Mid(sInput, iPos + 1)
iPos = InStr(sInput, ",")   :   Xd = Val(Left(sInput, iPos - 1))   :   sInput = Mid(sInput, iPos + 1)
iPos = InStr(sInput, vbCr)   :   Yd = Val(Left(sInput, iPos - 1))   :   sInput = Mid(sInput, iPos + 1)
'分离 iStation
iPos = InStr(sInput, vbCr)   :   iStation = Val(Left(sInput, iPos - 1)) : sInput = Mid(sInput, iPos + 1)
'分离 iAngleType 和 sAngle(i)
iPos = InStr(sInput, vbCr) : iAngleType = Val(Left(sInput, iPos - 1)) : sInput = Mid(sInput, iPos + 1)
ReDim sAngle(1 To iStation) As Double
For i = 1 To iStation - 1
iPos = InStr(sInput, ",") : sAngle(i) = Val(Left(sInput, iPos - 1)) : sInput = Mid(sInput, iPos + 1)
Next I
iPos = InStr(sInput, vbCr) : sAngle(i) = Val(Left(sInput, iPos - 1)) : sInput = Mid(sInput, iPos + 1)
'分离 sEdge(i)
ReDim sEdge(1 To iStation - 1) As Double
For i = 1 To iStation - 2
iPos = InStr(sInput, ",") : sEdge(i) = Val(Left(sInput, iPos - 1)) : sInput = Mid(sInput, iPos + 1)
Next I
iPos = InStr(sInput, vbCr) : sEdge(i) = Val(Left(sInput, iPos - 1))
```

注意：

（a）定位、分离赋值、去除是编程中有节奏的三个步骤，缺一不可。在开始时读者可能会觉得有些繁琐，但是熟悉了规律后，就能有效地应用了。

（b）由于标点符号有全角和半角之分，因此使用逗号作为分隔符时，一定要注意文本中的逗号与代码中的逗号是否一致，一般根据输入文本时的习惯选择用全角的逗号还是半角逗号，并让代码中的逗号与其一致。

3. RichText 控件*

除了 TextBox 控件外，VB 还提供了 RichTextBox 控件用于文本的显示和处理。Rich-TextBox 控件不但在容量上比 TextBox 控件更大，而且具备更多文本显示、编辑和处理的功能。例如，可以对文本的任意部分改变文字格式、段落设置等，可以插入图片和 OLE 对象，可以以 RTF 格式和普通 ASCII 文本格式两种形式打开和保存文件。本节只介绍如何用 LoadFile 和 SaveFile 方法打开或保存文件，有关文本格式、段落设置以及插入对象的内容，读者可以参阅有关书籍或联机帮助。

RichTextBox 控件与通用对话框控件一样，要使用时，必须打开"部件"对话框，选择"Microsoft Rich TextBox Controls 6.0"将控件添加到工具箱中。

LoadFile 方法能将 RTF 文件或文本文件装入控件，其形式如下：

对象 . LoadFile 文件标识符[，文件类型]

其中，文件类型取值 0 或 rtfRTF 为 RTF 文件（默认）；取 1 或 rtfTEXT 为文本文件。

例如，下面的语句可以将 C：\ 下的 input. txt 文件内容装载进控件 RichTextBox1 中：

RichTextBox1. LoadFile "C:\input. txt", 1

SaveFile 方法能将控件中的文档保存为 RTF 文件或文本文件，其形式如下：

对象 . SaveFile 文件标识符［，文件类型］

例如，下面的代码将 RichTextBox1 控件中的内容以 RTF 格式保存在 C：\ 下：

RichTextBox1. SaveFile "C:\output. rtf", rtfRTF

4.5.2　文件的读写

文件是存储在磁盘等介质上的用文件名标识的一组数据的集合。通常计算机处理批量数据时都是以文件的形式存放，操作系统也是以文件为单位管理数据，这就涉及如何建立文件，如何从文件中读数据，如何向文件写数据等问题。如果要访问存放在外部介质上的数据，必须先按文件名找到所指定的文件，然后再从该文件中读取数据。要向外部介质存储数据，也必须先建立一个文件（以文件名标识），才能向它输出数据。

在 VB 中根据文件的结构和访问方式，可将文件分为三类：顺序存取文件、随机存取文件和二进制存取文件。本书只介绍顺序文件的有关操作。

顺序存取是将要保存的数据，依序逐个字符转成 ASCII 字符，然后存入磁盘。以顺序存取的方式保存数据的文件叫做顺序存取文件，简称顺序文件。顺序文件存储格式如图4-16所示。

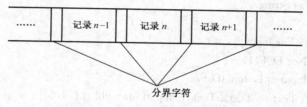

图 4-16　顺序文件存储格式

通常记录与记录之间的分界字符为回车符，记录中字段与字段之间的分界符为逗号。

在顺序文件中查找某个记录必须从文件头开始找起，逐个比较，直到找到目标为止。若要修改某个记录，则需将整个文件读出来，修改后再将整个文件写回磁盘，因此很不灵活。但由于顺序文件是按行存储，所以它们对需要处理文本文件的应用程序来说是非常理想的。例如，一般的程序文件（如 . vbp 工程文件）都是顺序文件。

1. 文件的打开

在对文件进行任何操作之前，必须打开文件，同时要通知操作系统对文件进行读操作还是写操作，将数据存到什么地方。打开文件用 Open 语句。其使用语法如下：

Open 文件名［For 模式 As ［＃］文件号

其中，文件名是指要打开的文件，可包含驱动器名及路径名，既可以是字符串常量也可以是字符变量。模式是说明文件打开方式，对顺序文件而言，有三种模式：

（1）Output（输出）。相当于写文件。

（2）Input（输入）。相当于读文件。

（3）Append（添加）。相当于将数据添加在文件尾部。

文件号是一个 1～255 的整数，用于表示该文件。文件号可用 FreeFile（）函数获得。

2. 从文件中读取数据

要读顺序文件的内容，应以 Input 模式打开该文件。读取数据的格式有如下三种：

Input ＃文件号，字段 1[，字段 2]{，……}，　　　　　　　'格式一
Line Input ＃文件号，字符串变量　　　　　　　　'格式二
Input $（读取字数，＃文件号）　　　　　　　　'格式三

格式一读出的数据分别放在给出的变量中。因此，要求变量的顺序应与文件中各字段顺序相同，即每个变量应与其对应字段的数据类型一致。

格式二每次从文件中读取一行信息，它不以逗号作为分界符，而以回车符作为分界符。因此，处理文本文件最为合适。

格式三给出读取的字数，故不受分界符的限制，用户可随意从文件中读取若干数据。

例如，下列代码以输入方式打开文件 try. txt，把文件的全部内容读到文本框 Text1 中。

FileNum＝FreeFile()
Open "try. txt" For Input As FileNum
　　Text1. Text＝Input $（LOF(FileNum)，FileNum）'LOF()是获取文件长度的函数,将在稍后介绍
Close

将一个文本文件 data. txt 的内容读入文本框 Text1 有下列四种方法：

方法一：把文本文件的内容一行一行地读入文本框，程序如下：

```
Dim InputData as String
Text1. Text = ""
Open "data. txt" For Input As #1
    Do While Not EOF(1)
        Line Input #1, InputData
        Text1. Text = Text1. Text + InputData+vbCrLf
    Loop
Close #1
```

方法二：把文本文件的内容一个字符一个字符地读入文本框，程序如下：

```
Dim InputData as String * 1
Text1. Text = ""
Open " data. txt" For Input As #1
    Do While Not EOF (1)
        InputData= Input $ (1, #1)
        Text1. Text = Text1. Text + InputData
    Loop
Close #1
```

方法三：把文本文件的内容一次性地读入文本框（仅限于包含西文字符的文本文件）：

```
Text1. Text = ""
Open " data. txt" For Input As #1
    Text1. Text = Input $( LOF(1), 1)
Close #1
```

注意：一个汉字用 2 个字节存储，而 Input $ 方式读文件时，是以字符方式读，因此，若用"Input $（LOF（FileNum），FileNum）"来读取包含汉字的文件时，会因

为 LOF 函数返回的字节数会大于包含的字符数而产生"输入超出文件尾"的错误信息。

方法四：若已知数据在文件内的存储方式，也可以采用 Input ♯ 语句进行。例如，5.3.4 节中读取导线有关信息的代码如下：

```
Open strFileName For Input As ♯1
        Input ♯1, iType, Xa, Ya, Xb, Yb
Close ♯1
```

用这种方法读取文件中的数据时，必须保证不同量值之间用半角的"，"隔开。

3. 向文件中写数据

要建立一个顺序文件或打开一个顺序文件，向文件中写数据，应该用 Output 模式或 Append 模式打开文件，然后用输出命令写入数据。

以 Output 模式打开文件时，若文件不存在就先建立文件；若文件已存在，则删除旧文件，建立新文件。而以 Append 模式打开文件时与此类似，差别在于后者在文件已经存在时，并不删除它，而是把随后输出的新行追加到该文件尾部。

写文件的输出命令有如下两种：

```
Print ♯文件号,字段1[;][","][;字段2][;][","]……
Write ♯文件号,字段1[,字段2]……
```

二者的功能基本相同，区别是 Write 语句以紧凑格式存放，即在数据项间插入"，"，并给字符串加上双引号。

要把文本框 Text1 的内容写入文件 result.txt，可以有如下两种方法：

方法一：把整个文本框的内容一次性地写入文件，程序如下：

```
Open "result.txt" For Output As ♯1
    Print ♯1, Text1
Close ♯1
```

方法二：把文本框的内容一个字符一个字符地写入文件，程序如下：

```
Open " result.txt " For Output As ♯1
    For i=1 To len(Text1)
        Print ♯1, Mid(Text1, i, 1);
    Next i
Close ♯1
```

4. 关闭文件

对文件操作完之后，要关闭文件，其语法：

```
Close [♯文件号1][,♯文件号2]……
```

若 Close 语句后无文件号，则关闭所有打开的文件。

5. 有关函数

文件的操作经常要用到下列函数：

（1）LOF（）函数。以字节方式返回被打开文件大小。其调用语法如下：

LOF(文件号)

如 LOF（1）返回♯1 文件的长度，若返回 0 表示是一个空文件。

（2）EOF() 函数。返回值指出读文件过程中是否到了文件末端。其调用语法如下：

EOF(文件号)

返回 True，则到达文件末端；否则返回 False。

对于顺序文件，读写操作不能同时进行。每进行一次读或写操作，都必须重新打开文件，读或写完之后再关闭文件。

（3）Seek() 函数。返回当前的读/写位置，返回值的类型是长整型。其使用形式如下：

Seek(文件号)

（4）Seek 语句。用于设置下一个读/写操作的位置。其使用形式如下：

Seek［#］文件号，位置

例 4.13：使用读写顺序文件的方法设计一个文本修改程序。

设计一个如图 4-17 所示的窗体，窗体上有菜单、1 个文本框和 1 个通用对话框。窗体及控件属性设置见表 4-5，各菜单项的名称属性见表 4-6。

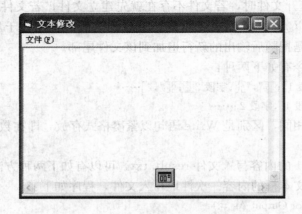

图 4-17　文本修改程序设计界面

表 4-5　　　　　　　　　　　　　　　**文本修改程序窗体及控件属性设置**

对象	属性	值	对象	属性	值
Form1	Caption	文本修改	Text1	Text	
Text1	MultiLine	True	Text1	ScrollBars	3-Both

表 4-6　　　　　　　　　　　　　　　**文本修改程序菜单设计**

标题	名称	标题	名称
文件	mnuFile	…保存文本	mnuSave
…打开文本	mnuOpen	退出程序	mnuExit

点击"打开文本"菜单，弹出打开文件对话框，将选中的文本文件的内容显示在文本框内，具体实现代码如下：

```
Private Sub mnuOpen_Click()
    Dim str As String
    CommonDialog1. Filter = "文本文件(*.txt)|*.txt|所有文件(*.*)|*.*"
```

```
        CommonDialog1. Action = 1
        Text1. Text = ""
Open CommonDialog1. FileName For Input As #1
        Do While Not EOF(1)
                Line Input #1, str
                Text1. Text = Text1. Text + str + vbCrLf
        Loop
        Close #1
End Sub
```

点击"保存文本"菜单，弹出"文件另存为"对话框，将文本框内的内容按照指定的文件名保存。具体实现代码如下：

```
Private Sub mnuSave_Click()
        CommonDialog1. Filter = "文本文件(＊.txt)|＊.txt|所有文件(＊.＊)|＊.＊"
        CommonDialog1. Action = 2
        Open CommonDialog1. FileName For Output As #1
                Print #1, Text1. Text
        Close #1
End Sub
```

"退出"菜单的实现代码略。

4.5.3　批量数据控件*

VB 中可以输入和显示批量数据的控件很多，如伸缩格网（FlexGrid）、数据格网（DataGrid）、数据列表框（DataListBox）、数据组合框（DataComboBox）等，限于篇幅，这里只介绍伸缩格网控件。作为入门教材，本节中也不讨论有关控件的数据属性。

伸缩格网（FlexGrid）控件是 VB 提供的一个输入和显示批量数据的控件。与列表框和组合框不同的是，它不但可以输入和显示单列数据，还可以输入和显示多列（二维表格）数据，并且可以显示行号和列标头，非常适合测量程序中批量数据的输入和显示。当然，伸缩格网控件本身并不能进行数据的输入和显示处理，它只是提供一个界面和相应的属性、事件和方法，具体要实现什么样的功能，需要使用者自行编程实现。

FlexGrid 控件是 ActiveX 控件，需要通过"工程→部件"命令选择 Microsoft FlexGrid Control 6.0 选项，将 FlexGrid 控件添加到工具箱，读者可以像使用其他常用控件那样在窗体上添加和改变位置、大小。添加到窗体的伸缩格网控件如图 4-18 所示。

新添加的 FlexGrid 控件默认名为 MSFlexGrid1，默认有两行两列，共 4 个网格。其中，第一行为列标头，第一列为行号栏，它们与其他网格的区别只是外观不同。

FlexGrid 的常用属性有 Cols、Rows、Col、Row、Text、MousePointer 等，这些属性也可以使用属性对话框来设置。在设计状态，右键单击窗体上的 FlexGrid 控件，选择"属性"菜单项，弹出属性页对话框，如图 4-19 所示。

属性页中有通用、样式、字体、颜色、图片等 5 个选项。其中，通用选项下的"行"对应 Rows 属性，"列"对应 Cols 属性，"鼠标指针"对应 MousePointer 属性。

（1）Cols 属性和 Rows 属性。Cols 属性确定伸缩格网有多少列，可以通过设置该属性来设置格网的列数，也可以通过该属性获得格网列数的信息。类似的，Rows 属性确定伸缩

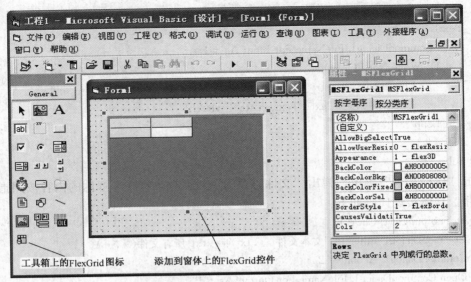

图 4-18　伸缩格网控件

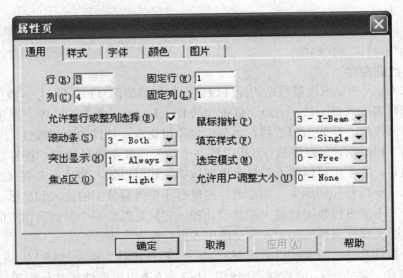

图 4-19　FlexGrid 控件的属性页

格网有多少行。

例如，要使用 MSFlexGrid1 来存放一个 3 行 4 列的二维矩阵，则应设置该控件的 Rows 属性为 4（去掉列标头后正好是 3 行）、Cols 属性为 5（去掉行号栏后正好是 4 列）。属性的设置可以在设计阶段在属性窗口设置，也可以在代码窗口中使用如下代码：

MSFlexGrid1. Rows = 4 　；　MSFlexGrid1. Cols = 5

（2）Col 属性和 Row 属性。FlexGrid 控件中有多个网格，但是只有一个网格可以进行输入和输出操作，这个网格通过 Col 属性和 Row 属性来确定。Col 表示当前操作网格列号，Row 表示当前操作网格的行号，列号和行号都从 0 开始。例如，当 Col 的值为 2，Row 的值为 3 时，表示 FlexGrid 控件中第 3 列、第 4 行的那个网格是当前操作网格（去掉列标头和行号栏后，正好对应二维矩阵中的第 2 列、第 3 行的元素）。又如，若要设置第 2 行、第 5 列的网格为当前操作网格，可以使用如下代码：

MSFlexGrid1. Row = 1 ；　MSFlexGrid1. Col = 4

（3）Text 属性。Text 属性在属性窗口中看不到，只能由代码设置，用于存取当前操作网格的内容。设置了 Col 属性和 Row 属性后，可以通过 Text 属性来设置或获取当前网格的内容。例如，设置控件 MSFlexGrid1 的第 2 行第 4 列显示"2，4"，可以使用如下代码：

MSFlexGrid1. Row = 1 ；　MSFlexGrid1. Col = 3 ；　MSFlexGrid1. Text = "2，4"

（4）MousePointer 属性。设置鼠标在控件上移动时的形状，参见本书第 2.1.1 节中基本属性的介绍。

FlexGrid 控件的事件和方法有很多，这里只使用 KeyPress 事件和 KeyUp 事件实现用户数据的输入。KeyPress 事件和 KeyUp 事件的细节在本书第 4.4.1 节中键盘事件里已经介绍，这里使用一个例子来说明具体的使用方法。

例 4.14：使用 FlexGrid 控件输入一个 3×3 矩阵，实现矩阵中所有元素的值增倍或减半。

新建一个工程，在窗体上添加 1 个 FlexGrid 控件和 2 个命令按钮，将 FlexGrid 控件设置成 4 行、4 列（在属性窗口或在属性页，或在 Form_Load 事件中用代码实现），修改命令按钮的 Caption 属性和 Name 属性。为使鼠标在格网上移动时，光标呈数据输入状态，应将 FlexGrid 控件的 MousePointer 属性设置为 3－flexIBeam。程序设计界面如图 4-20 所示。

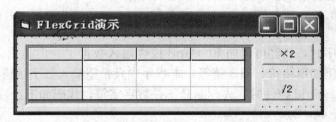

图 4-20　FlexGrid 控件演示程序设计界面

首先是在窗体的 Load 事件中初始化 FlexGrid 控件，显示列标号和行号，代码如下：

```
Private Sub Form_Load()
    Dim i%, j%
    With MSFlexGrid1
        For i = 1 To 3
            .Row = 0 ； .Col = i ； .Text = i
        Next i
        For i = 1 To 3
            .Col = 0 ； .Row = i ； .Text = i
        Next i
    End With
End Sub
```

上述代码中，使用了 With 语句来简化代码。With 语句的形式为：

```
With 对象
    语句块
```

```
End With
```

With 语句可以对某个对象执行一系列的语句，而不用重复指出对象的名称。这对于对象名长而复杂且在某处反复使用时，非常有用。需要注意的是，程序一旦进入 With 语句块，对象就不能改变，并且属性前的 "." 不能省略。

上述 Form _ Load 事件中的代码等价于以下代码：

```
Private Sub Form_Load()
    Dim i%, j%
    For i = 1 To 3
        MSFlexGrid1. Row = 0  :  MSFlexGrid1. Col = i  :  MSFlexGrid1. Text = i
    Next i
    For i = 1 To 3
        MSFlexGrid1. Col = 0  :  MSFlexGrid1. Row = i  :  MSFlexGrid1. Text = i
    Next i
End Sub
```

接着来实现 FlexGrid 控件的数据输入操作。FlexGrid 控件自身并不能接收键盘输入数据，需要编程实现。程序执行时，当用户单击 FlexGrid 控件的某个网格时，该网格会自动成为当前操作网格，可以在 FlexGrid 控件的 KeyPress 事件中，将键盘输入的内容追加到该网格，具体代码如下：

```
Private Sub MSFlexGrid1_KeyPress(KeyAscii As Integer)
    MSFlexGrid1. Text = MSFlexGrid1. Text & Chr(KeyAscii)
End Sub
```

此时，运行程序时，已经可以向 FlexGrid 控件输入数据了。但是由于 ASCII 字符中有许多非打印字符，例如退格符、回车符等，本程序中只希望输入数字字符，因此应在将键盘输入内容追加到 FlexGrid 控件时，先判断是不是数字字符，代码如下：

```
If IsNumeric(Chr(KeyAscii)) Then
    MSFlexGrid1. Text = MSFlexGrid1. Text & Chr(KeyAscii)
End If
```

使用上述代码只能实现数字字符的输入，不能实现退格、删除等操作进一步的编辑操作。这里我们以退格、删除为例，说明一下进一步设计 FlexGrid 控件的编辑操作的方法，其他的功能留给读者作为练习。

退格符的 ASCII 码值是 8，可以在 KeyPress 事件中增加一行判断。如果 KeyAscii 值为 8，说明按下的是退格键，此时不应将该字符追加到当前网格的 Text 属性中，而是将该 Text 属性中的文本的最后一个字符去掉。完整的 KeyPress 事件中的代码如下：

```
Private Sub MSFlexGrid1_KeyPress(KeyAscii As Integer)
    With MSFlexGrid1
        If IsNumeric(Chr(KeyAscii)) Then
            . Text = . Text & Chr(KeyAscii)
        ElseIf KeyAscii = 8 Then
            If Len(. Text) > 0 Then . Text = Left(. Text, Len(. Text) - 1)
        End If
    End With
```

```
    End Sub
```
由于按下 Delete 键并不触发 KeyPress 事件，删除网格内文本的操作需要在 KeyUp（或 KeyDown）事件中完成。Delete 键的 KeyCode 值为 46，在 KeyUp 事件中，若发现本次按键的 KeyCode 值为 46，说明按下了 Delete 键，就将当前网格中的文本清空，从而实现 Delete 功能。具体代码如下：

```
Private Sub MSFlexGrid1_KeyUp(KeyCode As Integer，Shift As Integer)
    If KeyCode = 46 Then
        MSFlexGrid1. Text = ""
    End If
End Sub
```

按下某个命令按钮，令 FlexGrid 控件中输入的所有数值都变为原来的 2 倍或一半，其实现方法是，利用一个二重循环，通过设置 Col 属性和 Row 属性，依次将每个网格设为当前操作网格，对该网格中的文本进行相应的操作，具体实现代码如下：

```
Private Sub cmdMul2_Click()                    '将数值变为原来的两倍
    Dim i%，j%
    With MSFlexGrid1
        For i = 1 To 3
            For j = 1 To 3
                . Row = i  ：. Col = j  ：. Text = Val(. Text) * 2
            Next j
        Next i
    End With
End Sub
Private Sub cmdDiv2_Click()                    '将数值变为原来的一半
    Dim i%，j%
    With MSFlexGrid1
        For i = 1 To 3
            For j = 1 To 3
                . Row = i  ：. Col = j  ：. Text = Val(. Text) / 2
            Next j
        Next i
    End With
End Sub
```

程序执行时的界面如图 4-21 所示。

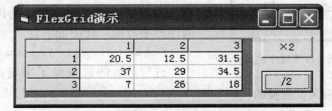

图 4-21　FlexGrid 控件演示程序执行界面

147

4.6 应用举例

4.6.1 观测值均值和中误差的计算

计算观测值的算术平均值的程序已经作为数组的引例在本章第 4.2 节介绍过了，但那里的例子使用的是固定数组，观测值的个数事先已经确定，使用起来很不方便。这里我们再将其完善一下，使其可以计算任意个数的观测值的均值和中误差。

设观测值为 v_1，v_2，$\cdots$，v_n，则有

均值
$$\overline{v} = \frac{\sum\limits_{i=1}^{n} v_i}{n} \tag{4-5}$$

中误差
$$\sigma = \sqrt{\frac{\sum\limits_{i=1}^{n} (v_i - \overline{v})^2}{n}} \tag{4-6}$$

式中的观测值个数 n 可以通过界面上的文本框输入，各观测值可以通过 InputBox（）函数输入，计算结果可以通过程序界面上的文本框输出。

1. 界面分析和设计

用 1 个文本框输入观测值个数、1 个命令按钮执行开始动作、2 个文本框显示均值和中误差计算结果，另加 1 个退出按钮，程序还需 3 个标签辅助说明。因此，共需要 3 个文本框、3 个标签和 2 个命令按钮。属性设置见表 4-7，设计界面如图 4-22 所示。

表 4-7   观测值均值和中误差计算程序窗体及控件属性设置

对象	属性	值	对象	属性	值
Form1	Caption	均值和中误差	Text2	Text	
Label1	Caption	观测数：	Text3	Text	
Label 2	Caption	平均值	Command1	Caption	开始输入
Label 3	Caption	中误差：	Command2	Caption	退出
Text1	Text		—	—	—

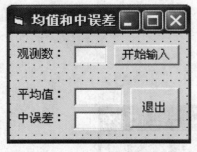

图 4-22 均值和中误差计算程序的设计界面

2. 代码设计

程序预先声明一个动态数组 a，在程序开始运行时输入观测数，再用观测数来重新定义数组 a 的大小。程序中另外要声明均值、观测值个数和中误差的变量，以及一些辅助量，包括观测值总和、循环变量等。有关变量的声明都放在程序的通用声明段里，代码如下：

Dim n％, i％, a＃（ ），mean＃, var＃, total＃

进行计算的过程除了重定义数组大小外，均与数组引例中基本相同，完整的代码如下：

```
Private Sub Command1_Click()
    n = Val(Text1)
```

```
ReDim a(n) As Double
total = 0
For i = 1 To n
    a(i) = Val(InputBox("请输入第" & Str(i) & "个观测值:","输入观测值"))
    total = total + a(i)
Next i
mean = total / n
For i = 1 To n
    var =var+ (a(i) — mean) * (a(i) — mean)
Next i
var = Sqr(var / (n—1))
Text2. Text = Str(Format(mean,"0.0000"))  :  Text3. Text = Str(Format(var,"0.0000"))
End Sub
```

退出程序的代码如下:

```
Private Sub Command2_Click()
    End
End Sub
```

程序执行时的界面如图 4-23 所示。

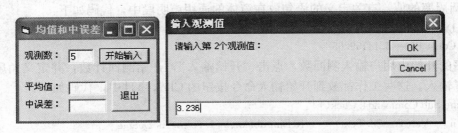

图 4-23 观测之均值和中误差计算的执行界面

4.6.2 水平角计算程序的完善

本书第 3.6.3 节中已经设计了一个计算一测回水平角值的程序，这里将其完善成可以计算多测回水平角值的程序。各测回角值通过一个可变数组来存储，而可变数组的维数由用户在程序开始时输入测回数来给定。

首先在原界面上增加几个控件，包括 1 个用来输入测回数的文本框，1 个显示水平角计算结果的文本框，2 个辅助标签，1 个显示输入到第几个测回的标签，2 个命令按钮（1 个用来开始输入观测值，1 个用来继续输入）。增加的控件的属性设置见表 4-8。

表 4-8   水平角计算程序新增控件属性设置

对象	属性	值	对象	属性	值
Label26	Caption	测回数:	Text22	Text	3
Label27	Caption	水平角值:	Text23	Text	
Label28	Visible	False	Command5	Caption	继续输入
Command4	Caption	开始输入	—	—	—

调整好位置和大小的设计界面如图 4-24 所示。

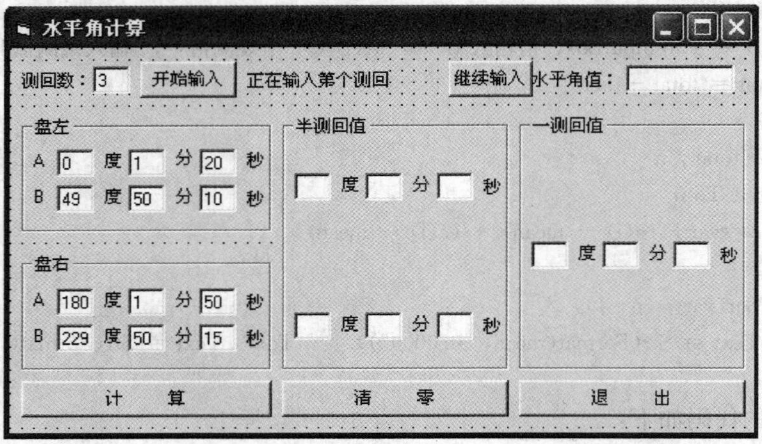

图 4-24 完善的水平角计算程序设计界面

为了实现数据的共用，需要定义一些全局变量，包括测回计数器 iRound、存储每测回角值的动态数组 dblAngle 和测回数 n。另外，为了方便角度弧度互相换算，定义一个常量 PI 表示圆周率的值。有关定义的语句放在窗体的通用声明段中，代码如下：

```
Dim iRound%, dblAngle() As Double, n%
Const PI = 3.14159265
```

程序的开始由用户输入测回数，点击"开始输入"，开始测回计数，并定义角度数组大小，清零输入。这些工作都放到开始输入命令按钮的 Click 事件中，代码如下：

```
Private Sub Command4_Click()
    n = Val(Text22. Text)    :   ReDim dblAngle(1 To n) As Double
    Command2_Click    :   iRound = iRound + 1
    Label28. Visible = True   :   Label28. Caption = "正在输入第 1 个测回,共" & Trim(Str(n)) & "个."
End Sub
```

Command2 _ Click 是程序中的清零过程，这里调用它来实现所有有关文本框的清空任务。Label28 也由不可见变为可见，并显示相应的输入状态信息。

一个测回输入完毕，单击"继续输入"按钮，程序计算并存储本测回角度值，清空有关文本框，准备下一测回输入。输入到最后一个测回，"继续输入"变为"计算"。所有观测值输入完毕，单击"计算"按钮，程序计算各测回角度平均值，并显示出来。具体实现代码如下：

```
Private Sub Command5_Click()
    Dim result As Double, i%
    If iRound = n Then
        CalcPerRound (iRound)
        For i = 1 To n
            result = result + dblAngle(i)
        Next i
        result = result / n   :   result = HuToDo(result)
```

```
        Text23. Text = Format(result, "0.0000")
        Exit Sub
    End If
    If iRound = n - 1 Then Command5. Caption = "计算"
    CalcPerRound (iRound)： iRound = iRound + 1
    Label28. Caption = "正在输入第" & Trim(Str(iRound)) & "个测回,共" & Trim(Str(n)) & "个。"
    Command2_Click
End Sub
```

其中，CalcPerRound 过程用来实现每一测回的数据处理工作，具体代码如下：

```
Public Sub CalcPerRound(i As Integer)
    Dim du%, fen%, miao%
    Command1_Click
    du = Val(Text19)： fen = Val(Text20)： miao = Val(Text21)
    dblAngle(i) = du + fen / 100# + miao / 10000#： dblAngle(i) = DoToHu(dblAngle(i))
End Sub
```

上述代码中用到了角度与弧度相互转化的函数 DoToHu() 和 HuToDo()，具体参见本书第 4.3.5 节。

程序执行界面如图 4-25 所示。

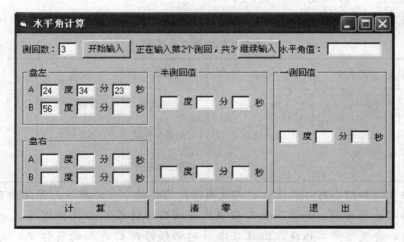

图 4-25　完善的水平角计算程序执行界面

4.6.3　封面程序的完善

第 1 章中设计的第一个程序就是测量程序的封面，但那个例子中的封面仅仅能起到显示的作用。实际上，程序的封面除了显示功能外，一般还具有登录功能，即输入用户名和密码，检查输入是否正确，只有输入正确才能进入程序的主界面。在这一小节，我们主要从以下几个方面来完善封面程序。

（1）标签左右移动。第 1 章的程序中标签只能一直向右移动，移出程序界面以后就看不见了，这里我们改进一下标签的移动方式，让标签到达程序窗口右端时，自动向左移动，到达窗口左端时则自动向右移动。

（2）密码检查。提示用户输入用户名和密码，并检查密码输入是否正确。如果正确，则进入程序主界面；若不正确，则不能进入；若连续输入三次错误密码，则程序终止。

（3）程序集成。添加一个主窗体，在主窗体上调用前面编制过的其他计算程序。这里用水平角计算、竖直角计算、三角高程计算和均值中误差计算等几个程序的集成作为一个例子，读者可以随时将自己编制的计算程序加入以形成一个测量程序工具集。

由于本程序中的窗体较多，因此在添加窗体前应尽量将已有的窗体名字从默认名修改成有意义的名字，具体方法如下：

（1）复制各窗体文件到同一个目录下。将第 1 章的封面程序的窗体文件和工程文件复制到一个新建的目录（可以命名为"测量程序集"），并把要添加到本程序的有关计算程序的相应窗体文件（不需要工程文件）都复制到该目录下。

（2）打开封面程序的工程文件，此时工程中还只有封面窗体一个窗体，修改封面窗体的 Name 属性，命名为 "frmCover"。

（3）点击"工程"菜单的"添加窗体"命令，添加一个窗体，将该窗体的 Name 属性修改为 "frmMain"，作为整个程序的主窗体。

（4）点击"工程"菜单的"添加窗体"命令，选择"存在"选项卡，找到本工程所在目录，会显示该目录下的所有窗体文件，选择任意一个要添加而未添加的窗体，将该窗体的 Name 属性按照表 4-9 修改成相应的名字。

（5）重复（4），直到所有要添加的窗体都添加到工程中为止。

表 4-9 　　　　　　　　　　　　　　新添加的窗体名称设置

来源	原名	新名	来源	原名	新名
封面程序	Form1	frmCover	竖直角程序	Form1	frmV
新添加	Form1	frmMain	三角高程程序	Form1	frmRec
水平角程序	Form1	frmH	均值方差程序	Form1	frmCalc

注意： 由于添加的各窗体在设计时都没有修改窗体的 Name 属性，因此所有窗体的默认名都是 Form1，如果不把工程中已有的窗体名修改成其他名字，新的窗体添加时，会发生重名错误，因此在添加时必须修改好前面的窗体名，再添加新的窗体，添加完马上要修改窗体名，才能继续添加。作为一个良好的编程习惯，建议读者在每次编一个程序时，即使只有单独一个窗体，也将窗体的 Name 属性修改成一个与本程序的功能有关的名字，以便于区分和与其他程序集成。

1. 标签左右移动

要想实现前述所说的标签在窗体左右边界之间左右移动，需要加上判断。当标签的右边界到达窗体的右边界时，要使标签向左移动；而当标签左边界到达窗体的左边界时，要使标签向右移动。要实现这样的功能，有许多种方法。这里我们使用两个时钟控件来实现，读者也可以考虑采用一个时钟实现上述功能的方法。作为练习，读者还可以考虑如何实现让标签一直向右移动，当标签移动到窗体右边界以后，就在窗体左边界出现。

第一个时钟控制标签向右移动，第二个时钟控制标签向左移动；开始时第一个时钟运行，第二个时钟失效，当标签移动到窗体右边界时，使第一个时钟失效，第二个时钟开始运行，而到标签移动到窗体左边界时，使第二个时钟生效，而第一个时钟开始运行。

具体实现上述过程的步骤是：

（1）在窗体上添加一个时钟控件，并设置该控件的 Interval 属性为 300（与第一个时钟控件相同），Enabled 属性为 False。然后修改第一个时钟控件的 Timer 事件中的代码：

```
Private Sub Timer1_Timer()
    Label1. Left = Label1. Left + 100
    If Label1. Left + Label1. Width > frmCover. Width Then
        Timer2. Enabled = True  :  Timer1. Enabled = False
    End If
End Sub
```

（2）相应的，在第二个时钟控件的 Timer 事件中编写如下代码：

```
Private Sub Timer2_Timer()
    Label1. Left = Label1. Left - 100
    If Label1. Left < 0 Then
        Timer1. Enabled = True  :  Timer2. Enabled = False
    End If
End Sub
```

在第一个时钟控件中有设置第二个时钟开始运行的代码和自己失效的代码，条件是标签到达窗体的右边界（Label1. Left + Label1. Width > frmCover. Width），而第二个时钟控件中也有类似的代码，两个时钟控件交叉起作用，就实现了标签的左右移动。

2. 密码检查

在窗体上增加 2 个文本框用于输入用户名和密码，相应需要 2 个标签来辅助说明，再增加 2 个命令按钮来触发登录和取消的事件，登录指输入了用户名和密码后申请进入主界面，取消指结束程序的运行。各控件的属性设置见表 4-10（Text2 内容清空）。

调整好控件的位置和大小后的设计界面如图 4-26 所示，图 4-27 为执行时的界面。

表 4-10　　　　　　　　　　　　封面窗体各控件属性设置

对象	属性	值	对象	属性	值
Label2	Caption	用户名：	Label3	Caption	密码：
Text1	Text	Guest	Command1	Caption	登录
Text1	Name	txtUserName	Command1	Name	cmdEnter
Text2	Name	txtPassWord	Command2	Caption	取消
Text2	PassWordChar	*	Command2	Name	cmdExit

在登录按钮的 Click 事件中编写用户名和密码检查的代码，代码如下：

```
Private Sub cmdEnter_Click()
    If i > 2 Then
        MsgBox "您已输错密码超过三次,程序将关闭!",,,"输入次数超限"
        End
```

```
    End If
    If txtUserName. Text = "Guest" And txtPassWord. Text = "Guest" Then
        frmMain. Show ：Unload Me
    Else
        MsgBox "密码错误,请重新输入!" & vbCrLf & "还有" & Str(4 - i) & "次机会!",,"密码错误"
        txtPassWord. Text = "" : txtPassWord. SetFocus ： i = i + 1
    End If
End Sub
```

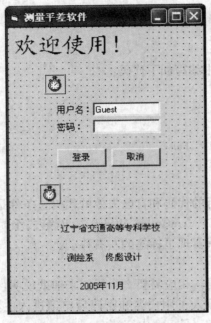

图 4-26　封面窗体的设计界面

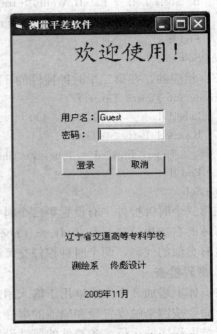

图 4-27　封面窗体的执行界面

其中，i 定义在窗体的通用声明段中，用来给密码输错次数计数。当密码错误的次数超过 3 时即结束程序。在取消按钮的 Click 事件中编写直接退出程序的代码，代码略。

3. 程序集成

在主窗体上绘制 5 个命令按钮，分别用来调用 4 个窗体和执行退出操作。将主窗体的 Caption 属性设置为"测量程序集"，并将命令按钮的属性按表 4-11 设置。

表 4-11　　　　　　　　　　　　　主窗体控件属性属性设置

对象	属性	值	对象	属性	值
Command1	Caption	水平角计算	Command1	Name	cmdH
Command2	Caption	竖直角计算	Command2	Name	cmdV
Command3	Caption	三角高程计算	Command3	Name	cmdRec
Command4	Caption	均值方差计算	Command4	Name	cmdCalc
Command5	Caption	退出	Command5	Name	cmdExit

调整好各控件的位置和大小，设计界面如图 4-28 所示。

在各命令按钮的 Click 事件过程中编写代码，调用相应的窗体，并隐藏主窗体：

```
Private Sub cmdCalc_Click()
    frmMain. Hide   :   frmCalc. Show
End Sub
Private Sub cmdH_Click()
    frmMain. Hide   :   frmH. Show
End Sub
Private Sub cmdRec_Click()
    frmMain. Hide   :   frmRec. Show
End Sub
Private Sub cmdV_Click()
    frmMain. Hide   :   frmV. Show
End Sub
```

在"退出"命令按钮的 Click 事件过程中编写退出程序的代码，代码略。

为了能在执行完相应的计算后能回到主窗体，还需要将 4 个执行窗体上的"退出"按钮都修改成"返回"，并将其 Click 事件中的代码"End"修改为：

```
frmMain. Show   :   Unload Me
```

主窗体的执行界面如图 4-29 所示，单击 4 个按钮可以调用相应的计算程序，点击"退出"，结束程序运行。

图 4-28　主窗体的设计界面

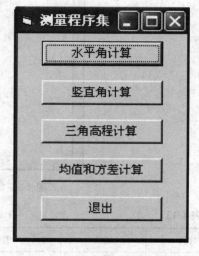

图 4-29　主窗体的执行界面

4.6.4　考试成绩分析统计程序

1. 程序分析和界面设计

程序首先要输入考试科目和考试人数，然后用 1 个文本框按一定的格式批量输入成绩。程序要将输入的数据分解各个成绩的值存入相应的变量或数组，然后进行相应的统计和计算，结果用文本框输出，包括总/平均分、最高/低分及获得者、优秀/不及格人数（率）、高于平均分的人数等。程序设计了 3 个命令按钮，分别执行计算、重新输入和退出。

由于控件较多，将其用 3 个框架分隔，窗体和框架的属性设置见表 4-12。

表 4-12 　　　　　　　　　　　　成绩分析程序窗体及部分控件属性输入

对象	属性	值	对象	属性	值
Form1	Caption	考试成绩统计	Frame2	Caption	成绩统计结果
Frame1	Caption	成绩输入	Frame3	Caption	操作

成绩输入框架中绘制 3 个文本框和 2 个标签，各控件属性设置见表 4-13。

成绩统计结果框架中绘制 12 个文本框和 12 个标签，控件属性设置见表 4-14（将每个文本框的内容都清空）。

操作框架中绘制 3 个命令按钮，各控件属性设置见表 4-15。

设置好属性并调整好大小和位置的界面如图 4-30 所示。

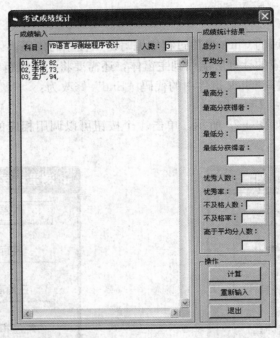

图 4-30　考试成绩统计程序设计界面

表 4-13 　　　　　　　　　　　　　　　Frame1 上的控件属性设置

对象	属性	值	对象	属性	值
Label1	Caption	科目：	Text3	Text	01,张玲,82, 02,李伟,73, 03,孟广,94,
Text1	Text	VB 语言与测绘 程序设计			
Text1	Name	txtCourseName	Text3	Name	txtInput
Text2	Text	3	Text3	MultiLine	True
Text2	Name	txtScoreNum	Text3	ScrollBars	3-Both

表 4-14　　　　　　　　　　　　　　　　Frame2 上的控件属性设置

对象	属性	值	对象	属性	值
Label3	Caption	总分：	Text4	Name	txtTotalScore
Label4	Caption	平均分：	Text5	Name	txtAveScore
Label5	Caption	方差	Text6	Name	txtSquare
Label6	Caption	最高分：	Text7	Name	txtHighest
Label7	Caption	最高分获得者：	Text8	Name	txtHighName
Label8	Caption	最低分：	Text9	Name	txtLowest
Label9	Caption	最低分获得者：	Text10	Name	txtLowName
Label10	Caption	优秀人数：	Text11	Name	txtPerfectNum
Label11	Caption	优秀率：	Text12	Name	txtPerfectRate
Label12	Caption	不及格人数：	Text13	Name	txtFailNum
Label13	Caption	不及格率：	Text14	Name	txtFailRate
Label14	Caption	高于平均分人数	Text15	Name	txtUpAve

表 4-15　　　　　　　　　　　　　　　　Frame3 上的控件属性设置

对象	属性	值	对象	属性	值
Command1	Caption	计算	Command1	Name	cmdCalc
Command2	Caption	重新输入	Command2	Name	cmdReInput
Command3	Caption	退出	Command3	Name	cmdExit

2. 代码编写

单击"计算"按钮，程序读入数据并计算，具体分为如下几个步骤：

（1）声明变量。

```
Dim sInput As String, n%, i%, iPos
Dim sNum() As String, sName() As String, iScore() As Integer
Dim sTotalScore!, sAveScore!, sSquare!, iHighest%, strHighName As String, iHigherNum%
Dim iLowest%, strLowName As String, iPerNum%, sPerRate!, iFailNum%, sFailRate!
```

（2）读入数据。

```
'假设输入的成绩按照："学号,姓名,分数"的形式输入
n = Val(txtScoreNum. Text)  :  sInput = txtInput. Text  :  sTotalScore = 0
ReDim sNum(1 To n) As String, sName(1 To n) As String, iScore(1 To n) As Integer
For i = 1 To n
    iPos = InStr(sInput, ",") : sNum(i) = Left(sInput, iPos - 1) : sInput = Mid(sInput, iPos + 1)
    iPos = InStr(sInput, ",") : sName(i) = Left(sInput, iPos - 1) : sInput = Mid(sInput, iPos + 1)
    iPos = InStr(sInput, ",") : iScore(i) = Val(Left(sInput, iPos - 1)) : sInput = Mid(sInput, iPos + 1)
    sTotalScore = sTotalScore + iScore(i)
Next i
```

（3）统计计算。

sAveScore = sTotalScore / n ； sSquare = 0 ； iHighest = 0

iLowest = 100 ； iPerNum = 0 ； iFailNum = 0 ； iHigherNum = 0

For i = 1 To n

    sSquare = sSquare + (sAveScore - iScore(i)) * (sAveScore - iScore(i))

    If iHighest < iScore(i) Then　iHighest = iScore(i)　；　strHighName = sName(i)

    If iLowest > iScore(i) Then　iLowest = iScore(i)　；　strLowName = sName(i)

    If iScore(i) >= 90 Then iPerNum = iPerNum + 1

    If iScore(i) < 60 Then iFailNum = iFailNum + 1

    If iScore(i) >= sAveScore Then iHigherNum = iHigherNum + 1

Next i

sSquare = Sqr(sSquare / n) ； sPerRate = iPerNum * 1# / n

sFailRate = iFailNum * 1# / n

（4）显示结果。

txtTotalScore. Text = Str(sTotalScore)　　　　；　txtAveScore. Text = Format(sAveScore, "0. 00")

txtSquare. Text = Format(sSquare, "0. 000")　；　txtHighest. Text = Str(iHighest)

txtHighName. Text = strHighName　　　　　；　txtLowest. Text = Str(iLowest)

txtLowName. Text = strLowName　　　　　；　txtPerfectNum. Text = Str(iPerNum)

txtPerfectRate. Text = Format(sPerRate, "0. 0%")　；　txtFailNum. Text = Str(iFailNum)

txtFailRate. Text = Format(sFailRate, "0. 0%")　；　txtUpAve. Text = Str(iHigherNum)

单击"重新输入"按钮，程序清空成绩输出文本框，等待下一次输入；单击"退出"按钮，程序结束运行，代码略。程序执行时的界面如图 4-31 所示。

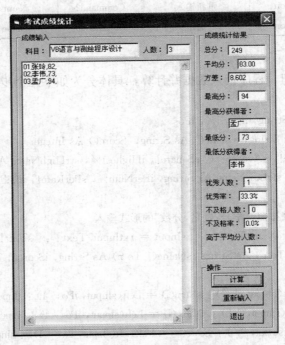

图 4-31　考试成绩分析程序执行界面

小　结

当要处理大量数据、完成比较复杂的工作时，使用前面几章介绍的顺序结构、选择结构语句就很难实现了，需要用到循环、数组和过程。循环结构可以使同一条或同一组语句反复执行多次，而数组可以使一批同类的数据使用相同的操作，过程则进一步增加了程序的可复用性，并将一个复杂的功能划分成若干较小的、比较容易实现的过程，从而简化程序的设计。在界面方面，本章又介绍了几种界面设计方法：键盘鼠标事件是设计快捷键、执行绘图操作等必须的基础知识；多窗体用于处理界面多且复杂的程序设计；菜单可以使界面更加紧凑简洁；而通用对话框则是将一组类似的对话框（例如文件的打开和保存、颜色、字体、打印等对话框）封装在一起提供给用户使用。本章还专门就批量数据的输入和输出方法进行了讨论，给出了几种常用的方法，包括单个文本框的批量输入和输出、顺序文件的读写操作以及几个批量数据控件的使用方法。最后，还是几个复杂程序设计的例子，用于熟悉演练本章介绍的内容。

习　题

1. For 循环与 Do 循环有何区别？哪种循环至少循环一次？什么叫"死循环"？什么叫"空循环"？

2. 计算下列循环语句的次数：

　　(1) For i ＝ －3 To 20 Step 3　　　　(2) For i ＝ －4.5 To 6.7 Step 0.5

　　(3) For i ＝ －3.8 To 9.9 Step － 0.5　　(4) For i ＝ －4 To 33 Step 0

3. End 语句与 Exit 语句有哪些区别？函数过程和子过程有何区别？

4. 求 $\sin x \approx x - \dfrac{x^3}{3!} + \dfrac{x^5}{5!} - \dfrac{x^7}{7!} + \dfrac{x^9}{9!} - \cdots + (-1)^{n+1}\dfrac{x^{2n-1}}{(2n-1)!}$。

5. 求 300～500 之间的素数。

6. 打开顺序文件进行读操作使用什么语句？进行写操作呢？

7. 读取一个文本文件有哪些方法？将一些内容写入顺序文件中，有哪些方法？

第 5 章　综合应用举例

　　本章将介绍几个较复杂的程序，包括坐标转换的计算、四等水准测量的计算、单导线的简易计算以及大地测量学中的高斯投影变换、工程测量学中的道路圆曲线和缓和曲线中桩计算等。对于比较复杂的程序，首先是分析原理和数学模型，确定输入数据和输出数据，然后根据需要确定数据的输入和输出方式，接着按照 VB 程序设计的步骤进行界面设计、输入、计算与输出的程序设计。本章的程序比较复杂，将会综合运用前面的基础知识。

5.1　坐标转换

　　坐标转换不仅在测绘学科中应用广泛，如大地测量学中不同椭球之间的坐标转换、不同高斯平面的坐标转换、同一高斯平面的转换等，而且在其他许多领域，如计算机图形学、数字图像处理等当中，也有重要的应用。本小节从坐标转换最基本的原理出发，给出二维和三维坐标转换的一般公式，介绍通过一定数目的控制点解求坐标转换参数的方法，并用程序实现上述计算过程。读者在后续课程学到有关坐标转换的内容时，可以根据具体应用修改和完善本节的程序。

5.1.1　坐标转换的基本原理

　　点的二维坐标可以用向量 $(x，y)^\mathrm{T}$ 表示，假设某点坐标转换前后的坐标分别为 $(x_1，y_1)^\mathrm{T}$ 和 $(x_2，y_2)^\mathrm{T}$，则二维坐标的坐标转换公式的一般形式可以表示为

$$\begin{bmatrix} x_2 \\ y_2 \end{bmatrix} = (1+m) \begin{bmatrix} \cos\theta & \sin\theta \\ -\sin\theta & \cos\theta \end{bmatrix} \begin{bmatrix} x_1 \\ y_1 \end{bmatrix} + \begin{bmatrix} \Delta x \\ \Delta y \end{bmatrix} \tag{5-1}$$

式中　m——坐标尺度参数，表示坐标转换前后坐标系的尺度变化情况；

　　　θ——坐标旋转角，表示转换后的坐标系绕前一个坐标系逆时针旋转的角度；

$\Delta x，\Delta y$——平移参数，表示坐标原点的平移量。

　　　　　　　　　　　　　　　二维坐标转换示意图如图 5-1 所示。

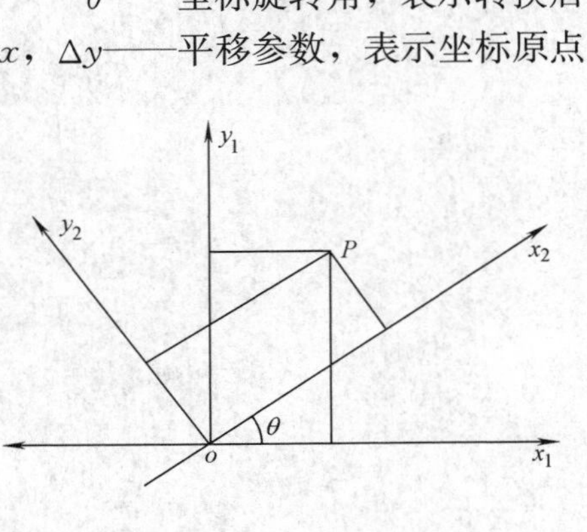

　　　　　　　　　　　　　　　式（5-1）称为二维坐标转换的正算公式，即由转换前的坐标根据坐标转换参数计算转换后的坐标。其矩阵形式为

$$\boldsymbol{X}_2 = kR(\theta)\boldsymbol{X}_1 + \Delta\boldsymbol{X} \tag{5-2}$$

式中　$\boldsymbol{X}_1，\boldsymbol{X}_2$——坐标转换前后的坐标向量，$\boldsymbol{X}_1 = (x_1，y_1)^\mathrm{T}$，$\boldsymbol{X}_2 = (x_2，y_2)^\mathrm{T}$；

　　　$\Delta\boldsymbol{X}$——坐标系平移向量，$\Delta\boldsymbol{X} = (\Delta x，\Delta y)^\mathrm{T}$；

图 5-1　二维坐标转换示意图

k——尺度变化量，$k=1+m$；

$R(\theta)$——旋转矩阵。

由式（5-1）可以得到二维坐标转换的反算公式

$$\begin{bmatrix} x_1 \\ y_1 \end{bmatrix} = \frac{1}{(1+m)} \begin{bmatrix} \cos\theta & -\sin\theta \\ \sin\theta & \cos\theta \end{bmatrix} \begin{bmatrix} x_2 \\ y_2 \end{bmatrix} - \begin{bmatrix} \Delta x \\ \Delta y \end{bmatrix} \tag{5-3}$$

写成矩阵形式为

$$\boldsymbol{X}_1 = k^{-1} \boldsymbol{R}^{-1}(\theta)(\boldsymbol{X}_2 - \Delta \boldsymbol{X}) \tag{5-4}$$

式中　$\boldsymbol{R}^{-1}(\theta)$——旋转矩阵 $R(\theta)$ 的逆矩阵。

三维坐标转换的情况与二维坐标转换类似，也是通过尺度参数、旋转角参数和平移参数来确定，只是旋转角参数有三个，分别是绕 x 轴旋转、绕 y 轴旋转和绕 z 轴旋转的旋转角，平移参数也由两个增加到三个。

三维坐标转换公式可以通过二维坐标转换推导而来。首先是坐标系的旋转，由于三个坐标轴都要旋转，因此需要经过三次旋转，如图 5-2 所示。

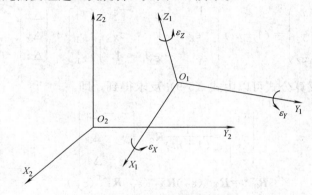

图 5-2　三维坐标转换示意图

第一次绕 X 轴旋转 ε_X 角，旋转矩阵为

$$\boldsymbol{R}_1(\varepsilon_X) = \begin{bmatrix} 1 & 0 & 0 \\ 0 & \cos\varepsilon_X & \sin\varepsilon_X \\ 0 & -\sin\varepsilon_X & \cos\varepsilon_X \end{bmatrix} \tag{5-5}$$

第二次绕 Y 轴旋转 ε_Y 角，旋转矩阵为

$$\boldsymbol{R}_2(\varepsilon_Y) = \begin{bmatrix} \cos\varepsilon_Y & 0 & -\sin\varepsilon_Y \\ 0 & 1 & 0 \\ \sin\varepsilon_Y & 0 & \cos\varepsilon_Y \end{bmatrix} \tag{5-6}$$

第三次绕 Z 轴旋转 ε_Z 角，旋转矩阵为

$$\boldsymbol{R}_3(\varepsilon_Z) = \begin{bmatrix} \cos\varepsilon_Z & \sin\varepsilon_Z & 0 \\ -\sin\varepsilon_Z & \cos\varepsilon_Z & 0 \\ 0 & 0 & 1 \end{bmatrix} \tag{5-7}$$

令 $R_0 = R_1(\varepsilon_X) R_2(\varepsilon_Y) R_3(\varepsilon_Z)$，则有

$$R_0 = \begin{bmatrix} \cos\varepsilon_Y\cos\varepsilon_Z & \cos\varepsilon_Y\sin\varepsilon_Z & -\sin\varepsilon_Y \\ \sin\varepsilon_X\sin\varepsilon_Y\cos\varepsilon_Z - \cos\varepsilon_X\sin\varepsilon_Z & \cos\varepsilon_X\cos\varepsilon_Z + \sin\varepsilon_X\sin\varepsilon_Y\sin\varepsilon_Z & \sin\varepsilon_X\cos\varepsilon_Y \\ \sin\varepsilon_X\sin\varepsilon_Z + \cos\varepsilon_X\sin\varepsilon_Y\cos\varepsilon_Z & \cos\varepsilon_X\sin\varepsilon_Y\sin\varepsilon_Z - \sin\varepsilon_X\cos\varepsilon_Z & \cos\varepsilon_X\cos\varepsilon_Y \end{bmatrix} \quad (5\text{-}8)$$

加上尺度参数和平移参数后的三维坐标转换公式为

$$\begin{bmatrix} x_2 \\ y_2 \\ z_2 \end{bmatrix} = (1+m)R_0 \begin{bmatrix} x_1 \\ y_1 \\ z_1 \end{bmatrix} + \begin{bmatrix} \Delta x \\ \Delta y \\ \Delta z \end{bmatrix} \quad (5\text{-}9)$$

角度很小时取 $\begin{cases} \cos\varepsilon_X = \cos\varepsilon_Y = \cos\varepsilon_Z = 1 \\ \sin\varepsilon_X = \varepsilon_X, \ \sin\varepsilon_Y = \varepsilon_Y, \ \sin\varepsilon_Z = \varepsilon_Z \\ \sin\varepsilon_X\sin\varepsilon_Y = \sin\varepsilon_X\sin\varepsilon_Z = \sin\varepsilon_Y\sin\varepsilon_Z = 0 \end{cases}$

于是式（5-9）可以简化为

$$\begin{bmatrix} x_2 \\ y_2 \\ z_2 \end{bmatrix} = (1+m) \begin{bmatrix} 1 & \varepsilon_Z & -\varepsilon_Y \\ -\varepsilon_Z & 1 & \varepsilon_X \\ \varepsilon_Y & -\varepsilon_X & 1 \end{bmatrix} \begin{bmatrix} x_1 \\ y_1 \\ z_1 \end{bmatrix} + \begin{bmatrix} \Delta x \\ \Delta y \\ \Delta z \end{bmatrix} \quad (5\text{-}10)$$

三维坐标转换的反算公式可以由式（5-9）反求得到，即

$$\begin{bmatrix} x_1 \\ y_1 \\ z_1 \end{bmatrix} = \frac{1}{(1+m)} R_0^{-1} \begin{bmatrix} x_2 - \Delta x \\ y_2 - \Delta y \\ z_2 - \Delta z \end{bmatrix} \quad (5\text{-}11)$$

式中，$\qquad\qquad R_0^{-1} = R_3^{-1}(\varepsilon_Z) R_2^{-1}(\varepsilon_Y) R_1^{-1}(\varepsilon_X)$

将式（5-5）、式（5-6）、式（5-7）求逆后代入得

$$R_0^{-1} = \begin{bmatrix} \cos\varepsilon_Y\cos\varepsilon_Z & -\cos\varepsilon_X\sin\varepsilon_Z + \sin\varepsilon_X\sin\varepsilon_Y\cos\varepsilon_Z & \sin\varepsilon_X\sin\varepsilon_Z + \cos\varepsilon_X\sin\varepsilon_Y\cos\varepsilon_Z \\ \cos\varepsilon_Y\sin\varepsilon_Z & \cos\varepsilon_X\cos\varepsilon_Z + \sin\varepsilon_X\sin\varepsilon_Y\sin\varepsilon_Z & -\sin\varepsilon_X\cos\varepsilon_Z + \cos\varepsilon_X\sin\varepsilon_Y\sin\varepsilon_Z \\ -\sin\varepsilon_Y & \sin\varepsilon_X\cos\varepsilon_Y & \cos\varepsilon_X\cos\varepsilon_Y \end{bmatrix}$$

上面讨论了二维坐标转换和三维坐标的基本原理，并给出了具体的正、反转换公式。但在实际工作中，坐标转换参数通常都是未知的，需要根据一定数量的控制点（同时具有新旧坐标）来解求。为了计算方便，将式（5-1）改写为如下形式

$$\left. \begin{array}{l} x' = x_0 + ax + by \\ y' = y_0 - bx + ay \end{array} \right\} \quad (5\text{-}12)$$

其中，x_0、y_0 为平移量，$a = k\cos\theta$，$b = k\sin\theta$。

假设有 m 个控制点，其转换前的坐标分别为 (x_1, y_1)，(x_2, y_2)，…，(x_m, y_m)，转换后的坐标分别为 (x'_1, y'_1)，(x'_2, y'_2)，…，(x'_m, y'_m)，根据式（5-12）可以列出如下方程：

$$x'_1=x_0+ax_1+by_1$$
$$y'_1=y_0+ay_1-bx_1$$
$$x'_2=x_0+ax_2+by_2$$
$$y'_2=y_0+ay_2-bx_2$$
$$\vdots$$
$$x'_m=x_0+ax_m+by_m$$
$$y'_m=y_0+ay_m-bx_m$$

(5-13)

写成矩阵形式为

$$AX-L=0 \tag{5-14}$$

式中 $A=\begin{pmatrix}1&0&x_1&y_1\\0&1&y_1&-x_1\\1&0&x_2&y_2\\0&1&y_2&-x_2\\\vdots&\vdots&\vdots&\vdots\\1&0&x_m&y_m\\0&1&y_m&-x_m\end{pmatrix}$，$X=\begin{pmatrix}x_0\\y_0\\a\\b\end{pmatrix}$，$L=\begin{pmatrix}x'_1\\y'_1\\x'_2\\y'_2\\\vdots\\x'_m\\y'_m\end{pmatrix}$

式 (5-14) 中有 4 个未知量，当 $m=2$ 时，有唯一解；当 $m>2$ 时，可以求得最小二乘解

$$X=(A^TA)^{-1}A^TL \tag{5-15}$$

同样的方法可以求解三维坐标转换参数，具体推导过程留给读者作为练习。

5.1.2　界面分析和设计

程序的设计界面如图 5-3 所示。

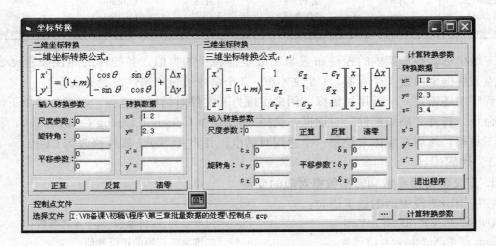

图 5-3　坐标转换程序设计界面

为了界面简洁，我们将界面分为二维坐标转换和三维坐标转换两组，使用 2 个框架来分隔，并增加 1 个复选框说明是否解求转换参数，1 个框架用来选择控制点文件。窗体和各控件的属性设置见表 5-1。

表 5-1   坐标转换程序窗体及部分控件属性设置

对象	属性	值	对象	属性	值
Form1	Caption	坐标转换	Frame1	Caption	二维坐标转换
Form1	Name	frmCoorTrans	Frame2	Caption	三维坐标转换
Check1	Caption	计算转换参数	Frame3	Caption	控制点文件

在二维坐标转换框架内使用 1 个图像框显示二维坐标转换公式（该公式通过屏幕截图保存在 c:\二维 .bmp 中），并使用 2 个框架来分别组织转换参数的输入和转换数据的输入，最后设置 3 个命令按钮，分别执行坐标正算、坐标反算和数据清零操作。各控件属性设置见表5-2。

表 5-2   二维坐标转换框架内的控件属性设置

对象	属性	值	对象	属性	值
Frame4	Caption	输入转换参数	Frame5	Caption	转换数据
Command1	Caption	正算	Command1	Name	cmdCalc2
Command2	Caption	反算	Command2	Name	cmdconCalc2
Command3	Caption	清零	Command3	Name	cmdClear2
Text1	Text	0	Text1	Name	txtK2
Text2	Text	0	Text2	Name	txtE2
Text3	Text	0	Text3	Name	txtdX2
Text4	Text	0	Text4	Name	txtdY2
Text5	Text	1.2	Text5	Name	txtX2
Text6	Text	2.3	Text6	Name	txtY2
Text7	Text		Text7	Name	txtXx2
Text8	Text		Text8	Name	txtYy2
Label1	Caption	尺度参数：	Label5	Caption	y=
Label2	Caption	旋转角：	Label6	Caption	x'=
Label3	Caption	平移参数：	Label7	Caption	y'=
Label4	Caption	x=	Image1	Picture	c:\二维 .bmp

三维坐标转换框架内的控件布置与二维坐标转换的类似，各控件的属性设置见表 5-3。控制点文件框架内设 1 个标签、1 个文本框、2 个命令按钮，属性设置见表 5-4。

程序中还需要一个通用对话框，用来实现打开文件对话框。选择"工程"菜单下的"部件"命令，打开"添加部件"对话框，选择 Microsoft Common Dialog Control 6.0，将其添加到工具箱，然后在窗体上绘制一个通用对话框，并将其 Name 属性修改为 CDg1。

5.1.3 代码设计

1. 定义各转换参数和转换数据对应的变量

在通用声明段中声明如下语句：

```
Dim k2#,e2#,dX2#,dY2#                    '尺度参数、旋转参数、两个平移参数
Dim x2#,Xx2#,y2#,Yy2#                    '二维坐标变换的正反数值
Dim k3#,Ex#,Ey#,Ez#,dX3#,dY3#,dZ3#      '尺度参数、三个旋转参数、三个平移参数
Dim X3#,Y3#,Z3#,Xx3#,Yy3#,Zz3#          '三维坐标转换的正算数值
```

表 5-3　　　　　　　　　　　　　三维坐标转换框架内的控件属性设置

对象	属性	值	对象	属性	值
Frame6	Caption	输入转换参数	Frame7	Caption	转换数据
Command4	Caption	正算	Command4	Name	cmdCalc3
Command5	Caption	反算	Command5	Name	cmdconCalc3
Command6	Caption	清零	Command6	Name	cmdClear3
Text9	Text	0	Text9	Name	txtK3
Text10	Text	0	Text10	Name	txtEx
Text11	Text	0	Text11	Name	txtEy
Text12	Text	0	Text12	Name	txtEz
Text13	Text	0	Text13	Name	txtdX3
Text14	Text	0	Text14	Name	txtdY3
Text15	Text	0	Text15	Name	txtdZ3
Text16	Text	1.2	Text16	Name	txtX3
Text17	Text	2.3	Text17	Name	txtY3
Text18	Text	3.4	Text18	Name	txtZ3
Text19	Text		Text19	Name	txtXx3
Text20	Text		Text20	Name	txtYy3
Text21	Text		Text21	Name	txtZz3
Label8	Caption	尺度参数：	Label9	Caption	旋转角：
Label10	Caption	平移参数：	Image1	Picture	c:\三维.bmp
Label11	Caption	ε_x	Label12	Caption	δ_x
Label13	Caption	ε_y	Label14	Caption	δ_y
Label15	Caption	ε_z	Label16	Caption	δ_y
Label17	Caption	x＝	Label18	Caption	x′＝
Label19	Caption	y＝	Label20	Caption	y′＝
Label21	Caption	z＝	Label22	Caption	z′＝

表 5-4　　　　　　　　　　　　　控制点文件框架内的控件属性设置

对象	属性	值	对象	属性	值
Label23	Caption	选择文件	Text22	Name	txtFileName
Command8	Caption	…	Command8	Name	cmdBrowFile
Command9	Caption	计算转换参数	Command9	Name	cmdCalc

2. 二维坐标转换正算过程如下

```
Private Sub cmdCalc2_Click()
    k2＝Val(txtK2.Text) :e2＝Val(txtE2.Text) ;e2＝DoToHu(e2)
    dX2＝Val(txtdX2.Text) :dY2＝Val(txtdY2.Text)
    x2＝Val(txtX2.Text) ;y2＝Val(txtY2.Text)

    Xx2＝(k2＋1) * (x2 * Cos(e2)＋y2 * Sin(e2))＋dX2
```

$$Yy2=(k2+1)*(y2*Cos(e2)-x2*Sin(e2))+dY2$$

```
        txtXx2. Text=Format(Xx2,"0. 0000") :txtYy2. Text=Format(Yy2,"0. 0000")
End Sub
```

其中，DoToHu（ ）是将角度转换为弧度的自定义函数，具体定义参见本书第 4.3.5 节。

3. 二维坐标转换反算过程如下

```
Private Sub cmdconCalc2_Click()
        k2=Val(txtK2. Text) :e2=Val(txtE2. Text) :e2=DoToHu(e2)
        dX2=Val(txtdX2. Text) :dY2=Val(txtdY2. Text)
        Xx2=Val(txtXx2. Text) :Yy2=Val(txtYy2. Text)

        x2=((Xx2-dX2)*Cos(e2)-(Yy2-dY2)*Sin(e2))/(k2+1)
        y2=((Yy2-dY2)*Cos(e2)+(Xx2-dX2)*Sin(e2))/(k2+1)

        txtX2. Text=Format(x2,"0. 0000") :txtY2. Text=Format(y2,"0. 0000")
End Sub
```

4. 三维坐标转换正算过程如下

```
Private Sub cmdCalc3_Click()
        k3=Val(txtK3. Text)
        Ex=Val(txtEx. Text) :Ex=DoToHu(Ex)
        Ey=Val(txtEy. Text) :Ey=DoToHu(Ey)
        Ez=Val(txtEz. Text) :Ez=DoToHu(Ez)
        dX3=Val(txtdX3. Text) :dY3=Val(txtdY3. Text) :dZ3=Val(txtdZ3. Text)
        X3=Val(txtX3. Text) :Y3=Val(txtY3. Text) :Z3=Val(txtZ3. Text)

        Xx3=(k3+1)*(X3*Cos(Ey)*Cos(Ez)+Y3*Cos(Ey)*Sin(Ez)-Z3*Sin(Ey))+dX3
        Yy3=(k3+1)*(X3*(-Cos(Ex)*Sin(Ez)+Sin(Ex)*Sin(Ey)*Cos(Ez))+_
          Y3*(Cos(Ex)*Cos(Ez)+Sin(Ex)*Sin(Ey)*Sin(Ez))+Z3*(Sin(Ex)*Cos(Ey)))+dY3
        Zz3=(k3+1)*(X3*(Sin(Ex)*Sin(Ez)+Cos(Ex)*Sin(Ey)*Cos(Ez))+_
          Y3*(-Sin(Ex)*Cos(Ez)+Cos(Ex)*Sin(Ey)*Sin(Ez))+Z3*(Cos(Ex)*Cos(Ey)))+dZ3

        txtXx3. Text=Format(Xx3,"0. 0000")
        txtYy3. Text=Format(Yy3,"0. 0000")
        txtZz3. Text=Format(Zz3,"0. 0000")
End Sub
```

5. 三维坐标转换反算过程如下

```
Private Sub cmdconCalc3_Click()
        k3=Val(txtK3. Text)
        Ex=Val(txtEx. Text)  :  Ex=DoToHu(Ex)  :  Ey=Val(txtEy. Text)
        Ey=DoToHu(Ey)  :  Ez=Val(txtEz. Text)  :  Ez=DoToHu(Ez)
        dX3=Val(txtdX3. Text)  :  dY3=Val(txtdY3. Text)  :  dZ3=Val(txtdZ3. Text)
```

Xx3＝Val(txtXx3.Text)　：　Yy3＝Val(txtYy3.Text)　：　Zz3＝Val(txtZz3.Text)

X3＝((Xx3-dX3)＊Cos(Ey)＊Cos(Ez)＋(Yy3-dY3)＊(-Cos(Ex)＊Sin(Ez)＋Sin(Ex)＊Sin(Ey)_
＊Cos(Ez))＋(Zz3-dZ3)＊(Sin(Ex)＊Sin(Ez)＋Cos(Ex)＊Sin(Ey)＊Cos(Ez)))/(k3＋1)

Y3＝((Xx3-dX3)＊Cos(Ey)＊Sin(Ez)＋(Yy3-dY3)＊(Sin(Ex)＊Sin(Ey)＊Sin(Ez)＋Cos(Ex)_
＊Cos(Ez))＋(Zz3-dZ3)＊(-Sin(Ex)＊Cos(Ez)＋Cos(Ex)＊Sin(Ey)＊Sin(Ez)))/(k3＋1)

Z3＝((Xx3-dX3)＊(-Sin(Ey))＋(Yy3-dY3)＊Sin(Ex)＊Cos(Ey)＋(Zz3-dZ3)＊(Cos(Ex)＊_
Cos(Ey)))/(k3＋1)

txtX3.Text＝Format(X3,"0.0000")
txtY3.Text＝Format(Y3,"0.0000")
txtZ3.Text＝Format(Z3,"0.0000")
End Sub

清零按钮的代码比较简单，读者可以根据需要自行编写。

说明： 三维坐标转换中，为了界面简洁美观，在程序界面上显示的转换公式采用的是当角度很小时的简化公式，而上述代码中选用的是完整公式。读者可以根据需要选用相应的公式。

6. 转换参数的解求

用计算转换参数复选框控制是否显示控制点文件框架的内容，具体代码如下：

Private Sub Check1_Click()
　　If Check1.Value＝1 Then
　　　　frmCoorTrans.Height＝5175
　　ElseIf Check1.Value＝0 Then
　　　　frmCoorTrans.Height＝4440
　　End If
End Sub

出现"控制点文件"框架后，可以在"选择文件"文本框中输入文件路径和文件名，也可以单击标题为"…"的命令按钮，打开文件对话框，选择一个文件，该文件的路径和文件名会出现在文本框中，具体代码如下：

Private Sub cmdBrowFile_Click()
　　CDg1.Filter＝"控制点文件（＊.gcp）|＊.gcp|所有文件（＊.＊）|＊.＊"
　　CDg1.Action＝1
　　txtFileName.Text＝CDg1.FileName
End Sub

本例中控制点文件可以用记事本编辑，并以后缀 .gcp 保存。控制点文件的格式为：

第 1 行：控制点个数 N。

第 2～N＋1 行：旧坐标系下的 x 坐标和 y 坐标，新坐标系下的 x 坐标和 y 坐标。

单击"计算转换参数"按钮，程序根据文本框中的路径和文件名打开相应的文件，读取文件内的控制点坐标，并计算坐标转换参数，具体代码如下：

Private Sub cmdCalc_Click()
　　Dim s As String,iPos%,i%,iCent!,du%,fen%

```
Dim n%,x1#(),y1#(),x2#(),y2#(),At#(),Naa#(),W#() ,A#(),L#(),x#(1 To 4)
'读取控制点数据
Open txtFileName. Text For Input As #1
    Line Input #1,s
    n=Val(s)
    ReDim x1#(n),y1#(n),x2#(n),y2#(n)
    For i=1 To n
        Input #1,x1(i),y1(i),x2(i),y2(i)
    Next i
Close #1
'计算转换参数
ReDim A(1 To 2*n,1 To 4)e,L(1 To 2*n),At(1 To 4,1 To 2*n),Naa(1 To 4,1 To 4),W(1 To 4)
For i=1 To n                              '组成系数矩阵和常数向量
    A(2*i-1,1)=1:A(2*i-1,2)=0:A(2*i-1,3)=x1(i):A(2*i-1,4)=y1(i)
    A(2*i,1)=0:A(2*i,2)=1:A(2*i,3)=y1(i):A(2*i,4)=-x1(i)
    L(2*i-1)=x2(i):L(2*i)=y2(i)
Next i
MatrixTrans A,At                          '求系数阵的转置矩阵
MatrixMulty Naa,At,A                      '求 At,A
MatrixMulty W,At,L
MajorInColGuass Naa,W,x                   '列选主元 Guass 约化法解线性方程组
'分离旋转和尺度参数
If Abs(x(3))<0. 00000001 Then
    If x(4)>0 Then
        e2=PI/2
    Else
        e2=PI*3/2
    End If
Else
    e2=Atn(x(4)/x(3))'得到的是弧度
    If x(3)<0 And x(4)>0 Then
        e2=PI-e2
    ElseIf x(3)<0 And x(4)<0 Then
        e2=PI+e2
    ElseIf x(3)<0 And x(4)<0 Then
        e2=PI*2+e2
    End If
End If
k2=x(3)/Cos(e2)
'将转换参数写入相应文本框
txtK2=Str(k2-1)
e2=e2*180/PI
du=Int(e2):e2=(e2-du)*100
```

```
fen＝Int(e2):e2＝(e2－fen) * 100
e2＝Val(Format(e2,"0.00"))
e2＝du＋fen/100♯＋e2/10000 :txtE2＝Str(e2)
txtdX2. Text＝Str(X(1)) :txtdY2. Text＝Str(X(2))
End Sub
```

其中，MatrixTrans() 为计算矩阵转置的子过程，MatrixMulty() 为计算矩阵相乘的子过程，具体实现代码见本书第 6.1 节；MajorInColGuass() 为列选主元 Guass 约化法求解线性方程组的子过程，具体代码见本书第 6.2 节。

5.1.4　执行调试

执行程序，输入转换参数和转换数据后，点击"正算"或"反算"按钮，进行相应的计算，并显示结果。程序执行时的界面如图 5-4 所示。

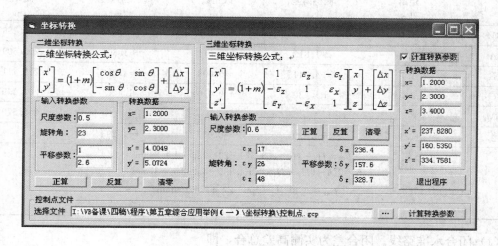

图 5-4　坐标转换的执行界面

5.2　水准测量成果的整理

本节介绍水准测量成果的计算程序。程序采用多窗体的方式组织，在主窗体上显示信息和执行各种操作，在输入窗体输入数据。为了方便主窗体与输入窗体之间的数据传递，本程序还使用了标准模块。

5.2.1　水准测量成果的整理

水准路线依据工程的性质和测区情况，可布设成图 5-5 所示的几种形式。

（1）闭合水准路线（closed leveling line）：由已知点 BM_1 ⟶已知点 BM_1

（2）附合水准路线（annexed leveling line）：由已知点 BM_1 ⟶已知点 BM_2

（3）支水准路线（spur leveling line）：由已知点 BM_1 ⟶某一待定水准点 A。

水准测量的成果整理表见表 5-5。

水准测量成果整理分为高差闭合差计算、闭合差分配和转点高程的计算三个步骤。

1. 高差闭合差的计算

高差闭合差（f_h）的计算随水准路线的形式不同而不同：

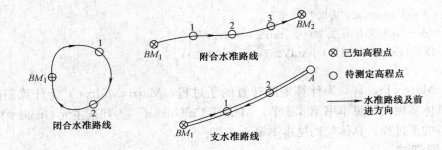

图 5-5　水准路线类型

表 5-5　　　　　　　　　　　　　　　　　　　　　水准测量成果整理

点　号	距离 /km	测得高差 /m	改正数 /m	改正后高差 /m	高程 /m
BM_1	1.6	+5.331	−0.008	+5.323	204.286
A	2.1	+1.813	−0.011	+1.802	209.609
B	1.7	−4.244	−0.008	−4.252	211.411
C	2.0	+1.430	−0.010	1.420	207.159
BM_2					208.579
Σ	7.4	+4.330	−0.037	+4.293	

$$\Sigma h_{理}=H_2-H_1=208.579-204.286=+4.293m$$
$$f_h=\Sigma h-(H_2-H_1)=+4.330-4.293=+37mm$$
$$f_{h容}=\pm40\ \sqrt{L}=\pm40\ \sqrt{7.4}=\pm109mm$$
$$f_h<f_{h容}$$

（1）闭合水准路线。闭合差为实测高差总合，即

$$f_h=\Sigma h_{测} \tag{5-16}$$

（2）附合水准路线。闭合差为起点高程、终点高程差与实测高差总和之差，即

$$f_h=\Sigma h_{测}-(H_{终}-H_{始}) \tag{5-17}$$

（3）支水准路线。闭合差为往、返测量的高差代数和，即

$$f_h=\Sigma h_{往}+\Sigma h_{返} \tag{5-18}$$

2. 高差闭合差的分配

高差闭合差不超过一定的限度时，认为精度合格，成果可用。普通水准测量中容许高差闭合差一般规定为

$$f_{h容}=\pm40\ \sqrt{L}mm \tag{5-19}$$

或

$$f_{h容}=\pm12\ \sqrt{n}mm \tag{5-20}$$

式中　L——水准路线长度，单位 km；

　　　　n——测站数。

闭合差不超限时，以距离为权分配闭合差。设整条路线长为 L，某段水准路线长为 s_i，

170

整条路线闭合差为 f_h，则该站分配到的闭合差为

$$h_s = -f_h \cdot s_i / L \tag{5-21}$$

3. 转点高程值的计算

根据分配了闭合差的各段高程差从起始点的高程开始逐点推算转点高程

$$H_{i+1} = H_i + \Delta H + h_s \tag{5-22}$$

5.2.2　程序分析和界面设计

1. 输入

由于测站检核和路线闭合差检核在观测中已进行，所以水准测量的计算主要是闭合差的计算与分配，以及转点高程值的计算。程序输入的内容包括观测数据和有关路线的参数。

首先需要输入水准路线类型是闭合路线还是附合路线，用于确定后面的闭合差计算方法。然后输入已知高程点数据和测站数，已知点数根据路线类型来确定，附合水准路线为 2 个，闭合水准路线和支水准路线都为 1 个。接着根据测站数逐站输入水准路线长度和高程差。

2. 计算

程序的计算主要包括闭合差的计算与分配和转点高程的计算等。

3. 输出

本程序用一个文本框显示和输出计算结果，包括各输入数据、闭合差及限差要求、转点高程结果等。

4. 界面设计

通过以上分析，确定本程序采用一个主窗体和一个输入窗体结合的界面形式。

在主窗体上输入有关路线的参数，显示输入的数据和系统状态、计算中间结果和最终结果，而各测站观测值的输入在输入窗体中完成。主窗体界面如图 5-6 所示，输入窗体界面如图 5-7 所示。

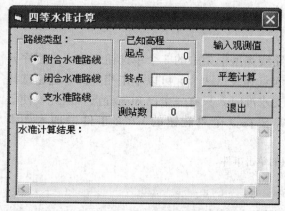

图 5-6　主界面示意图

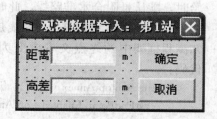

图 5-7　输入窗体界面示意

观测数据输入窗口的控件和属性设置见表 5-6，主界面的窗体和控件的属性设置见表 5-7（所有标签控件都将 AutoSize 属性设置为 True，所有的文本框控件都将 Text 属性清空）。

表 5-6   **输入窗体及控件属性设置**

对象	属性	值	对象	属性	值
Form2	Caption	观测数据输入	Text1	Text	
Form2	BorderStyle	1-Fixed Single	Text1	Name	txtDist
Form2	Name	frmInput	Text2	Text	
Label1	Caption	距离	Text2	Name	txtDetH
Label2	Caption	m	Command1	Caption	确定
Label3	Caption	高差	Command1	Name	cmdOK
Label4	Caption	m	Command2	Caption	取消
—			Command2	Name	cmdCancel

表 5-7   **四等水准计算程序主窗体及控件属性设置**

对象	属性	值	对象	属性	值
Form1	Caption	四等水准计算	Text2	Alignment	1-Right Justify
Form1	BorderStyle	1-Fixed Single	Text2	Text	0
Form1	Name	frmMain	Text2	Name	txtEndPoint
Frame1	Caption	路线类型：	Label3	Caption	测站数
Option1	Caption	附合水准路线	Text3	Alignment	2-Center
Option1	Value	True	Text3	Text	0
Option1	Name	optAnnex	Text3	Name	txtBMNum
Option2	Caption	闭合水准路线	Command1	Caption	输入观测值
Option2	Name	optClose	Command1	Name	cmdInput
Option3	Caption	支水准路线	Command2	Caption	平差计算
Option3	Name	optSpur	Command2	Name	cmdCheckCalc
Frame2	Caption	已知高程	Command3	Caption	退出
Label1	Caption	起点	Command3	Name	cmdExit
Label2	Caption	终点	Text4	MultiLine	True
Text1	Alignment	1-Right Justify	Text4	ScrollBars	3-Both
Text1	Text	0	Text4	Text	水准计算结果：
Text1	Name	txtStartPoint	Text4	Name	txtShow

5.2.3 输入

1. 主窗体的输入

（1）水准路线类型的输入。由主窗体上的路线类型框架中的 3 个单选钮来输入。程序开始时，默认是附合水准路线，此时已知高程有起点和终点两个。可以单击相应的单选钮选择要计算的水准路线类型。当路线是闭合水准或支水准时，只有一个已知高程点，因此要使已知高程框架中的终点文本框变为不可用。这需要在 3 个单选钮的 Click 事件中加入如下代码：

```
Private Sub optAnnex_Click()      '附合水准单选钮的单击事件
    txtEndPoint. Enabled＝optAnnex. Value
End Sub
Private Sub optClose_Click()        '闭合水准单选钮的单击事件
    txtEndPoint. Enabled＝Not optClose. Value
End Sub
Private Sub optSpur_Click()        '支水准单选钮的单击事件
    txtEndPoint. Enabled＝Not optSpur. Value
```

End Sub

（2）已知高程的输入。在确定水准路线类型之后，也确定了已知高程的个数，只要在已知高程框架中的起点文本框和终点文本框中输入已知高程即可。由于已知高程要参与后面的计算，因此应定义为窗体级变量。在主窗体的通用声明段添加如下声明代码：

```
Dim startPoint!,endPoint!
```

输入高程时，应该对已知高程做必要的检查。已知高程以 m 为单位，可以为正也可以为负，但必须是数字，且一般不会过高或过低（例如不高于 5000m 不低于－100m）。如不符合要求应提示用户检查，并重新输入。这些检查可以在高程输入完毕之后做，即在两个文本框的 LostFocus 事件中编写代码。

```
Private Sub txtStartPoint_LostFocus()
    If Not IsNumeric(txtStartPoint. Text) Then
        MsgBox "输入的高程含有非数字字符!"
        txtStartPoint. Text=""    :    txtStartPoint. SetFocus
        Exit Sub
    End If
    If Val(txtStartPoint. Text)>5000 Or Val(txtStartPoint. Text)<-100 Then
        MsgBox "输入的高程有误!"
        txtStartPoint. Text=""    :    txtStartPoint. SetFocus
        Exit Sub
    End If
    startPoint=Val(txtStartPoint. Text)
End Sub
```

上面是 txtStartPoint 文本框的 LostFocus 事件中的代码，txtEndPoint 文本框的 LostFocus 事件中的代码相同，只是将 txtStartPoint 替换成 txtEndPoint。

（3）测站数的输入。通过主窗体上测站数文本框输入测站数。测站数除作为后面的容差和高差平差值计算的参数外，还决定了调用 frmInput 窗体输入观测值的次数，有一站就要调用一次 frmInput 窗体输入一次。由于要参与平差计算，测站数需要定义为一个全局变量，在工程中增加一个标准模块 Module1，在其通用声明段添加声明代码：

```
Public nMarks%                '测站数
```

每输入完一站的观测值，经计算后要将本站路线长度和高程差存储下来供主窗体平差计算。因此，在标准模块中再声明公共的存放视距和高程差数的数组，由于测站数需要在程序运行时输入，因此数组应该声明为动态数组，在输入完测站数后定义大小。在标准模块的通用声明段输入如下代码声明本站路线长度数组和高程差数数组：

```
Public dis() As Single,detH() As Single
```

在测站数输入后也应该做相应的检查。例如，测站数应为正整数，一般最少为 3，最大一般不超过 12 站，这里放宽到 20 站。输入无误后，重新定义视距数组和高差中数数组的大小。对测站数的检查和重定义数组大小的代码同样放在 LostFocus 事件中：

```
Private Sub txtBMNum_LostFocus()
    If Not IsNumeric(txtBMNum. Text) Then
        MsgBox "输入的测站数含有非数字字符或尚未输入!"
        txtBMNum. Text="" :txtBMNum. SetFocus
```

```
        Exit Sub
    End If
    nMarks=Val(txtBMNum. Text)
    If txtBMNum. Text <> "" And (nMarks>20 Or nMarks<2) Then
        MsgBox "输入的测站数有误!"
        txtBMNum. Text="" :  txtBMNum. SetFocus
        Exit Sub
    End If
    ReDim dis(nMarks) As Single,detH(nMarks) As Single
End Sub
```

（4）显示输入窗体。输入观测值时必须调用 frmInput，在输入窗体中输入各观测值，窗体还应该有一个计数器，记录已经输入了多少站的观测值。调用输入窗体是在输入观测值命令按钮的单击事件中编写代码，调用前应该检查一下已知点高程和测站数是否已经输入，代码如下：

```
    Private Sub cmdInput_Click()
        '检查输入的几个文本框是否已经输入了
        If txtStartPoint. Text="0" Then
            MsgBox "还没有输入起始点高程!"
            Exit Sub
        End If
        If txtEndPoint. Text="0" And optAnnex. Value=True Then
            MsgBox "还没有输入终点高程!"
            Exit Sub
        End If
        If txtBMNum. Text="0" Then
            MsgBox "还没有输入测站数!"
            Exit Sub
        End If
        frmInput. Show '显示输入窗体
    End Sub
```

2. 输入窗体的输入

输入窗体主要完成如下几项功能。

（1）距离值和高差值的输入。

（2）输入结束后，单击"确定"按钮，在主窗体的结果显示文本框中显示输入的值，并传给主窗体，测站计时器加 1。若尚未达到测站总数，则初始化输入窗体，等待输入下一站的观测值；若所有测站都已输入完毕，则隐藏输入窗体，回到主窗体等待后面的计算。

（3）输入窗体中的"取消"按钮用于在输入数据时中断程序，取消本次输入，卸载输入窗体，回到主窗体。

下面分别来介绍以上的工作在确定按钮的 Click 事件中如何实现。

（1）准备测站计数器。在输入窗体的通用声明段声明一个全局变量作为测站计数器，代码如下：

```
    Dim iMark%                                     '测站计数器
```

在窗体的 Load 事件里初始化测站计数器：

```
Private Sub Form_Load()
    iMark=1
End Sub
```

（2）数据存储并显示。存储距离值、高差值的变量需要定义成窗体级的公共变量，代码如下：

```
Public dist!,dH!
```

接着把距离和高差中数存储下来供主窗体平差计算使用。实现数据存储的代码如下：

```
Private Sub cmdOK_Click()
    dist=Val(txtDist.Text)    :    dH=Val(txtDetH.Text)
    Call AddData(iMark,dist,dH)
End Sub
```

其中，自定义过程 AddData() 是在标准模块中声明的公共过程，用于将指定的值传递给前后视距数组和高程差数组，具体定义如下：

```
Public Sub AddData(iMark As Integer,dist As Single,dH As Single)
    dis(iMark)=dist    :    detH(iMark)=dH
End Sub
```

（3）测站计数器加 1，并判断是继续输入还是回到主窗体。在 cmdOK _ Click 过程中添加如下代码：

```
    '在主窗体显示本站数据
    frmMain.txtShow.Text=frmMain.txtShow.Text & "第" & Str(iMark) & "站:" & vbCrLf
    frmMain.txtShow.Text=frmMain.txtShow.Text & "    距离:" & dis(iMark) & _
                            "    高差中数:" & detH(iMark) & vbCrLf
    If iMark >= nMarks Then          '如果已经输入完所有的测站观测值
        frmInput.Hide
    Else                             '若还没有输完,初始化输入界面输入下一个测站
        txtDist.Text="" :txtDetH.Text="" :txtDist.SetFocus
    End If
    frmInput.Caption="观测数据输入:第" & Trim(Str(iMark)) & "站"
    iMark=iMark+1                    '测站数加 1
```

（4）取消按钮的处理。清除已经传给主窗体的数据，清除主窗体中的显示，卸载自己回到主窗体。

```
Private Sub cmdCancel_Click()
    '清除已经传给主窗体的数据
    Dim i%
    For i=1 To iMark
        dis(i)=0    :    detH(i)=0
    Next i
    frmMain.txtShow.Text="水准计算结果:"          '清除主窗体的显示
    Unload Me                                    '卸载输入窗体
End Sub
```

另外，每输入一站，窗体的标题栏应该显示现在是第几站，在 cmdOK ＿ Click 事件过程的末尾添加如下代码：

```
frmInput.Caption="观测数据输入:第" & Trim(Str(iMark)) & "站"
```

5.2.4 计算和输出

数据输入完毕以后，已经对数据做了基本的检查和测站内的计算检核，接下来是在主窗体进行容差计算和简易平差计算。这些计算过程都将在平差计算命令按钮的 Click 事件过程中完成。

程序的输出包括数据输入、计算过程中的中间结果和系统状态信息的输出和最终计算结果的输出。这些输出在输入、计算的过程中同时进行。

1. 闭合差计算

先在 cmdCheckCalc ＿ Click 事件过程中定义变量存储距离和、高差和以及闭合差：

```
Private Sub cmdCheckCalc_Click()
    Dim totalDetH!,closeDetH!,tDist#,i%        '累计高差和高差闭合差,距离,循环变量
End Sub
```

然后计算距离之和，在变量定义后面添加如下代码：

```
    tDist=0
    For i=1 To nMarks
        tDist=tDist+dis(i)
    Next i
```

然后将各站的高程差相加，再根据水准路线的类型计算闭合差，代码如下：

```
    totalDetH=0
    For i=1 To nMarks                          '计算累计高差
        totalDetH=totalDetH+detH(i)
    Next i
    '计算闭合差
    If optAnnex.Value Then                     '附合水准
        closeDetH=totalDetH-(startPoint-endPoint)
    Else                                       '闭合水准和支水准
        closeDetH=-totalDetH
    End If
    If Abs(closeDetH)>40*Sqr(tDist/1000) Then  '检查闭合差是否超限,采用 40*Sqr(L)来计算
        MsgBox "闭合差超限,测量成果不合格!",,"闭合差超限"
        txtShow.Text=txtShow.Text & "闭合差超限,成果不合格!"
        Exit Sub
    Else
        MsgBox "闭合差合格,继续计算转点高程!",,"闭合差合格"
    End If
```

2. 闭合差的分配

在闭合差符合要求的情况下，将闭合差以每一站的前后视距和为权进行分配，最后得出每一转点的高程，并显示在 txtShowResult 文本框中，代码如下：

```
    Dim BMPoint() As Single
```

```
ReDim BMPoint(nMarks) As Single
BMPoint(0)＝startPoint
txtShow. Text＝txtShow. Text & "平差后的高程为:" & vbCrLf
For i＝1 To nMarks
    BMPoint(i)＝BMPoint(i－1)＋detH(i)＋closeDetH * dis(i)/tDist
    txtShow＝txtShow & "(" & Str(i) & "):" & Str(Format(BMPoint(i) ,"0.000")) & vbCrLf
Next i
```

运行程序，输入算例数据，点击"平差计算"，程序计算并显示各点高程平差值。图 5-8是表 5-5 所示算例执行时的界面。

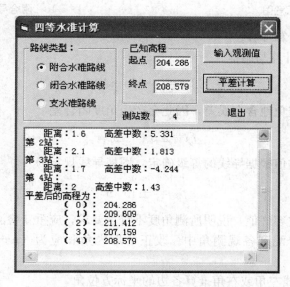

图 5-8　水准计算程序执行界面

5.3　单导线的简易计算

本节将介绍导线计算的程序设计方法，包括闭合导线和附合导线的输入检查、容差计算和简易平差计算。本程序的界面采用主窗体和关于窗体的方式，主窗体上使用菜单来组织，数据的输入和输出都采用读写文件的方式来完成，数据的显示和提示信息在主窗体上的文本框中显示。

5.3.1　导线的简易计算

将测区内相邻控制点连成直线而构成的折线，称为导线。这些控制点，称为导线点。导线测量就是依次测定各导线边的长度和各转折角值，根据起算数据推算各边的坐标方位角，从而求出各导线点的坐标。

导线测量是建立小地区平面控制网常用的一种方法，特别是地物分布较复杂的建筑区、视线障碍较多的隐蔽区和带状地区，多采用导线测量的方法，通常分为一级导线、二级导线、三级导线和图根导线等几个等级。根据测区的不同情况和要求，导线可布设成闭合导线、附合导线、无定向导线和支导线等形式。本节介绍计算前两种导线的程序设计方法，后两种形式导线的计算留给读者完成。

（1）闭合导线。起讫于同一已知点的导线，称为闭合导线，如图 5-9 所示。

（2）附合导线。布设在两已知点间的导线，称为附合导线，如图 5-10 所示。

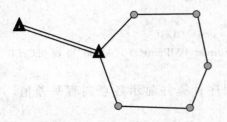

图 5-9　闭合导线示意图　　　　　　　　图 5-10　附合导线示意图

（3）闭合导线的计算步骤。

① 角度闭合差的计算与调整。

$$\sum \beta_{理} = (n-2) \cdot 180° \tag{5-23}$$

由于观测角不可避免地含有误差，因此会产生角度闭合差

$$f_\beta = \sum \beta_{测} - \sum \beta_{理} \tag{5-24}$$

角度闭合差的容许值根据导线的等级确定，图根导线规定为

$$f_{\beta容} = \pm 40'' \sqrt{n} \tag{5-25}$$

若角度闭合差超过容许值，说明所测角度不符合要求，应重新检测角度。若不超过，可将闭合差反符号平均分配到各观测角中。改正之后内角和应为 $(n-2) \cdot 180°$，以作计算校核。

② 用改正后的导线左角或右角推算各边的坐标方位角。

根据起始边已知坐标方位角及改正角按下列公式推算其他各导线边的坐标方位角。

$$\alpha_{i+1} = \alpha_i + \beta_{左} - 180° \quad （适用于测左角） \tag{5-26}$$
$$\alpha_{i+1} = \alpha_i - \alpha_{右} + 180° \quad （适用于测右角） \tag{5-27}$$

在推算过程中必须注意：

a. 如果算出的 $\alpha_{i+1} > 360°$，则应减去 360°；

b. 如果 $\alpha_{i+1} < 0$，则应加 360°；

c. 闭合导线各边坐标方位角的推算，最后推算出起始边坐标方位角，它应与原有的已知坐标方位角值相等，否则应重新检查计算。

③ 坐标增量的计算及其闭合差的调整。

a. 坐标增量的计算。

$$\Delta x_i = D_i \cdot \cos\alpha_i \tag{5-28}$$
$$\Delta y_i = D_i \cdot \sin\alpha_i \tag{5-29}$$

b. 坐标增量闭合差的计算与调整。闭合导线纵、横坐标增量代数和的理论值应为零，实际上由于量边误差和角度闭合差调整后的残余误差，往往不等于零，而产生纵、横坐标增量闭合差，即

$$f_x = \sum \Delta x_i \tag{5-30}$$

$$f_y = \sum \Delta y_i \tag{5-31}$$

导线全长闭合差为

$$f_D = \sqrt{f_x^2 + f_y^2} \tag{5-32}$$

导线全长相对误差为

$$K = \frac{f_D}{\sum D} = \frac{1}{\sum D / f_D} \tag{5-33}$$

不同等级的导线对 K 值的要求也不尽相同，其中图根导线要求 K 值不大于 1/2000。若 K 值超限，则需要检查观测数据或重新观测。

坐标增量改正数的计算

$$V_{x_i} = -\frac{f_x}{\sum D} \cdot D_i \tag{5-34}$$

$$V_{y_i} = -\frac{f_y}{\sum D} \cdot D_i \tag{5-35}$$

④ 用改正后的坐标增量计算各导线点的坐标。

各导线点的坐标可以用下式计算

$$x_{i+1} = x_i + \Delta x_i + V_{x_i} \tag{5-36}$$

$$y_{i+1} = y_i + \Delta y_i + V_{y_i} \tag{5-37}$$

（4）附合导线的坐标计算步骤与闭合导线相同，只是角度闭合差与坐标增量闭合差的计算稍有区别，具体公式如下：

$$f_\beta = \alpha_{始} + \sum \beta_{左} - n \cdot 180° - \alpha_{终} \tag{5-38}$$

$$f_x = \sum \Delta x_i - (x_{终} - x_{始}) \tag{5-39}$$

$$f_y = \sum \Delta y_i - (y_{终} - y_{始}) \tag{5-40}$$

5.3.2　程序分析

1. 输入

需要输入的已知数据包括导线类型（闭合、附合），导线中测站数（待定点个数＋2），导线已知点坐标（附合导线有 4 个，闭合导线有 2 个）。

观测值包括左角（或右角）、距离。

这里我们准备用文件输入，因此要约定输入数据的文件格式：

第一行输入导线类型：0——闭合导线，1——附合导线。

第二行输入起算数据：根据第一行的类型确定起算数据有几个点。若为 1（附合导线），则有 4 个点共 8 个坐标；若为 0（闭合导线），则有 2 个点共 4 个坐标。各已知点按照导线前进方向的顺序输入，每点的坐标先输入 X 坐标，后输入 Y 坐标，每个坐标之间用"，"隔开，形式如下：

1 点 X 坐标，1 点 Y 坐标，2 点 X 坐标，2 点 Y 坐标，……

第三行输入测站数：包括两个设站的已知点。

第四行开始输入角度观测值：先是输入观测角度的类型，左角用 1 标记，右角用 2 标记，然后根据第三行的测站数确定有多少个角度值，根据路线行进顺序输入角度观测值，角度用"度．分秒"表示，角度值之间用"，"隔开。

第五行输入边长观测值：边长观测值个数为"测站数－1"，根据路线行进顺序输入，距离单位为m，边长值之间用"，"隔开。

一个附合导线数据输入的例子如下：

1
842.71，1263.66，640.93，1068.44，589.97，1307.87，793.52，1399.15
5
2，245.43，213.0005，224.4805，214.2105，202.00
82.14，77.28，89.62，79.85

闭合导线观测值的输入顺序如图5-11所示。

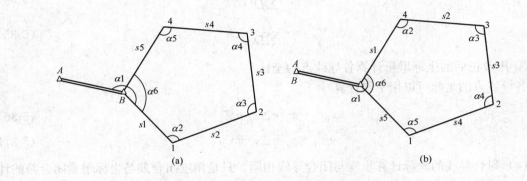

图5-11　闭合导线观测值的输入顺序
（a）左角时角度和边长的输入顺序；（b）右角时角度和边长的输入顺序

2. 计算

需要计算的内容和步骤如下：

（1）计算起始方位角和终止方位角，得到坐标方位角的理论值。

（2）坐标方位角推算，得到方位角闭合差。

（3）检查角度闭合差是否超限，如符合要求，则分配角度闭合差，并求坐标方位角。

（4）根据边长和坐标方位角求坐标增量。

（5）计算边长精度。

（6）如果边长精度符合要求，改正坐标增量。

（7）计算最后的坐标。

3. 输出

输出的结果包括角度闭合差、坐标闭合差、坐标推算值和坐标平差值。

输出使用文件方式，因此要约定输出的格式：

第一行：导线类型＋结果输出说明；

第二行：角度闭合差及限差；

第三行：坐标闭合差及限差；

第四行：角度观测值；

第五行：改正后角值；

第六行：坐标方位角；

第七行：边长观测值；

第八行：X 坐标增量的计算值；

第九行：Y 坐标增量的计算值；

第十行：改正后的 X 坐标增量；

第十一行：改正后的 Y 坐标增量；

第十二行：X 坐标值；

第十三行：Y 坐标值；

第十四行：计算者；

第十五行：检核者；

第十六行：结束语。

例：（前面输入的附合导线其计算结果的输出）

====附合导线解算结果====

角度闭合差：—0.5′，角度限差：89″，符合要求

坐标闭合差：X 方向+0.02，Y 方向—0.08，精度 1/4100，限差 1/2000，符合要求

角度观测值：245.430，213.005，224.485，214.215，202.000

改正角度值：245.431，213.006，224.486，214.216，202.001

坐标方位角：224.032，158.201，125.195，88.309，46.093，24.092

边长观测值：82.14，77.28，89.62，79.85

X 坐标增量计算值：—76.34，—44.68，+14.77，+55.31

Y 坐标增量计算值：+30.32，+63.05，+88.39，+57.59

改正后 X 增量值：—76.35，—44.68，+14.76，+55.31

改正后 Y 增量值：+30.34，+63.07，+88.41，+57.61

坐标值（X）：640.93，564.58，519.90，534.66，589.97

坐标值（Y）：1068.44，1098.78，1161.85，1307.87

——计算者：×××

——检核者：×××

————————附合导线解算结果输出完毕

综合以上分析，本程序需要声明的变量及其类型如下：

Dim sAngle() As Double,sdAngle() As Double,sEdge() As Double

′分别存放角度观测值、坐标方位角和观测边长

Dim detX() As Double,detY() As Double,reX() As Double,reY() As Double

′分别存放各测站相对于导线中前一结点的 X、Y 坐标增量和坐标闭合差

Dim strFileName As String   ′存放数据文件名(含路径)

Dim iType%,iAngleType%,Xa#,Ya#,Xb#,Yb#,Xc#,Yc#,Xd#,Yd#   ′输入数据的有关变量

Dim iStation As Integer   ′测站数

Dim detA#, aAB#,aDC#   ′角度闭合差,坐标方位角

Dim detTX#,detTY#,detTT#,Tedge#   ′X 坐标闭合差、Y 坐标闭合差、总体闭合差、路线长

Const PI=3.141592653   ′声明常数 π

5.3.3 界面设计

本程序采用菜单方式组织，并在窗体上绘制 1 个文本框控件显示读入数据和计算结果以

及程序状态。在打开和保存文件时，需要 1 个通用对话框控件。许多应用程序中都使用了对程序进行介绍的关于窗体，本程序中也制作 1 个简单的关于窗体。

1. 菜单的设计

在设计状态显示主窗体的模式下，点击"工具"菜单的"菜单编辑器"命令，在弹出的菜单编辑器窗口编辑菜单。

本程序的菜单结构见表 5-8。

表 5-8　　　　　　　　　　　　　　　**导线计算程序菜单结构**

标题	名称	快捷键	标题	名称	快捷键
文件(&File)	mnuFile	—	...退出	mnuExit	Ctrl+E
...打开数据...	mnuOpen	Ctrl+O	计算(&Calc)	mnuCalc	—
...保存结果...	mnuSave	Ctrl+S	关于(&About)	mnuAbout	—
...-	Aa	—			

2. 文本框和通用对话框的设计

在主窗体上绘制 1 个文本框控件和 1 个通用对话框控件（需要从"工程→部件"中选择安装），并按照表 5-9 所示设置属性。

表 5-9　　　　　　　　　　　　　**主窗体上窗体及控件属性设置**

对象	属性	值	对象	属性	值
Text1	Text		Form1	BorderStyle	1-Fixed
Text1	MultiLine	True			Single
Text1	ScrollBars	3-Both	CommonDialog1	Name	CDg1

设计好属性后，调整控件和窗体的大小和位置，以方便、美观为好，一个调整好的例子如图 5-12 所示。

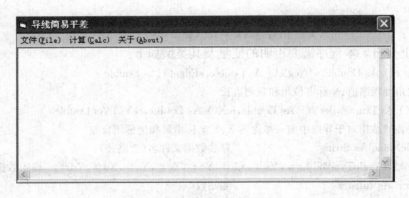

图 5-12　导线计算主窗体示意

3. 关于窗体

单击"工程"菜单的"添加窗体"命令，添加一个窗体 Form2，在其上添加 3 个标签和 1 个命令按钮。关于窗体及其上控件属性见表 5-10。

表 5-10　　　　　　　　　　　关于窗体及其上控件属性设置

对象	属性	值	对象	属性	值
Form2	BorderStyle	1	Label2	Caption	测绘二班
Command1	Caption	确定	Label3	Caption	××设计
Label1	FontSize	14	Label1	Caption	导线平差 v1.0

调整控件大小和位置，读者也可以自行设计和美化关于窗体。界面如图 5-13 所示。

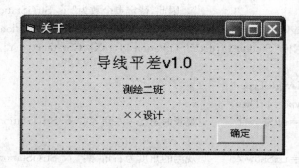

图 5-13　关于窗体示意

最后是对 Command1 的 Click 事件编程：

```
Private Sub Command1_Click()
    Unload Me
End Sub
```

5.3.4　输入

本程序采用文件的方式进行输入。数据读入过程设计在"文件"菜单的"打开数据"命令下，首先是调用通用对话框选择输入数据文件，然后读取文件中的数据到变量，并显示读入的变量，以检查数据读入是否正确，并便于用户了解数据情况。完整的代码如下：

```
Private Sub mnuOpen_Click()
    Dim i As Integer                    '循环变量
    CDg1.Filter="文本文件(*.txt)|*.txt|所有文件(*.*)|*.*"
    CDg1.ShowOpen                       '打开对话框
    strFileName=CDg1.FileName           '获得选中的文件名和路径
    Open strFileName For Input As #1    '打开文件
        Input #1,iType,Xa,Ya,Xb,Yb     '读入路线类型和前两个起算点坐标
        Select Case iType
        Case 0
            txtShow=txtShow & "        这是一个闭合导线,已知点坐标为:" & vbCrLf
        Case 1
            txtShow=txtShow & "        这是一个附合导线,已知点坐标为:" & vbCrLf
        Case 2
            '读者可以在这里添加对其他导线类型的处理
        End Select
        txtShow.Text=txtShow.Text & Format(Xa,"0.000") & "," & Format(Ya,"0.000") & "," _
```

```
                   & Format(Xb,"0.000") & "," & Format(Yb,"0.000") & vbCrLf
    If iType=1 Then                      '是否继续读起算坐标,由路线类型来判断
       Input #1,Xc,Yc,Xd,Yd
       txtShow. Text=txtShow. Text & Format(Xc,"0.000") & "," & Format(Yc,"0.000") & _
                       "," & Format(Xd,"0.000") & "," & Format(Yd,"0.000") & vbCrLf
    End If
    Input #1,iStation                    '读入测站数,并用测站数定义数组大小
    txtShow. Text=txtShow. Text & "     测站数为:" & Str(iStation) & _
                       "。因此,待定点个数为" & Str(iStation-2) & "个。" & vbCrLf
    ReDim sAngle! (iStation),sdAngle! (iStation+1),sEdge! (iStation-1)
    ReDim detX! (iStation-1),detY! (iStation-1),reX! (iStation),reY! (iStation)

    Input #1,iAngleType
    If iAngleType=1 Then
       txtShow=txtShow & "     观测的角度为左角,共" & Str(iStation) & "个:" & vbCrLf
    Else
       txtShow=txtShow & "     观测的角度为右角,共" & Str(iStation) & "个:" & vbCrLf
    End If
    For i=1 To iStation                  '读入角度观测值
       Input #1,sAngle(i)
    txtShow. Text=txtShow. Text & Format(sAngle(i),"0.0000") & ","
    Next i
    txtShow. Text=txtShow. Text & vbCrLf & Str(iStation-1) & "个边长观测值为:" & vbCrLf
    For i=1 To iStation-1                 '读入边长观测值
       Input #1,sEdge(i)
       txtShow. Text=txtShow. Text & Format(sEdge(i),"0.000") & ","
    Next i
    txtShow. Text=txtShow. Text & vbCrLf
  Close #1                               '不要忘记关闭文件
End Sub
```

5.3.5 计算

本程序中有关变量的声明如下（全部在窗体的通用声明段中声明）：

```
Dim sAngle() As Double,sdAngle() As Double,sEdge() As Double
'分别存放角度观测值、坐标方位角和观测边长
Dim detX() As Double,detY() As Double,reX() As Double,reY() As Double
'分别存放各测站相对于导线中前一结点的 X、Y 坐标增量和坐标闭合差
Dim strFileName As String              '存放数据文件名(含路径)
Dim iType%,iAngleType%,Xa#,Ya#,Xb#,Yb#,Xc#,Yc#,Xd#,Yd#  '输入数据的有关变量
Dim iStation As Integer                '测站数
Dim detA As Double                     '角度闭合差
Dim detTX#,detTY#,detTT#,Tedge#        'X 坐标闭合差、Y 坐标闭合差、总体闭合差、路线长
Const PI=3. 14159265                   '声明常数
```

1. 计算起始方位角和终值方位角，得到坐标方位角的理论值

根据路线类型来计算坐标方位角。由两点坐标计算坐标方位角的程序在本书第 3.6.3 节已经介绍过，并在本书第 4.3.5 节中将其修改成自定义函数 DirectAB()，读者只需将其代码拷贝到本程序中即可使用。

由于 VB 中关于角度计算的函数均用弧度为单位，因此在程序内部观测角度和坐标方位角都用弧度表示，只是在输出时，使用一个自定义的弧度化为度分秒的函数 HuToDo() 转换成便于显示的形式，该函数详见本书第 4.3.5 节。

于是，计算坐标方位角部分的代码如下：

```
'计算坐标方位角
Dim aAB#,aDC#,i%
aAB=DirectAB(Xa,Ya,Xb,Yb)
txtShow=txtShow & vbCrLf & "起始坐标方位角:" & Format(HuToDo(aAB),"0.0000")
If iType=1 Then
    aDC=DirectAB(Xc,Yc,Xd,Yd)
    txtShow=txtShow & vbCrLf & "终止坐标方位角:" & Format(HuToDo(aDC),"0.0000")
End If
```

2. 坐标方位角推算，得到方位角闭合差

由于输入的角度都是"度.分秒"的形式，还需一个函数把该形式的角度换算为弧度值，本书第 4.3.5 节中已将其写成一个函数 DoToHu()，读者只需将其代码拷贝到本程序中即可。

坐标方位角的推算按照"左加右减"的原则，结合输入的角度类型进行计算：

```
'推算坐标方位角,把推算得到的方位角初值给 sdAngle 数组
sdAngle(1)=aAB
txtShow.Text=txtShow.Text & vbCrLf & "方位角初值:" & vbCrLf
For i=1 To iStation
    'iAngleType=1 是左角,iAngleTyp=2 是右角
    sdAngle(i+1)=sdAngle(i)+(PI-sAngle(i))*(-1)^iAngleType
    If sdAngle(i+1)>2*PI Then sdAngle(i+1)=sdAngle(i+1)-2*PI
    If sdAngle(i+1)<0 Then sdAngle(i+1)=sdAngle(i+1)+2*PI
    txtShow.Text=txtShow.Text & Format(HuToDo(sdAngle(i)),"0.0000") & ","
Next i
txtShow.Text=txtShow.Text & Format(HuToDo(sdAngle(i)),"0.0000") & vbCrLf
'计算角度闭合差
If iType=1 Then
    detA=sdAngle(i)-aDC
Else
    detA=sdAngle(i)-sdAngle(2)
End If
txtShow.Text=txtShow.Text & "角度闭合差:" & Format(HuToDo(detA),"0.0000") & vbCrLf
```

3. 检查角度闭合差是否超限，若合格，则分配角度闭合差，重新计算坐标方位角

```
'判断是否附合限差要求
```

```
Dim fAccept As Double
If iType=1 Then
    fAccept=Int(40 * Sqr(iStation))/206265
Else
    fAccept=Int(40 * Sqr(iStation-1))/206265
End If
If Abs(detA)>fAccept Then
    MsgBox "角度闭合差超限!","计算终止"
    txtShow. Text=txtShow. Text & vbCrLf & "角度闭合差超限,计算终止!"
    Exit Sub
End If
'若没有超限,则分配角度闭合差,重新计算角度值和推算坐标方位角
If iType=1 Then
    detA=detA/iStation          '简单地平均分配了角度值,后面对秒进行四舍五入处理
    txtShow. Text=txtShow. Text & "改正后的角度:" & vbCrLf
    For i=1 To iStation
        sAngle(i)=sAngle(i)+detA
        txtShow. Text=txtShow. Text & Format(HuToDo(sAngle(i)),"0.0000") & ","
        'iAngleType=1 是左角,=2 是右角
        sdAngle(i+1)=sdAngle(i)+(PI-sAngle(i)) * (-1) ^ iAngleType
        If sdAngle(i+1)>2 * PI Then sdAngle(i+1)=sdAngle(i+1)-2 * PI
        If sdAngle(i+1)<0 Then sdAngle(i+1)=sdAngle(i+1)+2 * PI
    Next i
Else
    detA=detA/(iStation-1)        '简单地平均分配了角度值,后面对秒进行四舍五入处理
    txtShow. Text=txtShow. Text & "改正后的角度:" & vbCrLf
    For i=2 To iStation
        sAngle(i)=sAngle(i)+detA
        txtShow. Text=txtShow. Text & Format(HuToDo(sAngle(i)),"0.0000") & ","
        'iAngleType=1 是左角,=2 是右角
        sdAngle(i+1)=sdAngle(i)+(PI-sAngle(i)) * (-1) ^ iAngleType
        If sdAngle(i+1)>2 * PI Then sdAngle(i+1)=sdAngle(i+1)-2 * PI
        If sdAngle(i+1)<0 Then sdAngle(i+1)=sdAngle(i+1)+2 * PI
    Next i
End If
'显示改正后的坐标方位角
txtShow. Text=txtShow. Text & vbCrLf & "改正后的方位角:" & vbCrLf
For i=1 To iStation
    txtShow. Text=txtShow. Text & Format(HuToDo(sdAngle(i)),"0.0000") & ","
Next i
txtShow. Text=txtShow. Text & vbCrLf
```

4. 根据边长和坐标方位角求坐标增量

```
'计算初始坐标增量
```

```
txtShow. Text＝txtShow. Text & "坐标增量初值：" & vbCrLf
For i＝2 To iStation
    detX(i-1)＝sEdge(i-1) * Cos(sdAngle(i))  ：  detY(i-1)＝sEdge(i-1) * Sin(sdAngle(i))
    txtShow. Text＝txtShow. Text & Format(detX(i-1),"0.000") & " ,"
    txtShow. Text＝txtShow. Text & Format(detY(i-1),"0.000") & " ; "
Next i
txtShow. Text＝txtShow. Text & vbCrLf
```

5. 计算边长精度

```
'推算测站点坐标
reX(1)＝Xb ：  reY(1)＝Yb：  Tedge＝0
For i＝2 To iStation
    reX(i)＝reX(i-1)+detX(i-1)  ：  reY(i)＝reY(i-1)+detY(i-1)
    Tedge＝Tedge+sEdge(i-1)
Next I
'计算坐标闭合差
If iType＝1 Then
    detTX＝reX(iStation) － Xc  ：  detTY＝reY(iStation)－Yc
Else
    detTX＝reX(iStation) － Xb  ：  detTY＝reY(iStation)－Yb
End If
detTT＝Sqr(detTX * detTX+detTY * detTY)
txtShow＝txtShow & "坐标闭合差:detX " & Format(detTX,"0.000") _
                 & " ,detY " & Format(detTY,"0.000")
txtShow. Text＝txtShow. Text & " ,ddetTotal " & Format(detTT,"0.000") & vbCrLf
If Abs(detTT/Tedge)>1/2000 Then
    MsgBox "坐标闭合差超限!",,"计算终止"
    txtShow＝txtShow & "边长精度为1/" & Str(Fix(Tedge/detTT)) & "超过限差,计算终止!"

    Exit Sub
End If
txtShow. Text＝txtShow. Text & "边长精度为1/" & Str(Fix(Tedge/detTT)) & "符合要求。"
```

6. 如果边长精度符合要求，改正坐标增量

```
'改正坐标增量:以边长为权
txtShow. Text＝txtShow. Text & vbCrLf & "改正后的坐标增量:" & vbCrLf
For i＝1 To iStation-1
    detX(i)＝detX(i)+sEdge(i) * detTX/Tedge :detY(i)＝detY(i)-sEdge(i) * detTY/Tedge
    txtShow. Text＝txtShow. Text & Format(detX(i),"0.000") & " ,"
    txtShow. Text＝txtShow. Text & Format(detY(i),"0.000") & " ; "
Next i
txtShow. Text＝txtShow. Text & vbCrLf
```

7. 计算最后的坐标

```
'计算最后的坐标
```

```
txtShow. Text＝txtShow. Text ＆ "坐标计算结果：" ＆ vbCrLf
For i＝2 To iStation
    reX(i)＝reX(i－1)＋detX(i－1)  ；  reY(i)＝reY(i－1)＋detY(i－1)
    txtShow. Text＝txtShow. Text ＆ Format(reX(i－1),"0.000") ＆ " ,"
    txtShow. Text＝txtShow. Text ＆ Format(reY(i－1),"0.000") ＆ " ; "
Next i
txtShow＝txtShow ＆ Format(reX(i－1),"0.000") ＆ " ," ＆ Format(reY(i－1),"0.000") _
              ＆ vbCrLf ＆ "计算结束！" ＆ vbCrLf
```

计算结束后的界面如图 5-14 所示。

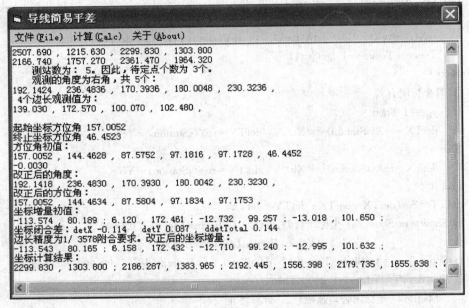

图 5-14 导线计算程序执行界面

5.3.6 输出

本程序的输出采用写文件方式，把数据从内存变量输出到文件里。本程序中有关计算结果的保存有两种方法：先写入文本框，然后从文本框写入文件；或直接从变量写入文件。第一种方法比较简单，这里给出用第二种方法保存附合导线计算结果的实现代码：

```
Private Sub mnuSave_Click()
    CDg1. Filter＝"文本文件( * . txt)| * . txt|所有文件( * . * )| * . * "
    CDg1. ShowSave  ：  strFileName＝CDg1. FileName
    Open strFileName For Output As ＃1
        Print ＃1,"      ＝＝＝＝附合导线解算结果＝＝＝＝"
        detA＝detA * iStation
        Print ＃1,"角度闭合差："; Format(HuToDo(detA),"0.0000"); ",角度限差："; _
                                Str(Int(40 * Sqr(iStation))); "''',符合要求。"
        Print ＃1,"坐标闭合差:X 方向"; Format(detTX,"0.000"); ",Y 方向"; _
                Format(detTY,"+0.000"); ",精度 1/"; Trim(Fix(Tedge/detTT)); ",符合要求。"
```

```
        Dim ts As String,i%
        For i=1 To iStation
            ts=ts & Format(sAngle(i),"0.0000") & ","
        Next i
        Print #1,"改正后的角度观测值:"; ts   :   ts=""
        For i=1 To iStation+1
            ts=ts & Format(sdAngle(i),"0.0000") & ","
        Next i
        Print #1,"坐标方位角:"; ts          :   ts=""
        For i=1 To iStation-1
            ts=ts & Format(sEdge(i),"0.000") & ","
        Next i
        Print #1,"边长观测值:"; ts          :   ts=""
        For i=1 To iStation-1
            ts=ts & Format(detX(i),"0.000") & ","
        Next i
        Print #1,"改正后 X 增量值:"; ts       :   ts=""
        For i=1 To iStation-1
            ts=ts & Format(detY(i),"0.000") & ","
        Next i
        Print #1,"改正后 Y 增量值:"; ts       :   ts=""
        For i=1 To iStation
            ts=ts & Format(reX(i),"0.000") & ","
        Next i
        Print #1,"结果 X 坐标:"; ts         :   ts=""
        For i=1 To iStation
            ts=ts & Format(reY(i),"0.000") & ","
        Next i
        Print #1,"结果 Y 坐标:"; ts
        Print #1,"                    ——计算者:×××"
        Print #1,"                    ——检核者:×××"
        Print #1,"                    ————————附合导线解算结果输出完毕"
    Close #1
End Sub
```

5.4　高斯投影变换

高斯投影是横轴切圆柱投影的一种,属于正形投影,是将一个椭圆柱面套在地球椭球体外面,并与某一条子午线(称为中央子午线)相切,椭圆柱的中心轴通过椭球体中心,然后用一定投影方法,将中央子午线两侧各一定经差范围内的地区投影到椭球圆柱面上,再将此柱面展开即成为投影面。

我国规定按经差 6°或 3°进行投影分带。在特殊情况下,工程测量控制网也可采用 1.5°带或任意带。但是为了测量成果的通用,需同 6°带或 3°带相联系。

进行高斯投影，首先要根据测区经度计算带号和中央子午线的经度，然后根据高斯投影公式进行投影。高斯投影变换分为正算和反算，由经纬度计算高斯平面坐标称为高斯投影正变换，由高斯面坐标计算经纬度称为高斯投影反变换。另外，实际应用中，还经常用到高斯投影的换带计算（6°带和 3°带之间，以及 6°带或 3°带与任意带之间的换算）和临带计算（相邻两条 6°带或 3°带之间的换算）等，本节也都将通过编程实现。

5.4.1　高斯投影变换和临带、换带计算

1. 高斯投影正算公式

$$
\begin{aligned}
x=&X+\frac{N}{2}\sin B\cos B\cdot l^2+\frac{N}{24}\sin B\cos^2 B(5-t^2+9\eta^2+4\eta^4)l^4\\
&+\frac{1}{720}\sin B\cos^5 B(61-58t^2+t^4+270\eta^2-330\eta^2 t^2)l^6+\cdots\\
y=&N\cos B\cdot l+\frac{N}{6}\cos^3 B(1-t^2+\eta^2)l^3\\
&+\frac{N}{120}\cos^5 B(5-18t^2+t^4+14\eta^2-58\eta^2 t^2)l^5+\cdots
\end{aligned}
\right\}
\tag{5-41}
$$

2. 高斯投影反算公式

$$
\begin{aligned}
B-B_f=&-\frac{1}{2N_f}t_f(1+\eta_f^2)y^2+\frac{1}{24N_f^4}(5+3t_f^2+6\eta_f^2-6t_f^2\eta_f^2-3\eta_f^4+9\eta_f^4 t_f^4)y^4\\
&-\frac{1}{720N_f^6}t_f(61+90t_f^2+45t_f^4+107\eta_f^2+162\eta_f^2 r_f^2+45\eta_f^2 t_f^4)y^6+\cdots\\
l=&\frac{y}{N_f\cos B_f}-\frac{1}{6N_f^3\cos B_f}(1+2t_f^2+\eta_f^2)y^3\\
&+\frac{1}{120N_f^5\cos B_f}(5+28t_f^2+24t_f^4+6\eta_f^2+8\eta_f^2 t_f^2)y^5+\cdots
\end{aligned}
\right\}
\tag{5-42}
$$

3. 实用公式

（1）克拉索夫斯基椭球（1954 北京坐标系参考椭球）正算公式。

$$
\begin{aligned}
x=&6367558.4969\frac{B''}{\rho''}-\{a_0-[0.5+(a_4+a_6 l^2)l^2]l^2 N\}\sin B\cos B\\
y=&[1+(a_3+a_5 l^2)l^2]lN\cos B
\end{aligned}
\right\}
\tag{5-43}
$$

式中

$$l=\frac{L-L_0}{\rho''}$$

$$N=6399698.902-[21562.267-(108.973-0.612\cos^2 B)\cos^2 B]\cos^2 B$$

$$a_0=32140.404-[135.3302-(0.7092-0.0040\cos^2 B)\cos^2 B]\cos^2 B$$

$$a_4=(0.25+0.00252\cos^2 B)\cos^2 B-0.04166$$

$$a_6=(0.166\cos^2 B-0.084)\cos^2 B$$

$$a_3=(0.3333333+0.001123\cos^2 B)\cos^2 B-0.1666667$$

$$a_5=0.0083-[0.1667-(0.1968+0.0040\cos^2 B)\cos^2 B]\cos^2 B$$

（2）克拉索夫斯基椭球反算公式。

$$
\begin{aligned}
B=&B_f-[1-(b_4-0.12Z^2)Z^2]Z^2 b_2\rho''\\
L=&L_0+[1-(b_3-b_5 Z^2)Z^2]Z\rho''
\end{aligned}
\right\}
\tag{5-44}
$$

式中

$$B_f = \beta + \{50221746 + [293622 + (2350 + 22\cos^2\beta)\cos^2\beta]\cos^2\beta\}10^{-10}\sin\beta\cos\beta\rho''$$

$$\beta = \frac{x}{6367558.4969}\rho''$$

$$Z = y/(N_f\cos B_f)$$

$$N_f = 6399698.902 - [21562.267 - (108.973 - 0.612\cos^2 B_f)\cos^2 B_f]\cos^2 B_f$$

$$b_2 = (0.5 + 0.003369\cos^2 B_f)\sin B_f\cos B_f$$

$$b_3 = 0.333333 - (0.166667 - 0.001123\cos^2 B_f)\cos^2 B_f$$

$$b_4 = 0.25 + (0.16161 + 0.00562\cos^2 B_f)\cos^2 B_f$$

$$b_5 = 0.2 - (0.1667 - 0.0088\cos^2 B_f)\cos^2 B_f$$

(3) 1975 国际椭球（1980 西安坐标系参考椭球）正算公式。

$$\left.\begin{array}{l} x = 6367452.1328\dfrac{B''}{\rho''} - \{a_0 - [0.5 + (a_4 + a_6 l^2)l^2]l^2 N\}\sin B\cos B \\ y = [1 + (a_3 + a_5 l^2)l^2]lN\cos B \end{array}\right\} \tag{5-45}$$

式中

$$l = \frac{L - L_0}{\rho''}$$

$$N = 6399596.652 - [21565.045 - (108.996 - 0.603\cos^2 B)\cos^2 B]\cos^2 B$$

$$a_0 = 32144.5189 - [135.3646 - (0.7034 - 0.0041\cos^2 B)\cos^2 B]\cos^2 B$$

$$a_4 = (0.25 + 0.00253\cos^2 B)\cos^2 B - 0.04167$$

$$a_6 = (0.167\cos^2 B - 0.083)\cos^2 B$$

$$a_3 = (0.3333333 + 0.001123\cos^2 B)\cos^2 B - 0.1666667$$

$$a_5 = 0.00878 - (0.1702 + 0.20382\cos^2 B)\cos^2 B$$

(4) 1975 国际椭球反算公式。

$$\left.\begin{array}{l} B = B_f - [1 - (b_4 - 0.147Z^2)Z^2]Z^2 b_2\rho'' \\ L = L_0 + [1 - (b_3 - b_5 Z^2)Z^2]Z\rho'' \end{array}\right\} \tag{5-46}$$

式中

$$B_f = \beta + \{50228976 + [293697 + (2383 + 22\cos^2\beta)\cos^2\beta]\cos^2\beta\}10^{-10}\sin\beta\cos\beta\rho''$$

$$\beta = \frac{x}{6367452.133}\rho''$$

$$Z = y/(N_f\cos B_f)$$

$$N_f = 6399596.652 - [21565.047 - (109.003 - 0.612\cos^2 B_f)\cos^2 B_f]\cos^2 B_f$$
$$b_2 = (0.5 + 0.00336975\cos^2 B_f)\sin B_f \cos B_f$$
$$b_3 = 0.333333 - (0.1666667 - 0.001123\cos^2 B_f)\cos^2 B_f$$
$$b_4 = 0.25 + (0.161612 + 0.005617\cos^2 B_f)\cos^2 B_f$$
$$b_5 = 0.2 - (0.16667 - 0.00878\cos^2 B_f)\cos^2 B_f$$

4. 临带计算和换带计算

临带计算的思路是：先根据第一带的平面坐标 X_1、Y_1 和中央子午线经度，求得大地坐标 B、L，然后根据 B、L 和第二带的中央子午线经度求得新的平面坐标 X_2、Y_2。

换带计算的思路和临带计算的基本一致，只是中央子午线经度和投影公式不同。

5.4.2 程序分析和界面设计

本程序要实现的功能是根据所选的椭球参数和指定分带情况，将已知大地坐标或高斯坐标经正算或反算求得相应的高斯坐标或大地坐标（投影计算），以及相应的换带计算和临带计算。因此需要用 1 个框架控件来组织椭球参数、2 个框架分别组织分带选择和换算方式选择，2 个框架组织大地坐标和高斯坐标，3 个命令按钮分别执行投影计算、换带和临带计算。程序设计界面如图 5-15 所示。

图 5-15　高斯投影计算程序设计界面

首先在窗体上绘制 5 个框架和 3 个命令按钮，窗体和各控件的属性设置见表 5-11。

表 5-11　　　　　　　　　　窗体、框架和命令按钮属性设置表

对　象	属　性	值	对　象	属　性	值
Form1	Caption	高斯投影计算	Command1	Caption	BL->xy
Frame1	Caption	选择椭球	Command1	Name	cmdCalc
Frame2	Caption	分带选择	Command2	Caption	6°->3°
Frame3	Caption	换算方式	Command2	Name	cmdChange
Frame4	Caption	大地坐标	Command3	Caption	临带换算
Frame5	Caption	高斯坐标	Command3	Name	cmdNear

在"选择椭球"框架中放置 1 个组合框用于选择参考椭球，并用 2 个标签和 2 个文本框显示相应的椭球参数，各控件属性设置见表 5-12。

表 5-12　　　　　　　　　　　选择椭球框架内控件的属性设置表

对　象	属　性	值	对　象	属　性	值
Label1	Caption	a =	Label2	Caption	alfa
Text1	Text	6378245	Text1	Name	txta
Text2	Text	298.3	Text2	Name	txtalfa

"分带选择"框架和"换算方式"框架中各放置 2 个单选钮用于选择分带方式和换算方式，各控件的属性设置见表 5-13。

表 5-13　　　　　　　　　　　　单选钮控件属性设置表

对　象	属　性	值	对　象	属　性	值
Option1	Caption	六度带	Option1	Name	opt6du
Option2	Caption	三度带	Option2	Name	opt3du
Option3	Caption	正算	Option3	Name	optTran
Option4	Caption	反算	Option4	Name	optCon

"大地坐标"框架中使用 2 个标签和 2 个文本框输入或输出大地坐标，各控件属性设置见表 5-14。

表 5-14　　　　　　　　　　　大地坐标框架内控件属性设置表

对　象	属　性	值	对　象	属　性	值
Text3	Text	31.04416832	Text3	Name	txtB
Text4	Text	111.47248974	Text4	Name	txtL
Label3	Caption	B	Label4	Caption	L

"高斯坐标"框架中使用 4 个标签和 2 个文本框输入或输出高斯坐标，各控件属性设置见表 5-15。

表 5-15　　　　　　　　　　　高斯坐标框架内控件属性设置表

对　象	属　性	值	对　象	属　性	值
Text5	Text	3386902.25	Text5	Name	txtX
Text6	Text	18399692.74	Text6	Name	txtY
Label5	Caption	X	Label6	Caption	Y
Label7	Caption	m	Label8	Caption	m

5.4.3　代码设计

程序要用到的公共变量有大地坐标（B、L）、高斯坐标（x、y），带号（n）、中央子午线经度（L_0）和分带宽度（6°或 3°），这些变量都在窗体的通用声明段进行声明。具体代码如下：

```
Dim B#，L#，X#，Y#，N%，L0%，lenL# '经纬度、高斯坐标、带号、中央子午线经度，带宽
```

```
Const PI=3.14159265358979
```

1. 选择椭球

窗口初始化时，在"选择椭球"框架内的椭球参数组合框中添加相应的内容，这些工作在窗体的 Load 事件中实现，具体代码如下：

```
Private Sub Form_Load()
    '初始化组合框
    Combo1.AddItem " 北京 1954 参考椭球"：Combo1.AddItem " 西安 1980 参考椭球"
    Combo1.AddItem " WGS1984 参考椭球"：Combo1.AddItem " 自定义参考椭球"
    Combo1.ListIndex=0：lenL=6        '初始化参数
End Sub
```

在选择了组合框中某种参考椭球后，应显示相应的椭球参数，这些功能在组合框的 Click 事件中实现，具体代码如下：

```
Private Sub Combo1_Click()
    Dim i%
    i=Combo1.ListIndex
    If i=0 Then
        txta.Enabled=False  ：txtalfa.Enabled=False
        txta.Text=Str（6378245）：    txtalfa.Text=Str（298.3）
    ElseIf i=1 Then
        txta.Enabled=False  ：txtalfa.Enabled=False
        txta.Text=Str（6378140）：    txtalfa.Text=Str（298.257）
    ElseIf i=2 Then
        txta.Enabled=False  ：txtalfa.Enabled=False
        txta.Text=Str（6378137）：    txtalfa.Text=Str（298.2572235635）
    ElseIf i=3 Then
        txta.Enabled=True：txtalfa.Enabled=True：txta.SetFocus
    End If
End Sub
```

2. 选择分带

点击"分带"单选钮选择某种分带后，程序中要根据选择重新设置分带宽度变量 lenL，换带计算命令按钮的 Caption 属性也应该做相应改变，这些功能在单选钮的 Click 事件中实现，具体代码如下：

```
Private Sub opt3du_Click()            '选择了 3 度带分
    cmdChange.Caption=" 3°->6°"：lenL=3
End Sub
Private Sub opt6du_Click()            '选择了 6 度分带
    cmdChange.Caption=" 6°->3°"：lenL=6
End Sub
```

3. 选择换算方式

点击换算方式框架中的单选钮，选择正算或反算，锁定或激活相应的文本框，同时改变投影计算命令按钮显示的内容，具体代码如下：

```
Private Sub optTran_Click()            '选择了正算方式
```

```
    cmdCalc. Caption=" BL->xy"
    txtB. Enabled=True：txtL. Enabled=True：txtX. Enabled=False：txtY. Enabled=False
    txtB. SetFocus
End Sub
Private Sub optCon _ Click()              '选择了反算方式
    cmdCalc. Caption=" xy->BL"
    txtB. Enabled=False：txtL. Enabled=False：txtX. Enabled=True：txtY. Enabled=True
    txtX. SetFocus
End Sub
```

4. 投影计算子过程

54 系高斯投影正算子过程如下：

```
Public Sub Pro54()
    Dim Ⅱ#，N#，a0#，a4#，a6#，a3#，a5#，cosB#
    cosB=Cos(B)：Ⅱ=L-DoToHu(L0)
    N=6399698. 902-(21562. 267-(108. 973-0. 612 * cosB * cosB) * cosB * cosB) * cosB * cosB
    a0=32140. 404-(135. 3302-(0. 7092-0. 004 * cosB * cosB) * cosB * cosB) * cosB * cosB
    a4= (0. 25+0. 00252 * cosB * cosB) * cosB * cosB-0. 04166
    a6= (0. 166 * cosB * cosB-0. 084) * cosB * cosB
    a3= (0. 3333333+0. 001123 * cosB * cosB) * cosB * cosB-0. 1666667
    a5=0. 0083-(0. 1667-(0. 1968+0. 004 * cosB * cosB) * cosB * cosB) * cosB * cosB
    X=6367558. 4969 * B-(a0-(0. 5+(a4+a6 * Ⅱ * Ⅱ) * Ⅱ * Ⅱ) * Ⅱ * Ⅱ * N) * Sin(B) * cosB
    Y=(1 +(a3+a5 * Ⅱ * Ⅱ) * Ⅱ * Ⅱ) * Ⅱ * N * cosB
End Sub
```

54 系高斯投影反算子过程如下：

```
Public Sub ConPro54()
    Dim Bf#，bet#，Z#，Nf#，b2#，b3#，b4#，b5#，cos2B#，cos2Bf#
    bet=X * 206265/6367558. 4969
    Bf=bet+(50221746+(293622+(2350+22 * cos2B) * cos2B) * cos2B)/10^10 * Sin(bet) * Cos(bet)
    cos2B=Cos(bet) * Cos(bet)：cos2Bf=Cos(Bf) * Cos(Bf)
    Nf=6399698. 902-(21562. 267-(108. 973-0. 612 * cos2Bf) * cos2Bf) * cos2Bf
    Z=Y/(Nf * Cos(Bf))
    b2=(0. 5+0. 003369 * cos2Bf) * Sin(Bf) * Cos(Bf)
    b3=0. 333333-(0. 166667-0. 001123 * cos2Bf) * cos2Bf
    b4=0. 25+(0. 16161+0. 00562 * cos2Bf) * cos2Bf
    b5=0. 2-(0. 1667-0. 0088 * cos2Bf) * cos2Bf
    B=Bf/206265-(1-(b4-0. 12 * Z * Z) * Z * Z) * Z * Z * b2
    L=DoToHu(L0)+(1-(b3-b5 * Z * Z) * Z * Z) * Z
End Sub
```

80 系高斯投影正算子过程如下：

```
Public Sub Pro80()
    Dim Ⅱ#，N#，a0#，a4#，a6#，a3#，a5#，cosB#
    cosB=Cos(B)：Ⅱ=L-DoToHu(L0)
```

```
    N=6399596.652-(21565.045-(108.996-0.603 * cosB * cosB) * cosB * cosB) * cosB * cosB
    a0=32144.5189-(135.3646-(0.7034-0.0041 * cosB * cosB) * cosB * cosB) * cosB * cosB
    a4=(0.25+0.00253 * cosB * cosB) * cosB * cosB-0.04167
    a6=(0.167 * cosB * cosB-0.083) * cosB * cosB
    a3=(0.3333333+0.001123 * cosB * cosB) * cosB * cosB-0.1666667
    a5=0.00878-(0.1702-0.20382 * cosB * cosB) * cosB * cosB
    X=6367452.1328 * B-(a0-(0.5+(a4+a6 * Ⅱ * Ⅱ) * Ⅱ * Ⅱ) * Ⅱ * Ⅱ * N) * Sin(B) * cosB
    Y=(1+(a3+a5 * Ⅱ * Ⅱ) * Ⅱ * Ⅱ) * Ⅱ * N * cosB
End Sub
```

80 系高斯投影反算过程如下：

```
Public Sub ConPro80()
    Dim Bf#, bet#, Z#, Nf#, b2#, b3#, b4#, b5#, cos2B#, cos2Bf#
    bet=X * 206265/6367558.4969
    Bf=bet+(50221746+(293622+(2350+22 * cos2B) * cos2B) * cos2B)/10^10 * Sin(bet) * Cos(bet)
    cos2B=Cos(B) * Cos(B):cos2Bf=Cos(Bf) * Cos(Bf)
    Nf=6399698.902-(21562.267-(108.973-0.612 * cos2Bf) * cos2Bf) * cos2Bf
    Z=Y/(Nf * Cos(Bf))
    b2=(0.5+0.00336975 * cos2Bf) * Sin(Bf) * Cos(Bf)
    b3=0.333333-(0.166667-0.001123 * cos2Bf) * cos2Bf
    b4=0.25+(0.161612+0.005617 * cos2Bf) * cos2Bf
    b5=0.2-(0.16667-0.00878 * cos2Bf) * cos2Bf
    B=Bf/206265-(1-(b4-0.147 * Z * Z) * Z * Z) * Z * Z * b2
    L=DoToHu(L0)+(1-(b3-b5 * Z * Z) * Z * Z) * Z
End Sub
```

5. 投影计算

单击投影计算命令按钮，程序根据当前系统状态（椭球参数、分带方式和正算反算状态）计算有关参数，并调用相应子过程进行投影计算，具体代码如下：

```
Private Sub cmdCalc_Click()
    B=Val(txtB.Text):L=Val(txtL.Text)
    X=Val(txtX.Text):Y=Val(Mid(txtY.Text,3))
    '计算中央子午线经度和带号
    If optTran.Value=True Then              '正算
        N=(L+lenL/2)     lenL
    ElseIf optCon.Value=True Then           '反算
        N=Val(Left(txtY.Text,2))
    End If
    L0=N * lenL-lenL/2:B=DoToHu(B):L=DoToHu(L)
    '根据椭球进行投影计算
    If optTran.Value=True Then              '正算
        If Combo1.ListIndex=0 Then          '54
            Call Pro54
        ElseIf Combo1.ListIndex=1 Then      '80
```

```
            Call Pro80
        End If
        'Y 坐标加 500 公里加带号
        Y＝Y＋N * 1000000＋500000
        txtX. Text＝Format(X,"0. 0000"):txtY. Text＝Format(Y,"0. 0000")
    ElseIf optCon. Value＝True Then          '反算
        Y＝Y － 500000                       'Y 坐标还要再减 500 公里
        If Combo1. ListIndex＝0 Then          '54
            Call ConPro54
        ElseIf Combo1. ListIndex＝1 Then      '80
            Call ConPro80
        End If
        txtB. Text＝Format(HuToDo(B),"0. 00000000")
        txtL. Text＝Format(HuToDo(L),"0. 00000000")
    End If
End Sub
```

其中，DoToHu()、HuToDo() 是角度与弧度互化函数，代码见本书第 4.3.5 节。

6. 换带计算

换带计算是首先根据高斯坐标经过高斯投影反算得到大地坐标，然后通过正算得到另一种分带时的高斯投影坐标，通过调用一次反算过程和一次正算过程实现，正算和反算过程中分带宽度和中央子午线经度发生了变化，具体代码如下：

```
Private Sub cmdChange_Click()
    X＝Val(txtX. Text) : Y＝Val(Mid(txtY. Text, 3))
    Y＝Y － 500000                          'Y 坐标还要再减 500 公里
    '计算开始的中央子午线经度和带号
    N＝Val(Left(txtY. Text, 2)):L0＝N * lenL-lenL/2
    '根据椭球进行投影反算
    If Combo1. ListIndex＝0 Then            '54
        Call ConPro54
    ElseIf Combo1. ListIndex＝1 Then        '80
        Call ConPro80
    End If
    '计算目标中央子午线经度和带号
    lenL＝IIf(lenL＝6, 3, 6):N＝(HuToDo(L)＋lenL/2)/lenL   : L0＝N * lenL-lenL/2
    '根据椭球进行投影计算
    If Combo1. ListIndex＝0 Then            '54
        Call Pro54
    ElseIf Combo1. ListIndex＝1 Then        '80
        Call Pro80
    End If
    Y＝Y＋N * 1000000＋500000               'Y 坐标加 500 公里加带号
    txtX. Text＝Format(X,"0. 0000"):txtY. Text＝Format(Y,"0. 0000")
```

End Sub

7. 临带计算

临带计算与换带计算的思路相似，都是通过一次反算和一次正算求得临带高斯坐标，区别在于中央子午线和分带宽度的计算，具体代码如下：

```
Private Sub cmdNear_Click()
    X=Val(txtX.Text):Y=Val(Mid(txtY.Text,3))
    Y=Y-500000                              'Y坐标还要再减500公里
    '计算开始的中央子午线经度和带号
    N=Val(Left(txtY.Text,2)):L0=N*lenL-lenL/2
    '根据椭球进行投影反算
    If Combo1.ListIndex=0 Then               '54
        Call ConPro54
    ElseIf Combo1.ListIndex=1 Then           '80
        Call ConPro80
    End If
    '计算目标中央子午线经度和带号
    L=HuToDo(L):L=IIf(L>L0,L+lenL,L-lenL)
    N=(L+lenL/2)/lenL:L=DoToHu(L):L0=N*lenL-lenL/2
    '根据椭球进行投影计算
    If Combo1.ListIndex=0 Then               '54
        Call Pro54
    ElseIf Combo1.ListIndex=1 Then           '80
        Call Pro80
    End If
    Y=Y+N*1000000+500000                     'Y坐标加500公里加带号
    txtX.Text=Format(X,"0.0000"):txtY.Text=Format(Y,"0.0000")
End Sub
```

5.4.4 执行调试

运行程序，选择参考椭球、分带方式和换算方式，输入要计算的坐标数据，点击相应的计算按钮（投影计算、换带计算或临带计算），程序根据给定参数和要求计算并显示结果。程序执行时的界面如图5-16所示。

图5-16 高斯投影计算程序执行界面

本程序中采用的是经过改写的适合编程计算的公式，正算公式精度可以达到 0.001m，反算公式精度可以达到 0.0001 秒。如果不需要这么高的精度，可以修改相应的程序代码换用精度较低的公式。

本程序只提供了北京 54 系和西安 80 系参考椭球参数，读者可以增加其他椭球参数和任意椭球参数的计算功能。

本程序目前只能计算 3°带和 6°带的高斯投影，并且所采用的是 6°带的实用公式，该公式是否适用于 3°带尚未进行验证，仅供读者参考。读者可以增加任意带投影的计算功能。

5.5 道路中线测量的曲线放样

道路的平面线形由于受到地形、地物、水文、地质等因素的限制，经常会改变路线的方向，而在直线转向处要用曲线连接，这种曲线称为平曲线。平曲线包括圆曲线和缓和曲线两种。圆曲线指具有一定曲率半径的圆弧。缓和曲线是在直线与圆曲线之间加设的、曲率半径由无穷大逐渐变化到圆曲线半径的曲线。本节简单介绍一下这两种平曲线的中桩计算。复杂曲线一般都可以分解为这两种平曲线，读者可以根据实际需要修改程序，计算更复杂的曲线中桩。

5.5.1 圆曲线和缓和曲线的计算

1. 圆曲线的计算

圆曲线指具有一定半径的圆弧线，是路线转弯最常用的曲线形式。圆曲线的测设一般分两步进行：先测设曲线的主点，即曲线的起点、中点和终点；然后在主点之间进行加密。按规定桩距测设曲线的其他各点，称为曲线的详细测设。

（1）圆曲线的测设元素。如图 5-17 所示，设交点 JD 的转角为 α，圆曲线半径为 R，则测设元素按式 (5-47) 计算。

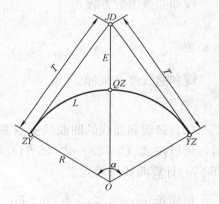

图 5-17　圆曲线的主点示意图

$$
\left.
\begin{array}{ll}
\text{切线长} & T = R\tan\dfrac{\alpha}{2} \\[2mm]
\text{曲线长} & L = R\alpha\,\dfrac{\pi}{180°} \\[2mm]
\text{外距} & E = R\left(\sec\dfrac{\alpha}{2} - 1\right) \\[2mm]
\text{切曲差} & D = 2T - L
\end{array}
\right\} \tag{5-47}
$$

（2）主点测设。

$$
\left.
\begin{array}{l}
ZY = JD - T \\[1mm]
YZ = ZY + L \\[1mm]
QZ = YZ - \dfrac{L}{2} \\[1mm]
JD = QZ + \dfrac{D}{2}\,（检校）
\end{array}
\right\} \tag{5-48}
$$

（3）详细测设（切线支距法）。

$$\left.\begin{array}{l} x_i = R\sin\varphi_i \\ y_i = R(1-\cos\varphi_i) \end{array}\right\} \tag{5-49}$$

其中

$$\varphi_i = \frac{l_i}{R}\frac{180°}{\pi} \tag{5-50}$$

已知圆曲线半径，根据各桩号（l_i）即可求得各桩相对于曲线起点的 x、y 偏移量。

2. 缓和曲线的计算

目前我国公路和铁路系统中，均采用回旋线作为缓和曲线。

（1）缓和曲线公式。

缓和曲线全长 $$l_s = 0.035\frac{V^3}{R} \tag{5-51}$$

缓和曲线角 $$\beta_0 = \frac{l_s}{2R}\frac{180°}{\pi} \tag{5-52}$$

内移值 $$p = \frac{l_s^2}{24R} \tag{5-53}$$

切线增值 $$q = \frac{l_s}{2} - \frac{l_s^3}{240R^2} \tag{5-54}$$

缓和曲线参数方程 $$\left.\begin{array}{l} x = l - \dfrac{l^5}{40R^2 l_s^2} \\ y = \dfrac{l^3}{6Rl_s} \end{array}\right\} \tag{5-55}$$

缓和曲线终点坐标 $$\left.\begin{array}{l} x_0 = l_s - \dfrac{l^3}{40R^2} \\ y_0 = \dfrac{l_s^2}{6R} \end{array}\right\} \tag{5-56}$$

（2）带缓和曲线的圆曲线主点测设。测得转角 α，确定圆曲线半径 R 和缓和曲线长 l_s 后，可以按式（5-52）～式（5-54）计算缓和曲线角、内移值和切线增值，然后可以按式（5-57）计算曲线测设元素：

切线长 $$T_H = (R+p)\tan\frac{\alpha}{2} + q$$

曲线长 $$L_H = R(\alpha - 2\beta_0)\frac{\pi}{180°} + 2l_s$$

或 $$L_H = R\alpha\frac{\pi}{180°} + l_s$$

其中圆曲线长 $$L_Y = R(\alpha - 2\beta_0)\frac{\pi}{180°}$$

外距 $$E_H = (R+p)\sec\frac{\alpha}{2} - R$$

切曲差 $$D_H = 2T_H - L_H$$

$$\tag{5-57}$$

最后，根据交点的里程和曲线测设元素，按式（5-58）计算主点里程：

$$ZH=JD-T_{\mathrm{H}}$$

$$HY=ZH+l_{\mathrm{s}}$$

$$YH=HY+L_{\mathrm{Y}}$$

$$HZ=YH+l_{\mathrm{s}}$$

$$QZ=HZ-\frac{L_{\mathrm{H}}}{2}$$

$$JD=QZ+\frac{D_{\mathrm{H}}}{2}\text{（校核）}$$

(5-58)

（3）带缓和曲线的圆曲线的详细测设（切线支距法）。缓和曲线上各点的坐标按照式（5-55）计算。圆曲线上各点坐标按式（5-59）计算：

$$x_i=R\sin\varphi_i+q$$

$$y_i=R(1-\cos\varphi_i)+p$$

(5-59)

其中

$$\varphi_i=\frac{l_i}{R}\frac{180°}{\pi}$$

这里要说明的是，此时的 l_i 是该点至 HY 或 YH 的曲线长，仅为曲线部分的长度。

5.5.2 程序分析和界面设计

程序要输入的数据包括圆曲线起算数据（转角、半径和交点里程）、缓和曲线起算数据（设计车行速度），输出数据为中桩桩号、转角、坐标等。设计界面如图 5-18 所示。

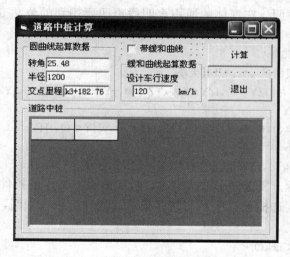

图 5-18 道路中桩计算程序设计界面

在窗体上绘制 3 个框架，分别组织圆曲线起算数据、缓和曲线起算数据和道路中桩，1个复选框用来标记是否带有缓和曲线。程序使用两个命令按钮来执行计算和退出。窗体、框架、命令按钮和复选框的属性设置见表 5-16。

表 5-16 道路中桩设计窗体及部分控件属性设置表

对象	属性	值	对象	属性	值
Form1	Caption	道路中桩计算	Command1	Caption	计算

续表

对象	属性	值	对象	属性	值
Frame1	Caption	圆曲线起算数据	Command2	Caption	退出
Frame2	Caption	缓和曲线起算数据	Check1	Caption	带缓和曲线
Frame3	Caption	道路中桩	—	—	—

在圆曲线起算数据框架中使用 3 个标签和 3 个文本框输入转角、半径和交点里程，在缓和曲线起算数据框架中添加 2 个标签和 1 个文本框输入设计车行速度，在道路中桩框架中添加 1 个伸缩格网控件。有关控件的属性设置见表 5-17。

表 5-17　　　　　　　　　　道路中桩程序各框架内控件属性设置表

对象	属性	值	对象	属性	值
Text1	Text	25.48	Text1	Name	txtA
Text2	Text	1200	Text2	Name	txtR
Text3	Text	k3+182.76	Text3	Name	txtJD
Text4	Text	120	Text4	Name	txtV
Label1	Caption	转角	Label2	Caption	半径
Label1	Caption	交点里程	Label2	Caption	设计车行速度
Label1	Caption	km/h	—	—	—

5.5.3　代码设计

（1）公共变量的声明。在窗体的通用声明段声明要用到的公共变量和常量，具体代码如下：

```
Const PI=3.14159265
'定义直圆段和圆直段的桩号数组及其大小
Dim xZY#(),yZY#(),fZY#(),lZY#(),xYZ#(),yYZ#(),fYZ#(),lYZ#(),iZY%,iYZ%
'直缓段数组及其大小
Dim xZH#(),yZH#(),fZH#(),lZH#(),xHY#(),yHY#(),fHY#(),lHY#(),iZH%,iHY%
'直缓段数组及其大小
Dim xYH#(),yYH#(),fYH#(),lYH#(),xHZ#(),yHZ#(),fHZ#(),lHZ#(),iYH%,iHZ%
```

（2）复选框的编程。复选框未被选中时，缓和曲线框架中的控件都应被锁定（Enabled 属性为 False），而当复选框被选中时，该框架中的控件都应被激活，这些功能在复选框的 Click 事件中实现：

```
Private Sub Check1_Click()
    If Check1.Value=1 Then
        Frame2.Enabled=True:Label4.Enabled=True
        Label5.Enabled=True:txtV.Enabled=True
    ElseIf Check1.Value=0 Then
        Frame2.Enabled=False:Label4.Enabled=False
        Label5.Enabled=False:txtV.Enabled=False
    End If
End Sub
```

（3）计算。首先声明变量和读取有关数据，代码如下：

```
Dim dblA#,dblR#,dblJD#,s As String,dblT#,dblL#,dblE#,dblD#
Dim dblZY#,dblQZ#,dblYZ#,i%,fab#
Dim ls#,V#,bet0#,p#,q#,Th#,Lh#,Ly#,Eh#,Dh#
Dim dblZH#,dblHY#,dblYH#,dblHZ#
dblA=DoToHu(Val(txtA. Text)):dblR=Val(txtR. Text):dblJD=ZToS(txtJD. Text)
```

其中，DoToHu() 函数和后面将要出现的 HuToDo() 函数是自定义的角度与弧度转换函数，在前面的章节中已经出现，这里不再重复。函数 ZtoS() 和后面将要出现的 StoZ() 函数是自定义的桩号里程数值互化函数，具体代码如下：

```
Public Function ZToS(s As String) As Double          '将里程桩号化为里程数值形式
    Dim iPos%:iPos=InStr(s,"+")
    ZToS=Val(Right(Left(s,iPos),iPos-1) * 1000+Mid(s,iPos+1))
End Function
Public Function SToZ(dbl#) As String                  '里程数值化为里程桩号
    Dim k%,m#
    k=dbl\1000:m=dbl-k * 1000:SToZ="k" & Trim(Str(k))&"+"& Trim(Str(m))
End Function
```

读入有关数据后，判断是否带有缓和曲线，根据不同情况进行计算，代码如下：

```
If Check1. Value=0 Then                               '无缓和曲线
    '圆曲线测设元素的计算
    dblT=dblR * Tan(dblA/2  ):dblL=dblR * dblA
    dblE=dblR * (1/Cos(dblA)-1):dblD=2 * dblT-dblL
    '主点里程计算
    dblZY=dblJD-dblT:dblYZ=dblZY+dblL:dblQZ=dblYZ-dblL/2
    If Abs(dblJD-(dblQZ+dblD/2)) > 0. 000001 Then MsgBox "主点里程检核不合格!"
    '详细测设
    iZY=dblQZ\20-dblZY\20:iYZ=dblYZ\20-dblQZ\20
    ReDim xZY#(iZY),yZY#(iZY),fZY#(iZY),lZY#(iZY)
    ReDim xYZ#(iYZ),yYZ#(iYZ),fYZ#(iYZ),lYZ#(iYZ)
    '直圆点到曲中点
    lZY(0)=0:fZY(0)=0:xZY(0)=0:yZY(0)=0
    For i=0 To iZY-1
        lZY(i+1)=((i+1) * 20-(dblZY-(dblZY\20) * 20))
        fZY(i+1)=lZY(i+1)/dblR
        xZY(i+1)=dblR * Sin(fZY(i+1)):yZY(i+1)=dblR * (1-Cos(fZY(i+1)))
    Next i
    lYZ(0)=0:fYZ(0)=0:xYZ(0)=0:yYZ(0)=0'   曲中点到圆直点
    For i=0 To iYZ-1
        lYZ(i+1)=((iYZ-i-1) * 20+(dblYZ-(dblYZ\20) * 20))
        fYZ(i+1)=lYZ(i+1)/dblR
        xYZ(i+1)=dblR * Sin(fYZ(i+1)):yYZ(i+1)=dblR * (1-Cos(fYZ(i+1)))
    Next i
    With MSFlexGrid1                                  '显示结果
```

203

```
        .Cols=5 ：.Rows=iZY+iYZ+4
        .Row=0                                              '显示第一行
        .Col=0：.Text="桩号"：.Col=1：.Text="Li"
        .Col=2：.Text="圆心角"：.Col=3：.Text="Xi"
        .Col=4：.Text="Yi"
        '显示内容：数值保留 2 位小数,角度到秒
        .Row=1：.Col=0：.Text="ZY " & SToZ(dblZY)        'ZY 点
        .Col=1：.Text=lZY(0)：.Col=2：.Text=fZY(0)
        .Col=3：.Text=xZY(0)：.Col=4：.Text=yZY(0)
        For i=1 To iZY                                       'ZY-->QZ
            .Row=i+1：.Col=0：.Text="+" & ((dblZY-(dblZY\1000) * 1000)\20+i) * 20
            .Col=1：.Text=Format(lZY(i),"0.00")
            .Col=2：.Text=Format(HuToDo(fZY(i)),"0.0000")
            .Col=3：.Text=Format(xZY(i),"0.00")
            .Col=4：.Text=Format(yZY(i),"0.00")
        Next i
        .Row=iZY+2：.Col=0：.Text="QZ " & SToZ(dblQZ)'QZ 点
        For i=0 To iYZ-1                                     'QZ-->YZ
            .Row=i+iZY+3
            .Col=0：.Text="+" & ((dblQZ-(dblQZ\1000) * 1000)\20+i+1) * 20
            .Col=1：.Text=Format(lYZ(i+1),"0.00")
            .Col=2：.Text=Format(HuToDo(fYZ(i+1)),"0.0000")
            .Col=3：.Text=Format(xYZ(i+1),"0.00")
            .Col=4：.Text=Format(yYZ(i+1),"0.00")
        Next i
        .Row=iZY+iYZ+3：.Col=0：.Text="YZ " & SToZ(dblYZ)    'YZ 点
        .Col=1：.Text=lYZ(0)：.Col=2：.Text=fYZ(0)
        .Col=3：.Text=xYZ(0)：.Col=4：.Text=yYZ(0)
    End With
ElseIf Check1.Value=1 Then                              '有缓和曲线
    '缓和曲线参数
    V=Val(txtV.Text)：ls=0.035 * V * V * V/dblR：bet0=ls/(2 * dblR)
    p=ls * ls/(24 * dblR)：q=ls/2-ls * ls * ls/(240 * dblR * dblR)
    '缓和曲线元素
    Th=(dblR+p) * Tan(dblA/2)+q：Ly=dblR * (dblA-2 * bet0)
    Lh=Ly+2 * ls：Eh=(dblR+p)/Cos(dblA/2) - dblR：Dh=2 * Th-Lh
    '主点里程
    dblZH=dblJD - Th：dblHY=dblZH+ls：dblYH=dblHY+Ly
    dblHZ=dblYH+ls：dblQZ=dblHZ-Lh/2
    If Abs(dblJD-(dblQZ+Dh/2))>0.000001 Then MsgBox "主点里程检核不合格!"
    '详细测设
    iZH=dblHY\20-dblZH\20：iHY=dblQZ\20-dblHY\20
    iYH=dblYH\20-dblQZ\20：iHZ=dblHZ\20-dblYH\20
```

```
ReDim xZH#(iZH),yZH#(iZH),fZH#(iZH),lZH#(iZH)
ReDim xHY#(iHY),yHY#(iHY),fHY#(iHY),lHY#(iHY)
ReDim xYH#(iYH),yYH#(iYH),fYH#(iYH),lYH#(iYH)
ReDim xHZ#(iHZ),yHZ#(iHZ),fHZ#(iHZ),lHZ#(iHZ)
Dim templ#
lZH(0)=0:fZH(0)=0:xZH(0)=0:yZH(0)=0                    '直缓点到缓圆点
For i=0 To iZH-1
    lZH(i+1)=((i+1) * 20-(dblZH-(dblZH\20) * 20))
    fZH(i+1)=lZH(i+1)/dblR
    xZH(i+1)=lZH(i+1)-lZH(i+1)^5/(40 * dblR * dblR * ls * ls)
    yZH(i+1)=lZH(i+1)^3/(6 * dblR * ls)
Next i
lHY(0)=0:fHY(0)=0:xHY(0)=0:yHY(0)=0                    '缓圆点到曲中点
For i=0 To iHY-1
    lHY(i+1)=((i+iZH+1) * 20+(dblZH-(dblZH\20) * 20))
    fHY(i+1)=lHY(i+1)/dblR
    xHY(i+1)=dblR * Sin(fHY(i+1))
    yHY(i+1)=dblR * (1-Cos(fHY(i+1)))
Next i
lYH(0)=0:fYH(0)=0:xYH(0)=0:yYH(0)=0                    '曲中点到圆缓点
For i=0 To iYH-1
    lYH(i+1)=((iYH-i) * 20+(dblQZ-(dblQZ\20) * 20))
    fYH(i+1)=lYH(i+1)/dblR
    xYH(i+1)=dblR * Sin(fYH(i+1))
    yYH(i+1)=dblR * (1-Cos(fYH(i+1)))
Next i
lHZ(0)=0:fHZ(0)=0:xHZ(0)=0:yHZ(0)=0                    '圆缓点到缓直点
For i=0 To iHZ-1
    lHZ(i+1)=((iHZ-i) * 20-(dblHZ Mod 20))
    fHZ(i+1)=lHZ(i+1)/dblR
    xHZ(i+1)=lHZ(i+1)-lHZ(i+1)^5/(40 * dblR * dblR * ls * ls)
    yHZ(i+1)=lHZ(i+1)^3/(6 * dblR * ls)
Next i
With MSFlexGrid1                                       '显示结果
    .Cols=5:.Rows=iZH+iHY+iYH+iHZ+6
    .Row=0                                             '显示第一行
    .Col=0:.Text="桩号":.Col=1:.Text="Li"
    .Col=2:.Text="圆心角":.Col=3:.Text="Xi"
    .Col=4:.Text="Yi"
    '显示内容:数值保留 2 位小数,角度到秒
    .Row=1:.Col=0:.Text="ZH " & SToZ(dblZH)           'ZH 点
    .Col=1:.Text=lZH(0):.Col=2:.Text=fZH(0)
    .Col=3:.Text=xZH(0):.Col=4:.Text=yZH(0)
```

```
        For i=1 To iZH                                    'ZH-->HY
            . Row=i+1:. Col=0:. Text="+" & ((dblZH-(dblZH\1000) * 1000)\20+i) * 20
            . Col=1:. Text=Format(lZH(i),"0.00")
            . Col=2:. Text=Format(HuToDo(fZH(i)),"0.00")
            . Col=3:. Text=Format(xZH(i),"0.00")
            . Col=4:. Text=Format(yZH(i),"0.00")
        Next i
        . Row=iZH+2:. Col=0:. Text="HY " & SToZ(dblHY) 'HY 点
        For i=1 To iHY                                     'YH-->QZ
            . Row=i+iZH+2
            . Col=0:. Text="+" & ((dblHY-(dblHY\1000) * 1000)\20+i) * 20
            . Col=1:. Text=Format(lHY(i),"0.00")
            . Col=2:. Text=Format(HuToDo(fHY(i)),"0.00")
            . Col=3:. Text=Format(xHY(i),"0.00")
            . Col=4:. Text=Format(yHY(i),"0.00")
        Next i
        . Row=iZH+iHY+3:. Col=0:. Text="QZ " & SToZ(dblQZ) 'QZ 点
        For i=1 To iYH                                     'QZ-->YH
            . Row=i+iZH+iHY+3
            . Col=0:. Text="+" & ((dblQZ-(dblQZ\1000) * 1000)\20+i) * 20
            . Col=1:. Text=Format(lYH(i),"0.00")
            . Col=2:. Text=Format(HuToDo(fYH(i)),"0.00")
            . Col=3:. Text=Format(xYH(i),"0.00")
            . Col=4:. Text=Format(yYH(i),"0.00")
        Next i
        . Row=iZH+iHY+iYH+4:. Col=0:. Text="YH " & SToZ(dblYH) 'YH 点
        For i=1 To iHZ                                     'YH-->HZ
            . Row=i+iZH+iHY+iYH+4
            . Col=0:. Text="+" & ((dblYH-(dblYH\1000) * 1000)\20+i) * 20
            . Col=1:. Text=Format(lHZ(i),"0.00")
            . Col=2:. Text=Format(HuToDo(fHZ(i)),"0.00")
            . Col=3:. Text=Format(xHZ(i),"0.00")
            . Col=4:. Text=Format(yHZ(i),"0.00")
        Next i
        . Row=iZH+iHY+iYH+iHZ+5:. Col=0:. Text="HZ " & SToZ(dblHZ) 'HZ 点
        . Col=1:. Text=lHZ(0):. Col=2:. Text=fHZ(0)
        . Col=3:. Text=xHZ(0):. Col=4:. Text=yHZ(0)
    End With
    End If
```

（4）退出。退出程序的代码比较简单，留给读者完成。

5.5.4 执行调试

程序执行时的界面如图 5-19 所示。

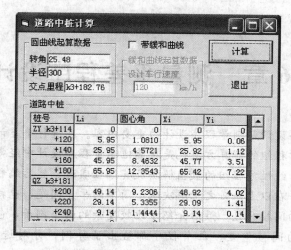

图 5-19　道路中桩计算程序执行界面

　　本程序仅仅设计了最简单的圆曲线和带缓和曲线的圆曲线的中桩计算，没有进行边桩和加桩的探讨，且采用的仅是切线支距法。道路施工的实际情况是千变万化的，曲线的形式也多种多样，读者可以根据实际需要丰富和完善程序的功能。

小　　结

　　本章介绍了几个比较复杂的应用程序。坐标转换程序主要解决的是平面和三维坐标的正反算，以及使用控制点解求坐标转换参数。坐标正反算比较容易实现，转换参数的解求需要用到间接平差的原理，读者可以参阅本书 6.3 节的有关内容。水准测量成果整理程序，主要是针对已经测得一条水准路线各段的长度和高差，对整条路线进行平差计算。程序中设计了使用多窗体进行数据输入和传递的练习。单导线计算程序用于解决附合导线、闭合导线和支导线的计算，程序中已知数据的输入和解算结果的输出都使用文件操作的方式，读者可以由此练习顺序文件的读写操作。另外，作为举例，还给出了控制测量中的高斯投影变换，工程测量中的道路平曲线中桩计算等程序设计的例子。通过这些综合应用举例程序的练习，希望使读者不但能够设计出程序解决测绘学习和工作中常遇到的问题，而且能初步掌握综合应用前面各章的基础知识设计程序。

习　　题

1. 设计一个批量转换数据坐标的程序。
2. 设计一个支水准路线的计算程序。
3. 设计一个能解算无定向导线的程序。
4. 设计一个程序实现任意带的高斯投影变换和临带、换带计算。
5. 设计一个可以计算多个圆曲线（可选带缓和曲线）中桩的程序。

第6章 测量平差程序设计 *

　　测量平差程序设计是测量程序设计的重要内容。在进行平差计算中用到的有关矩阵运算和线性方程组的解算方法也是在其他测量程序设计中经常用到的。本章首先介绍矩阵运算、线性方程组的数值解法及其编程实现，然后编程实现一个平差解算的通用过程，并在以上基础之上解决两个简单的平差问题，包括大地四边形的条件平差和单导线的间接平差，最后介绍了比较复杂的两个例子，包括水准网间接平差和平面控制网的间接平差。每个程序都给出了算例，并对进一步完善提供了建议。

6.1　矩阵的基本运算

　　本节实现矩阵的一些基本运算，包括矩阵转置、矩阵相加、矩阵相减和矩阵相乘。在6.1.1 小节中先介绍一下有关的计算原理，然后在 6.2 小节中设计一个矩阵运算程序。

6.1.1　矩阵的基本运算

　　设有矩阵 $\boldsymbol{A} = (a_{ij})_{m \times n}$，其形式为

$$\boldsymbol{A}_{m \times n} = \begin{pmatrix} a_{11} & a_{12} & \cdots & a_{1n} \\ a_{21} & a_{22} & \cdots & a_{2n} \\ \vdots & \vdots & \ddots & \vdots \\ a_{m1} & a_{m2} & \cdots & a_{mn} \end{pmatrix}$$

则矩阵的几种运算分别定义如下：

1. 矩阵转置

　　把矩阵 $\boldsymbol{A} = (a_{ij})_{m \times n}$ 的行换成同序数的列而得到的新矩阵，叫做矩阵 $\boldsymbol{A}$ 的转置矩阵，记做 $\boldsymbol{A}^{\mathrm{T}}$，即

$$\boldsymbol{A}^{\mathrm{T}}_{n \times m} = \begin{pmatrix} a_{11} & a_{21} & \cdots & a_{m1} \\ a_{12} & a_{22} & \cdots & a_{m2} \\ \vdots & \vdots & \ddots & \vdots \\ a_{1n} & a_{2n} & \cdots & a_{mn} \end{pmatrix}$$

　　例如，矩阵

$$\boldsymbol{C} = \begin{pmatrix} 1 & 2 & 0 \\ 3 & -1 & 1 \end{pmatrix}$$

的转置矩阵为

$$\boldsymbol{C}^{\mathrm{T}} = \begin{pmatrix} 1 & 3 \\ 2 & -1 \\ 0 & 1 \end{pmatrix}$$

2. 矩阵相加和相减

当两个矩阵是同型矩阵（行数和列数分别相同）时，可以进行加法运算。矩阵 $\boldsymbol{A}=(a_{ij})_{m\times n}$ 与 $\boldsymbol{B}=(b_{ij})_{m\times n}$ 记做 $\boldsymbol{A}+\boldsymbol{B}$，规定为

$$\boldsymbol{A}+\boldsymbol{B}=\begin{pmatrix} a_{11}+b_{11} & a_{12}+b_{12} & \cdots & a_{1n}+b_{1n} \\ a_{21}+b_{21} & a_{22}+b_{22} & \cdots & a_{2n}+b_{2n} \\ \vdots & \vdots & \ddots & \vdots \\ a_{m1}+b_{m1} & a_{m2}+b_{m2} & \cdots & a_{mn}+b_{mn} \end{pmatrix}$$

为了进行矩阵的减法运算，即

$$-\underset{m\times n}{\boldsymbol{A}}=\begin{pmatrix} -a_{11} & -a_{12} & \cdots & -a_{1n} \\ -a_{21} & -a_{22} & \cdots & -a_{2n} \\ \vdots & \vdots & \ddots & \vdots \\ -a_{m1} & -a_{m2} & \cdots & -a_{mn} \end{pmatrix}$$

称 $-\boldsymbol{A}$ 为矩阵 $\boldsymbol{A}$ 的负矩阵，则有

$$\boldsymbol{A}+(-\boldsymbol{A})=O$$

于是，规定矩阵的减法为

$$\boldsymbol{A}-\boldsymbol{B}=\boldsymbol{A}+(-\boldsymbol{B})$$

即有

$$\boldsymbol{A}-\boldsymbol{B}=\begin{pmatrix} a_{11}-b_{11} & a_{12}-b_{12} & \cdots & a_{1n}-b_{1n} \\ a_{21}-b_{21} & a_{22}-b_{22} & \cdots & a_{2n}-b_{2n} \\ \vdots & \vdots & \ddots & \vdots \\ a_{m1}-b_{m1} & a_{m2}-b_{m2} & \cdots & a_{mn}-b_{mn} \end{pmatrix}$$

3. 矩阵相乘

矩阵的乘法包括数与矩阵相乘和矩阵相乘两类。

数 λ 与矩阵 $\boldsymbol{A}=(a_{ij})_{m\times n}$ 的乘积记做 $\lambda\boldsymbol{A}$ 或 $\boldsymbol{A}\lambda$，规定为

$$\lambda\boldsymbol{A}=\boldsymbol{A}\lambda=\begin{pmatrix} \lambda a_{11} & \lambda a_{12} & \cdots & \lambda a_{1n} \\ \lambda a_{21} & \lambda a_{22} & \cdots & \lambda a_{2n} \\ \vdots & \vdots & \ddots & \vdots \\ \lambda a_{m1} & \lambda a_{m2} & \cdots & \lambda a_{mn} \end{pmatrix}$$

矩阵相乘时，对参与相乘的两个矩阵的大小有具体的要求，而相乘得到的矩阵的大小则由参与相乘的两个矩阵的大小来确定。设矩阵 $\boldsymbol{A}=(a_{ij})_{m\times s}$ 是一个 $m\times s$ 矩阵，矩阵 $\boldsymbol{B}=(b_{ij})_{s\times n}$ 是一个 $s\times n$ 矩阵，那么矩阵 $\boldsymbol{A}$ 与矩阵 $\boldsymbol{B}$ 的乘积 $\boldsymbol{C}=(c_{ij})_{m\times n}$ 是一个 $m\times n$ 矩阵，其中

$$c_{ij}=a_{i1}b_{1j}+a_{i2}b_{2j}+\cdots+a_{is}b_{sj}=\sum_{k=1}^{s}a_{ik}b_{kj}\ (i=1,2,\cdots,m;j=1,2,\cdots,n)$$

按此定义，一个 $1\times s$ 的行矩阵与一个 $s\times 1$ 的列矩阵的乘积是一个 1 阶方阵，也就是一个数，而若反过来，则结果是一个 $s\times s$ 的方阵。

由于在编程时，矩阵通常用数组来表示，而数则用变量表示，因此在实现矩阵相乘时，要区分矩阵数乘和矩阵相乘这两种情况。具体见下面的程序设计说明。

6.1.2 矩阵运算程序的实现

本节用二维数组表示矩阵，并综合利用二维数组的基本操作实现矩阵转置、相加、相减、相乘等运算。最后给出矩阵转置、相加、相乘等运算的通用过程，供其他程序使用。

1. 程序分析

由于参与运算的矩阵大小未知，因此将数组定义成动态数组，在程序运行时由用户指定其大小。矩阵元素的个数往往很多，使用前面的 InputBox 加循环的方式来输入，既不方便也不直观。本程序使用动态加载控件数组的方法来输入矩阵，并练习多窗体的使用以及窗体间的参数传递。另外，矩阵的输入也可以采用文件的方式，限于篇幅，这里不再详述，具体实现方法留给读者思考。

本程序的矩阵大小的输入、矩阵运算的选择和结果的显示都在同一窗体中进行，而矩阵元素的输入则单独使用一个输入窗体，为了方便主窗体与输入窗体间的参数传递，程序中添加了一个标准模块，用来存放公用的变量、过程及函数。

2. 界面分析与设计

主窗体上需要实现三方面的功能，即矩阵输入、矩阵运算和结果显示，为了界面简洁美观，使用 3 个框架来分隔。窗体和框架的属性设置见表 6-1。

表 6-1　　　　　　　矩阵运算程序窗体及部分控件属性设置

对象	属性	值	对象	属性	值
Form1	Caption	矩阵的计算	Frame2	Caption	矩阵运算
Form1	Name	FrmMain	Frame3	Caption	运算结果
Frame1	Caption	输入矩阵	—	—	—

在"输入矩阵"框架内添加 4 个文本框和 6 个标签，用于输入矩阵的大小，另外添加 2 个命令按钮，分别执行两个矩阵的输入命令。各控件的属性设置见表 6-2。

表 6-2　　　　　　　"输入矩阵"框架上的控件属性设置

对象	属性	值	对象	属性	值
Label2	Caption	行数：	Label1	Caption	第一个矩阵的大小：
Label3	Caption	列数：	Label4	Caption	第二个矩阵的大小：
Label5	Caption	行数：	Label6	Caption	列数：
Text1	Text	2	Text1	Name	txtR1
Text2	Text	3	Text2	Name	txtC1
Text3	Text	3	Text3	Name	txtR2
Text4	Text	2	Text4	Name	txtC2
Command1	Caption	输入	Command1	Name	cmdInput1
Command2	Caption	输入	Command2	Name	cmdInput2

在"矩阵运算"框架内添加 4 个命令按钮，分别执行矩阵转置、相加、相减、相乘运算。各按钮的属性设置见表 6-3。

表 6-3   **Frame2 上的控件属性设置**

对象	属性	值	对象	属性	值
Command3	Caption	矩阵相加	Command5	Caption	矩阵转置
Command3	Name	cmdPlus	Command5	Name	cmdTrans
Command4	Caption	矩阵相减	Command6	Caption	矩阵相乘
Command4	Name	cmdMinus	Command6	Name	cmdMulti

在"运算结果"框架内添加 1 个文本框用来输出矩阵运算的结果，并添加 2 个命令按钮分别执行清空文本框和结束程序的操作。各控件的属性设置见表 6-4。

表 6-4   **Frame3 上的控件属性设置**

对象	属性	值	对象	属性	值
Text5	Text		Command7	Caption	清空
Text5	Name	txtResult	Command7	Name	cmdClear
Text5	MultiLine	True	Command8	Caption	退出
Text5	ScrollBars	3-Both	Command8	Name	cmdExit

设置完属性并调整好各控件的大小和位置后的界面如图 6-1 所示。

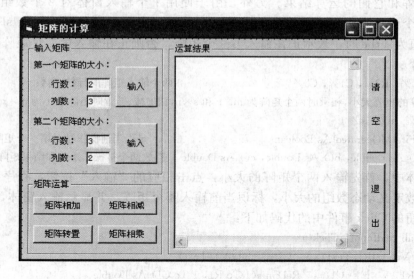

图 6-1 矩阵运算主窗体设计界面

设置完主窗体后，在工程中添加 1 个窗体作为输入窗体，在该窗体上添加 1 个标签和 1 个文本框作为控件数组的初始元素。窗体和各控件属性设置见表 6-5。

表 6-5   **输入窗体及其上控件的属性设置**

对象	属性	值	对象	属性	值
Form1	Caption	输入矩阵	Form1	Name	FrmInput
Text1	Text		Label1	Caption	确定
Text1	Index	0	Label1	Index	0

设计时的输入窗体的界面如图 6-2 所示。

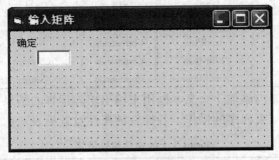

图 6-2　矩阵运算输入窗体设计界面

3. 代码编写

为了主窗体和输入窗体之间参数传递的方便，在工程中添加一个标准模块，默认名为 Module1。在 Module1 的通用声明段中加入公共变量的声明，包括 2 个矩阵的行数 $R1$、$R2$ 和列数 $C1$、$C2$，当前操作的矩阵大小 m、n、s（相乘时第一个矩阵大小为 $m×s$，第二个矩阵大小为 $s×n$，加减、转置时矩阵大小为 $m×n$），3 个动态数组用于存储 2 个被操作矩阵和它们的运算结果。另外，由于使用 1 个输入窗体对 2 个数组进行输入，因此需要 1 个变量来标识当前输入的是哪一个数组。定义一个布尔型变量 IsFirstMOperated，当其值为 True 时，表示正在输入第一个矩阵，否则正在输入第二个矩阵。上述变量声明代码如下：

```
Public R1%, R2%, C1%, C2%,                    '两个输入矩阵的行数、列数
'进行运算的矩阵大小,相乘时两个矩阵为 m×s 和 s×n,相加减、转置时矩阵大小为 m×n
Public m%, n%, s%
Public IsFirstMOperated As Boolean                    '是否当前操作是对第一个矩阵进行
Public a() As Double, b() As Double, c() As Double    '存放两个被操作矩阵和结果矩阵
```

在主窗体中，首先输入两个矩阵的大小，点击相应的"输入"按钮，程序读入矩阵阶数，根据阶数定义动态数组的大小，标识当前输入哪个矩阵，并显示输入窗体，开始输入。两个输入按钮的 Click 事件中的代码如下：

```
Private Sub cmdInput1_Click()
    R1=Val(txtR1. Text)  :  C1=Val(txtC1. Text)
    m=R1  :  n = C1  :  ReDim a(1 To R1, 1 To C1) As Double
    IsFirstMOperated = True  :  frmInput. Show
End Sub
Private Sub cmdInput2_Click()
    R2=Val(txtR2. Text)  :  C2=Val(txtC2. Text)
    m=R2  :  n=C2  :  ReDim b(1 To R2, 1 To C2) As Double
    IsFirstMOperated = False  :  frmInput. Show
End Sub
```

输入窗体显示之前，要根据矩阵的大小显示相应的界面。例如，若矩阵大小为 $3×$ 2，则应显示 3 行 2 列的文本框用来输入该矩阵的 6 个元素。还应利用已有的标签来显示行号和列号，这些界面初始化的过程都应在输入窗体的 Form _ Load 事件中实现，代

码如下：

```
Private Sub Form_Load()
    Dim i%, j%, k%
    For i=1 To m
        For j=1 To n                        '加载文本框并调整位置
            k=(i-1) * n + j  :  Load txt(k)   txt(k).Visible = True
            txt(k).Left = txt(0).Left + (j-1) * (txt(0).Width + 100)
            txt(k).Top = txt(0).Top + (i-1) * (txt(0).Height + 80)
        Next j
    Next i
    For i = 1 To n                           '加载显示列信息的标签
        Load Label1(i)  :  Label1(i).Caption = Str(i)  :  Label1(i).Visible=True
        Label1(i).Left=txt(i).Left + txt(i).Width - Label1(i).Width
        Label1(i).Top = Label1(0).Top
    Next i
    For j = 1 To m                           '加载显示行信息的标签
        Load Label1(j + n)  :  Label1(j + n).Caption=Str(j)  :  Label1(j + n).Visible = True
        Label1(j + n).Left=Label1(0).Left
Label1(j+n).Top = txt((j-1) * n + 1).Top + txt((j-1) * n + 1).Height - Label1(0).Height
    Next j
    frmInput.Width = (txt(0).Width + 100) * n + 600    '调整窗体大小
    frmInput.Height = (txt(0).Height + 80) * m + 880
End Sub
```

上述代码首先根据矩阵的大小显示相应的文本框，同时调整各文本框的位置，然后根据矩阵大小显示相应的行号和列号，最后根据已有各控件的位置调整窗体的大小，使界面美观。输入 2×3 阶矩阵和 3×2 阶矩阵的界面分别如图 6-3 和图 6-4 所示。

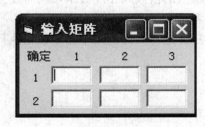

图 6-3　2×3 阶矩阵的输入窗体

图 6-4　3×2 阶矩阵的输入窗体

待所有元素都输入完毕以后，单击"确定"标签，将输入的矩阵各元素读入相应数组中，具体实现代码如下：

```
Private Sub Label1_Click(Index As Integer)
    If Index = 0 Then                        '单击的是"确定"标签
        Call GetMatrix
        Unload Me
    End If
```

```
End Sub
```

Label1 的 Index 为 0 的控件就是 Caption 属性为"确定"的标签，当单击它时，便调用 GetMatrix() 过程将输入的值读入相应的数组中，然后卸载输入窗体，回到主窗体。Get-Matrix 过程是在 Module1 中的通用过程，具体代码如下：

```
Public Sub GetMatrix()
    Dim i%, j%, k%
    If IsFirstMOperated Then          '若当前操作的是第一个矩阵
            frmMain. txtResult. Text = frmMain. txtResult. Text & "第一个矩阵的内容为:" & vbCrLf
            For i = 1 To R1
                For j = 1 To C1
                    a(i, j) = Val(frmInput. txt((i - 1) * C1 + j))
                    frmMain. txtResult. Text = frmMain. txtResult. Text & Str(a(i, j)) & ","
                Next j
                frmMain. txtResult. Text = frmMain. txtResult. Text & vbCrLf
            Next i
    Else                              '否则,当前操作的是第二个矩阵
        frmMain. txtResult. Text = frmMain. txtResult. Text & "  第二个矩阵的内容为:" & vbCrLf
        For i = 1 To R2
            For j = 1 To C2
                b(i, j) = Val(frmInput. txt((i - 1) * C2 + j))
                frmMain. txtResult. Text = frmMain. txtResult. Text & Str(b(i, j)) & ","
            Next j
            frmMain. txtResult. Text = frmMain. txtResult. Text & vbCrLf
        Next i
    End If
End Sub
```

这个过程先判断当前输入的是哪个矩阵，然后将输入的值读入相应数组，同时在主窗体的显示结果文本框中显示输入的情况，以便程序使用者检查。

输入完毕后，回到程序主界面，用户可以单击"矩阵运算"区的某个命令按钮执行相应的操作，各个命令按钮的 Click 事件中的代码如下：

```
'矩阵相加按钮
Private Sub cmdPlus_Click()
    Call MatrixPlus
End Sub
```

其中，MatrixPlus 过程是 Module1 中的通用过程，用来实现矩阵相加并显示运算结果，代码如下：

```
Public Sub MatrixPlus()
    Dim i%, j%
    ReDim c(1 To m, 1 To n) As Double
    frmMain. txtResult. Text = frmMain. txtResult. Text & "    两个矩阵相加的结果为:" & vbCrLf
    For i=1 To m
        For j=1 To n
```

```
            c(i, j)＝a(i, j)＋b(i, j)
                frmMain. txtResult. Text = frmMain. txtResult. Text & Str(c(i, j)) & " , "
        Next j
        frmMain. txtResult. Text = frmMain. txtResult. Text & vbCrLf
    Next i
End Sub
```

上述过程先根据输入矩阵大小声明存放结果矩阵的数组大小，然后进行相加的运算，并把运算结果显示在主窗体的显示文本框中。

```
'矩阵相减按钮
Private Sub cmdMinus_Click()
    Call MatrixMinus
End Sub
```

其中，MatrixMinus 过程是 Module1 中的通用过程，用来实现矩阵相减并显示运算结果，代码如下：

```
Public Sub MatrixMinus()
    Dim i%, j%
    ReDim c(1 To m, 1 To n) As Double
    frmMain. txtResult. Text = frmMain. txtResult. Text & "      两个矩阵相减的结果为:" & vbCrLf
    For i＝1 To m
        For j＝1 To n
            c(i, j)＝a(i, j) - b(i, j)
            frmMain. txtResult. Text = frmMain. txtResult. Text & Str(c(i, j)) & " , "
        Next j
        frmMain. txtResult. Text = frmMain. txtResult. Text & vbCrLf
    Next i
End Sub
```

上述过程先根据输入矩阵大小声明存放结果矩阵的数组大小，然后进行相减的运算，并把运算结果显示在主窗体的显示文本框中。

```
'矩阵转置按钮
Private Sub cmdTrans_Click()
    Call MatrixTrans
End Sub
```

其中，MatrixTrans 过程是 Module1 中的通用过程，用来实现矩阵转置并显示运算结果，代码如下：

```
Public Sub MatrixTrans()
    Dim i%, j%
    ReDim c(1 To C1, 1 To R1)
    For i＝1 To R1
        For j＝1 To C1
            c(j, i) = a(i, j)
        Next j
    Next i
```

```
        frmMain. txtResult. Text = frmMain. txtResult. Text & "   第一个矩阵转置的结果为:" & vbCrLf
For i=1 To C1
    For j=1 To R1
            frmMain. txtResult. Text = frmMain. txtResult. Text & Str(c(i, j)) & " , "
        Next j
        frmMain. txtResult. Text = frmMain. txtResult. Text & vbCrLf
    Next i
End Sub
```

上述过程先根据原矩阵大小重新定义转置后矩阵的大小，然后进行矩阵转置的运算、显示转置结果。

```
'矩阵相乘按钮
Private Sub cmdMulti_Click()
    Call MatrixMulti
End Sub
```

其中，MatrixMulti 过程是 Module1 中的通用过程，用来实现矩阵相乘并显示运算结果，代码如下：

```
Public Sub MatrixMulti()
    Dim i%, j%, k%
    m=R1  :  s = C1  :  n = C2
    ReDim c(1 To m, 1 To n) As Double
    frmMain. txtResult. Text = frmMain. txtResult. Text & "    两个矩阵相乘的结果为:" & vbCrLf
    For i=1 To m
        For j=1 To n
            For k=1 To s
                c(i, j) = c(i, j) + a(i, k) * b(k, j)
            Next k
            frmMain. txtResult. Text = frmMain. txtResult. Text & Str(c(i, j)) & " , "
        Next j
        frmMain. txtResult. Text = frmMain. txtResult. Text & vbCrLf
    Next i
End Sub
```

主窗体中的"清空"按钮用来清除结果显示文本框中的内容，"退出"按钮用来结束程序运行，代码比较简单，请读者自己完成。

4. 执行调试

程序执行的界面如图 6-5 所示。

6.1.3 矩阵基本运算的通用过程

以上实现了一个矩阵基本运算程序。本小节将矩阵转置、矩阵相加和矩阵相乘等修改成通用过程供其他程序使用，这些修改包括：用参数传递获得输入矩阵和输出计算结果；增加自动计算矩阵大小的功能；去掉计算结果的显示。这些修改都是为了使这些通用过程能够更容易地添加到其他程序中，即增加其通用性。读者可以通过反复比较下面的代码与它们在上一小节的程序中的相应代码，来发现区别，体会如何增加程序的通用性。

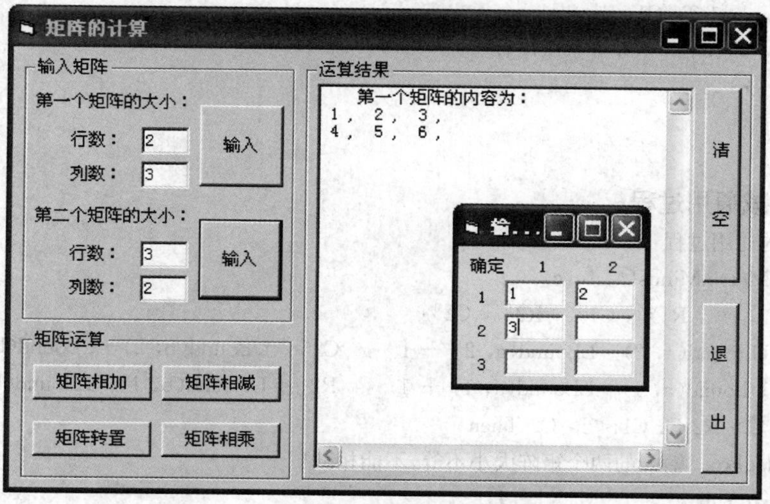

图 6-5　矩阵运算的执行窗体

这里需要说明的是，本书中用二维数组模拟二维矩阵时，数组的第一维用于表示矩阵的行的编号，数组的第二维用于表示矩阵的列的编号，明确这一点对于涉及矩阵运算的程序设计非常重要。

1. 矩阵转置通用过程

```
'矩阵转置的通用过程
Public Sub MatrixTrans(a, c)
    Dim i%, j%, R1%, C1%
    C1＝UBound(a, 2)－LBound(a, 2) ＋ 1：R1＝UBound(a, 1)－LBound(a, 1) ＋ 1
    ReDim c(1 To C1, 1 To R1)
    For i＝1 To R1
        For j＝1 To C1
            c(j, i)＝a(i, j)
        Next j
    Next i
End Sub
```

2. 矩阵相加通用过程

```
'矩阵相加的通用过程
Public Sub MatrixPlus(a, b, c)
    Dim i%, j%, R1%, C1%, R2%, C2%
    C1＝UBound(a, 2)－LBound(a, 2) ＋ 1  ： C2＝UBound(b, 2)－LBound(b, 2) ＋ 1
    R1＝UBound(a, 1)－LBound(a, 1) ＋ 1  ： R2＝UBound(b, 1)－LBound(b, 1) ＋ 1
    If R1 <> R2 Or C1 <> C2 Then
        MsgBox "输入的两个矩阵大小不等,不能相加!"
        Exit Sub
    End If
    ReDim c(1 To R1, 1 To C1) As Double
    For i＝1 To R1
```

```
        For j＝1 To C1
            c(i, j)＝a(i, j)＋b(i, j)
        Next j
    Next i
End Sub
```

3. 矩阵相减通用过程

```
'矩阵相减的通用过程
Public Sub MatrixMinus(a, b, c)
    Dim i%, j%, R1%, C1%, R2%, C2%
    C1 = UBound(a, 2)－LBound(a, 2) + 1  ：  C2 = UBound(b, 2)－LBound(b, 2) + 1
    R1 = UBound(a, 1)－LBound(a, 1) + 1  ：  R2 = UBound(b, 1)－LBound(b, 1) + 1
    If R1 <> R2 Or C1 <> C2 Then
        MsgBox "输入的两个矩阵大小不等,不能相减!"
        Exit Sub
    End If
    ReDim c(1 To R1, 1 To C1) As Double
    For i = 1 To R1
        For j = 1 To C1
            c(i, j) = a(i, j)－b(i, j)
        Next j
    Next i
End Sub
```

4. 矩阵相乘通用过程

矩阵相乘的情况很多，除了数与矩阵相乘、矩阵与矩阵相乘外，还有向量与矩阵相乘、矩阵与向量相乘、向量相乘、向量与数相乘等。限于篇幅，这里只给出在平差计算中最常用到的矩阵与矩阵相乘、矩阵与向量相乘两种情况的处理过程。读者可以根据需要来扩充这个子过程的功能。

```
'矩阵相乘:输入矩阵或数 Qa、Qb,自动识别它们的维数,并输出它们的乘积 Qn
Public Sub MatrixMulty(Qn, Qa, Qb)
    Dim ai%, bi%, ci%, e1 As Boolean, e2 As Boolean
    On Error Resume Next                '看 Qa 是不是一维数组
        ai = UBound(Qa, 2) - LBound(Qa, 2)
    If Err Then e1 = True
        On Error Resume Next            '看 Qb 是不是一维数组
        bi = UBound(Qb, 2) - LBound(Qb, 2)
    If Err Then e2 = True
        If e1 = False And e2 = False Then           '二维矩阵相乘
            For ai = LBound(Qa, 1) To UBound(Qa, 1)
                For bi = LBound(Qb, 2) To UBound(Qb, 2)
                    For ci = LBound(Qa, 2) To UBound(Qa, 2)
                        Qn(ai, bi) = Qn(ai, bi) + Qa(ai, ci) * Qb(ci, bi)
                Next ci
```

```
              Next bi
          Next ai
      ElseIf e1 = False And e2 = True                    '二维矩阵乘以一维矩阵
          For ai = LBound(Qa, 1) To UBound(Qa, 1)
              For bi = LBound(Qa, 2) To UBound(Qa, 2)
                  Qn(ai) = Qn(ai) + Qa(ai, bi) * Qb(bi)
              Next bi
          Next ai
      End If
  End Sub
```

6.2　线性方程组求解

　　求解线性方程组是测量程序设计中经常遇到的问题，本节介绍几种常用的求解方法，包括直接法中的列选主元 Guass 约化法和迭代法中的 Guass-Seidel 迭代法，并编写成通用过程供其他程序调用。

6.2.1　线性方程组的直接求解方法

　　直接法求解线性方程组的方法很多，最常用的是在 Guass 约法基础上的列选主元 Guass 约化法。下面我们先介绍 Guass 约化法，再介绍列选主元 Guass 约化法。

1. Guass 约化法

对于一个一般的线性方程组

$$AX+b=0 \tag{6-1}$$

其中

$$A=\begin{bmatrix} a_{11} & a_{12} & \cdots & a_{1n} \\ a_{21} & a_{22} & \cdots & a_{2n} \\ \vdots & \vdots & \ddots & \vdots \\ a_{n1} & a_{n2} & \cdots & a_{nn} \end{bmatrix}, \quad X=\begin{bmatrix} x_1 \\ x_2 \\ \vdots \\ x_n \end{bmatrix}, \quad b=\begin{bmatrix} b_1 \\ b_2 \\ \vdots \\ b_n \end{bmatrix}$$

使用 Guass 约化法求解，就是将上述方程组通过 $n-1$ 步约化，转化为上三角方程组

$$\begin{bmatrix} a_{11}^{(1)} & a_{12}^{(1)} & \cdots & a_{1n}^{(1)} \\ & a_{22}^{(2)} & \cdots & a_{2n}^{(2)} \\ & & \ddots & \vdots \\ & & & a_{nn}^{(n)} \end{bmatrix}\begin{bmatrix} x_1 \\ x_2 \\ \vdots \\ x_n \end{bmatrix}=\begin{bmatrix} b_1^{(1)} \\ b_2^{(2)} \\ \vdots \\ b_n^{(n)} \end{bmatrix} \tag{6-2}$$

再回代，求此方程组的解。

记增广矩阵 $[A^{(1)} \mid b^{(1)}]=[A \mid b]$，即

$$[A^{(1)} \mid b^{(1)}]=\begin{bmatrix} a_{11}^{(1)} & a_{12}^{(1)} & \cdots & a_{1n}^{(1)} & b_1^{(1)} \\ a_{21}^{(1)} & a_{22}^{(1)} & \cdots & a_{2n}^{(1)} & b_2^{(1)} \\ \vdots & \vdots & \ddots & \vdots & \vdots \\ a_{n1}^{(1)} & a_{n2}^{(1)} & \cdots & a_{nn}^{(1)} & b_n^{(1)} \end{bmatrix}$$

则方程组的 Guass 约化的具体步骤是：

第一步，设 $a_{11}^{(1)} \neq 0$，计算 $l_{i1}=\dfrac{a_{i1}^{(1)}}{a_{11}^{(1)}}$，$i=2, 3, \cdots, n$，若用 $-l_{i1}$ 乘 $[A^{(1)} \mid b^{(1)}]$ 第 1 行

再加到第 i 行，可以消去 $a_{i1}^{(1)}$，$i=2, 3, \cdots, n$；

用同样的方法进行 $k-1$ 步后，已将〔$A^{(1)} \mid b^{(1)}$〕转化为如下形式

$$\left[A^{(k)} \mid b^{(k)}\right] = \begin{pmatrix} a_{11}^{(1)} & a_{12}^{(1)} & \cdots & & a_{1n}^{(1)} & b_1^{(1)} \\ & a_{22}^{(2)} & \cdots & & a_{2n}^{(2)} & b_2^{(2)} \\ & & \ddots & & \vdots & \vdots \\ & & & a_{kk}^{(k)} & \cdots & a_{kn}^{(k)} & b_k^{(k)} \\ & & & \vdots & \ddots & \vdots & \vdots \\ & & & a_{nk}^{(k)} & \cdots & a_{nn}^{(k)} & b_n^{(k)} \end{pmatrix}$$

第 k 步，若 $a_{kk}^{(k)} \neq 0$，计算

$$l_{ik} = \frac{a_{ik}^{(k)}}{a_{kk}^{(k)}} (i=k+1, k+2, \cdots, n) \tag{6-3}$$

用 $-l_{ik}$ 乘（$A^{(k)} \mid b^{(k)}$）第一行再加到第 k 行，可以消去 $a_{ik}^{(1)}$，$i=k+1, k+2, \cdots, n$，具体公式是

$$\begin{cases} a_{ij}^{(k+1)} = a_{ij}^{(k)} - l_{ik} a_{kj}^{(k)}, i,j=k+1,\cdots,n \\ b_i^{(k+1)} = b_i^{(k)} - l_{ik} b_k^{(k)}, i=k+1,\cdots,n \end{cases} \tag{6-4}$$

当 $k=1, 2, \cdots, n-1$，则可以得到（$A^{(n)} \mid b^{(n)}$），即式（6-2）。这样经过 $n-1$ 步，就可以将式（6-1）的方程组约化为上三角方程组。

将其直接回代得

$$x_n = \frac{b_n^{(n)}}{a_{nn}^{(n)}}, \quad x_k = \left(b_k^{(k)} - \sum_{j=k+1}^{n} a_{kj}^{(k)} x_j\right) / a_{kk}^{(k)} (k=n-1, n-2, \cdots, 1) \tag{6-5}$$

即可求出线性方程组的解。

2. 列选主元 Guass 消去法

在上述 Guass 消去中，只要 $a_{kk}^{(k)} \neq 0$（$k=1, 2, \cdots, n-1$）即可进行计算，但如果 $|a_{kk}^{(k)}|$ 很小，则将导致舍入误差增长，使解的误差很大。解决的办法是在每步约化之前，先在该列中找最大的元素，将其所在行与当前元素所在行交换，再进行约化。即当第 k 步选第 k 列的主元时，若 $\max|a_{ik}| = a_{mk}$，即第 k 列中第 m 行的元素绝对值最大，则先将第 k 行与第 m 行交换，再进行约化。

除列选主元法以外，还有一种方法，是在系数矩阵 A 的所有元素中选主元，称为全选主元消去法。但因全选主元的计算量较大，而使用列选主元已经能满足实际要求，因此实际中常用后者。

3. 列选主元 Guass 约化法求解线性方程组的通用过程

输入的系数矩阵和常数项矩阵通过数组 a、b 传入，计算的结果通过数组 x 传出。本过程可以自动计算数组的维数和大小，但要求数组元素的下标从 1 开始，而不是从 0 开始。

```
Public Sub MajorInColGuass(a, b, x)
    Dim Row%, Col%, n%                    '矩阵大小
    Dim iStep%, iRow%, iCol%              '循环变量
    Dim L#(), sumAX#, iPos%, temp#        '各行的约化系数及有关中间变量
    Row=UBound(a, 1)-LBound(a, 1)+1 ：Col=UBound(a, 2)-LBound(a, 2)+1
```

```
n＝UBound(b)－LBound(b)＋1
ReDim L(2 To Row) As Double
For iStep＝1 To n－1                    '约化过程
    iPos＝1                            '列选主元
    For iRow＝iStep+1 To n
        If Abs(a(iRow, iStep)) ＞ Abs(a(iStep, iStep)) Then iPos＝iRow
    Next iRow
    If iPos＞iStep Then                 '需要换主元
        For iCol ＝ iStep To n
            temp ＝ a(iStep, iCol)：a(iStep, iCol) ＝ a(iPos, iCol)：a(iPos，iCol) ＝ temp
        Next iCol
        temp＝b(iStep)：b(iStep) ＝ b(iPos)：b(iPos) ＝ temp
    End If
    For iRow＝iStep+1 To n              '开始约化
        L(iRow) ＝ a(iRow, iStep)/a(iStep, iStep)
        For iCol ＝ iStep To n
            a(iRow, iCol) ＝ a(iRow, iCol)-L(iRow) ＊ a(iStep, iCol)
        Next iCol
        b(iRow) ＝ b(iRow) - L(iRow) ＊ b(iStep)
    Next iRow
Next iStep
x(n) ＝ b(n)/a(n, n)                    '回代过程
For iRow＝n-1 To 1 Step -1
    sumAX＝0
    For iCol＝n To iRow+1 Step -1
        sumAX＝sumAX+a(iRow, iCol) ＊ x(iCol)
    Next iCol
    x(iRow)＝(b(iRow)-sumAX)/a(iRow, iRow)
Next iRow
End Sub
```

6.2.2　线性方程组的迭代求解方法

上一小节中介绍了列选主元 Guass 约化法，这类直接计算的方法可以直接求得方程组的解，用于求解规模较小的线性方程组十分方便、快速。但是由于舍入误差的存在，以及方程组系数矩阵本身可能存在的病态，因此对于规模较大的线性方程组，解的误差可能很大。所以，本小节介绍一种间接求解线性方程组的方法，即迭代求解法。

迭代法求解线性方程组的基本思想是，将式（6-1）的线性方程组转化为等价形式

$$X＝BX＋g \tag{6-6}$$

由此可得递推公式

$$X^{(k+1)}＝BX^{(k)}＋g \tag{6-7}$$

适当选取初始向量 $X^{(0)}$，式（6-7）的递推公式，可得向量序列 $\{X^{(k)}\}$，若

$$\lim_{k \to \infty} \boldsymbol{X}(k) = \alpha$$

则 α 是式（6-1）的线性方程组的解。

1. Jacobi 迭代法与 Guass-Seidel 迭代法

将方程组式（6-1）中的系数矩阵 $\boldsymbol{A}$ 分解为

$$\boldsymbol{A} = \boldsymbol{D} - \boldsymbol{L} - \boldsymbol{U} \tag{6-8}$$

其中，$\boldsymbol{D} = \mathrm{diag}(a_{11}, a_{22}, \cdots, a_{nn})$ 为 $\boldsymbol{A}$ 的对角矩阵。

$$\boldsymbol{L} = - \begin{pmatrix} 0 & & & & \\ a_{21} & 0 & & & \\ a_{31} & a_{32} & 0 & & \\ \vdots & \vdots & \ddots & \ddots & \\ a_{n1} & a_{n2} & \cdots & a_{nn-1} & 0 \end{pmatrix}, \quad \boldsymbol{U} = - \begin{pmatrix} 0 & a_{12} & a_{13} & \cdots & a_{1n} \\ & 0 & a_{23} & \cdots & a_{2n} \\ & & 0 & \ddots & \vdots \\ & & & \ddots & a_{n-1,n} \\ & & \cdots & & 0 \end{pmatrix}$$

$-\boldsymbol{L}, -\boldsymbol{U}$ 分别是 $\boldsymbol{A}$ 的严格下三角矩阵与 $\boldsymbol{A}$ 的严格上三角矩阵。

将上述分解带入式（6-7）得

$$\boldsymbol{X}^{(k+1)} = \boldsymbol{B}_J \boldsymbol{X}^{(k)} + \boldsymbol{f}(k = 0, 1, \cdots) \tag{6-9}$$

其中

$$\boldsymbol{B}_J = \boldsymbol{D}^{-1}(\boldsymbol{L} + \boldsymbol{U}), \boldsymbol{f} = \boldsymbol{D}^{-1}\boldsymbol{b}$$

上式称为 Jacobi 迭代公式，计算时可以写成如下纯量形式：

$$x_i^{(k+1)} = \frac{1}{a_{ii}}\left(b_i - \sum_{j=1}^{i-1} a_{ij} x_j^{(k)} - \sum_{j=i+1}^{n} a_{ij} x_j^{(k)}\right)(i = 1, 2, \cdots, n) \tag{6-10}$$

在上式中，计算 $x_i^{(k+1)}$ 时，前面 $i-1$ 个值 $x_1^{(k+1)}, \cdots, x_{i-1}^{(k+1)}$ 均已算出，如果将这些新值代替旧值以加快收敛速度，则变成如下迭代公式

$$x_i^{(k+1)} = \frac{1}{a_{ii}}\left(b_i - \sum_{j=1}^{i-1} a_{ij} x_j^{(k+1)} - \sum_{j=i+1}^{n} a_{ij} x_j^{(k)}\right)(i = 1, 2, \cdots, n) \tag{6-11}$$

称为 Guass-Seidel 迭代法。

2. Guass-Seidel 迭代法解线性方程的通用过程

```
Private Function Seidel(a, b, x, eps#)As Boolean
    Dim i%, j%, p#, q#, s#, t#, Row%, Col%, n%
    Row=UBound(a, 1)-LBound(a,1)+1:Col=UBound(a,2)-LBound(a,2)+1
    n=UBound(b)-LBound(b)+1
    For i=1 To n
        p=0#   :   x(i)=0#
        For j=1 To n
            If i<>j Then p=p+Abs(a(i, j))
        Next j
        If p>=Abs(a(i, i)) Then
            Seidel=False
```

```
        Exit Function
    End If
Next i
p＝eps＋1♯
While p＞＝eps
    p＝0♯
    For i＝1 To n
        t＝x(i)　：　s＝0♯
        For j＝1 To n
          If j＜＞i Then s＝s＋a(i, j) * x(j)
        Next j
        x(i)＝(b(i)－s)/(a(i, i))
        q＝Abs(x(i)－t)′/(1♯＋Abs(x(i))):If q＞p Then p＝q
    Next i
Wend
Seidel＝True
End Function
```

函数的输入包括方程组的系数矩阵和常数项矩阵，以及解的限差；迭代得到的方程组的解通过数组 x 输出。

由于迭代方法有可能不收敛，因此这里将迭代过程写成一个函数，用函数的返回值来说明迭代是否收敛：若返回 True，说明迭代收敛；若返回 False，则说明迭代不收敛。关于迭代法是否收敛的判断，有兴趣的读者可以参考有关的数值计算教材，限于篇幅，这里不再详述。

6.3　测量平差基本原理与编程实现

本节介绍间接平差原理和条件平差原理及其编程实现，读者可以根据需要自行编程实现带参数的条件平差和带约束条件的间接平差。

6.3.1　间接平差原理及其编程实现

在一个平差问题中，当所选的独立参数 $\hat{X}$ 的个数等于必要观测数 t 时，可将每个观测值表达成这 t 个参数的函数，组成观测方程，这种以观测方程为函数模型的平差方法，就是间接平差。

1. 间接平差原理

设有 n 个观测值方程为

$$
\left.
\begin{aligned}
L_1+v_1 &= a_1\hat{X}_1+b_1\hat{X}_2+\cdots+t_1\hat{X}_t+d_1 \\
L_2+v_2 &= a_2\hat{X}_1+b_2\hat{X}_2+\cdots+t_2\hat{X}_t+d_2 \\
&\ \ \vdots \\
L_n+v_n &= a_n\hat{X}_1+b_n\hat{X}_2+\cdots+t_n\hat{X}_t+d_n
\end{aligned}
\right\}
$$

令

$$\hat{X}_j = X_j^0 + \hat{x}_j \quad (j=1,\ 2,\ \cdots,\ t),$$

$$l_i = L_i - (a_i X_1^0 + b_i X_2^0 + \cdots + t_i X_t^0 + d_i) \quad (i=1,\ 2,\ \cdots,\ t)$$

则得误差方程

$$v_i = a_i \hat{x}_1 + b_i \hat{x}_2 + \cdots + t_i \hat{x}_t - l_i \quad (i=1,\ 2,\ \cdots,\ t)$$

令

$$\underset{nt}{A} = \begin{pmatrix} a_1 & b_1 & \cdots & t_1 \\ a_2 & b_2 & \cdots & t_2 \\ \vdots & \ddots & & \vdots \\ a_n & b_n & \cdots & t_n \end{pmatrix}$$

$$\underset{n1}{V} = [v_1 \quad v_2 \quad \cdots \quad v_n]^T$$

$$\underset{t1}{\hat{x}} = [\hat{x}_1 \quad \hat{x}_2 \quad \cdots \quad \hat{x}_t]^T$$

$$\underset{n1}{l} = [l_1 \quad l_2 \quad \cdots \quad l_n]^T$$

$$\underset{n1}{L} = [L_1 \quad L_2 \quad \cdots \quad L_n]^T$$

$$\underset{n1}{d} = [d_1 \quad d_2 \quad \cdots \quad d_n]^T$$

$$\underset{t1}{X^0} = [X_1^0 \quad X_2^0 \quad \cdots \quad X_t^0]^T$$

$$\underset{n1}{L^0} = [L_1^0 \quad L_2^0 \quad \cdots \quad L_n^0]^T$$

可得平差值方程的矩阵形式

$$V = A\hat{x} - l \quad l = L - (AX^0 + d) = L - L^0 \tag{6-12}$$

按照最小二乘原理，上式的 $\hat{x}$ 必须满足 $V^T PV = \min$ 的要求，因为 t 个参数为独立量，故可按数学上求函数自由极值的方法，得

$$\frac{\partial V^T PV}{\partial \hat{x}} = 2V^T P \frac{\partial V}{\partial \hat{x}} = V^T PA$$

转置后得

$$A^T PV = 0 \tag{6-13}$$

以上所得的式（6-12）和式（6-13）称为间接平差的基础方程，其解法一般是先消去 V，得

$$A^T PA\hat{x} - A^T Pl = 0 \tag{6-14}$$

令

$$N_{aa} = A^T PA, \quad W = A^T Pl$$

上式可以简写成

$$N_{aa}\hat{x} - W = 0 \tag{6-15}$$

上式称为间接平差的法方程，解之得

$$\hat{\boldsymbol{x}} = \boldsymbol{N}_{\mathrm{aa}}^{-1} \boldsymbol{W} \tag{6-16}$$

或

$$\hat{\boldsymbol{x}} = (\boldsymbol{A}^{\mathrm{T}} \boldsymbol{P} \boldsymbol{A})^{-1} \boldsymbol{A}^{\mathrm{T}} \boldsymbol{P} \boldsymbol{l} \tag{6-17}$$

将求出的 $\hat{\boldsymbol{x}}$ 代入误差方程式（6-12），即可求出改正数 $\boldsymbol{V}$，从而平差结果为

$$\hat{\boldsymbol{L}} = \boldsymbol{L} + \boldsymbol{V}, \quad \hat{\boldsymbol{X}} = \boldsymbol{X}^0 + \hat{\boldsymbol{x}} \tag{6-18}$$

2. 间接平差的计算步骤

（1）根据平差问题的性质，选择 t 个独立量作为参数。

（2）将每一个观测量的平差值分别表达成所选参数的函数，若函数为非线性，则要将其线性化，列出误差方程式（6-12）。

（3）由误差方程系数 $\boldsymbol{A}$ 和自由项 $\boldsymbol{l}$ 组成法方程式（6-14）。

（4）解算法方程，求出参数 $\hat{\boldsymbol{x}}$，计算参数的平差值 $\hat{\boldsymbol{X}} = \boldsymbol{X}^0 + \hat{\boldsymbol{x}}$。

（5）由误差方程计算 $\boldsymbol{V}$，求出观测量平差值 $\hat{\boldsymbol{L}} = \boldsymbol{L} + \boldsymbol{V}$。

3. 间接平差通用过程的编程实现

在间接平差计算中，选择参数和列立观测值方程需要根据具体问题，因此，作为通用过程，应从得到系数矩阵 $\boldsymbol{A}$、观测值的权矩阵 $\boldsymbol{P}$ 和常数向量 $\boldsymbol{L}$ 开始。

为了便于在其他程序中使用，本小节将有关间接平差的函数、过程等放在一个标准模块中（该模块在本节中命名为 mdlAdjust.bas），只要将这个标准模块加载到相应程序中，就可以方便地使用有关间接平差的函数和过程了。读者也可以将其他有关的过程、函数或其他平差方法的实现过程加到这个标准模块中，不断丰富和完善它的功能。

将间接平差通用过程定义成标准模块中的公共过程，在程序的任何部分都可以调用它。这个过程将系数矩阵数组 $\boldsymbol{A}$、权矩阵数组 $\boldsymbol{P}$ 和常数向量数组 $\boldsymbol{L}$ 以参数的方式传入，通过计算，把平差结果存放在解向量数组 $\boldsymbol{X}$ 中，以参数的形式传出。此过程不通过参数传入关于数组大小的信息，而是在开头部分计算传入数组的大小。具体实现代码如下：

```
'通用的间接平差解算过程:输入系数矩阵 A、权矩阵 P、常数向量 L 和解向量 X
Public Sub InAdjust(A, P, L, X)
    Dim a1%, a2%, p1%, p2%, L1%, x1%        '输入矩阵或向量的大小
    Dim At#(), AtP#(), Naa#(), W#()    '几个中间矩阵
    '计算并检查输入矩阵或向量的大小
    a1=UBound(A, 1)-LBound(A, 1) + 1   :   a2 = UBound(A, 2)-LBound(A, 2)+1
    L1=UBound(L)-LBound(L) + 1    :   x1 = UBound(X)-LBound(X) + 1
    p1=UBound(P, 1)-LBound(P, 1) + 1   :   p2 =UBound(P, 2)-LBound(P, 2) + 1
    '定义中间矩阵的大小
    ReDim At(1 To a2, 1 To a1), AtP(1 To a2, 1 To a1), Naa(1 To a2, 1 To a2), W(1 To a2)
    '组成法方程并计算
    MatrixTrans A, At
    MatrixMulty AtP, At, P
    MatrixMulty Naa, AtP, A               '法方程系数矩阵
    MatrixMulty W, AtP, L                 '法方程常数向量
```

MajorInColGuass Naa，W，X

End Sub

上述过程中用到的矩阵运算的过程，如计算矩阵转置的子过程 MatrixTrans()、计算矩阵相乘的子过程 MatrixMulty() 见本章第 6.1 节，列选主元 Guass 约化法求解线性方程组的子过程 MajorInColGuass() 见本章第 6.2 节。

6.3.2 条件平差原理及其编程实现

在测量工作中，为了能及时发现错误和提高测量成果的精度，常作多余观测，这就产生了平差问题。如果一个几何模型中有 r 个多余观测，就产生 r 个条件方程，以条件方程为函数模型的平差方法，就是条件平差。

1. 条件平差原理

设有 r 个平差值线性条件方程：

$$\left.\begin{array}{c} a_1\hat{L}_1+a_2\hat{L}_2+\cdots+a_n\hat{L}_n+a_0=0 \\ b_1\hat{L}_1+b_2\hat{L}_2+\cdots+b_n\hat{L}_n+b_0=0 \\ \vdots \\ r_1\hat{L}_1+r_2\hat{L}_2+\cdots+r_n\hat{L}_n+r_0=0 \end{array}\right\} \tag{6-19}$$

式中，a_i，b_i，$\cdots$，$r_i(i=1，2，\cdots，n)$为条件方程系数，a_0，b_0，$\cdots$，r_0为条件方程常数项，系数和常数项随不同的平差问题取不同的值，它们与观测值无关。用 $\hat{L}=L+V$ 带入上式，可得

$$\left.\begin{array}{c} a_1v_1+a_2v_2+\cdots+a_nv_n+a_0=0 \\ b_1v_1+b_2v_2+\cdots+b_nv_n+b_0=0 \\ \vdots \\ r_1v_1+r_2v_2+\cdots+r_nv_n+r_0=0 \end{array}\right\} \tag{6-20}$$

式中，w_a，w_b，$\cdots$，w_r为条件方程的闭合差，或称不符值，即

$$\left.\begin{array}{c} w_a=a_1L_1+a_2L_2+\cdots+a_nL_n+a_0 \\ w_b=b_1L_1+b_2L_2+\cdots+b_nL_n+b_0 \\ \vdots \\ w_r=r_1L_1+r_2L_2+\cdots+r_nL_n+r_0 \end{array}\right\} \tag{6-21}$$

令

$$\underset{rn}{\boldsymbol{B}}=\begin{pmatrix} a_1 & a_2 & \cdots & a_n \\ b_1 & b_2 & \cdots & b_n \\ \vdots & & & \vdots \\ r_1 & r_2 & \cdots & r_n \end{pmatrix}, \underset{r1}{\boldsymbol{W}}=\begin{pmatrix} w_a \\ w_b \\ \vdots \\ w_r \end{pmatrix}, \underset{n1}{\boldsymbol{V}}=\begin{pmatrix} v_1 \\ v_2 \\ \vdots \\ v_n \end{pmatrix}$$

则式（6-20）可以写成

$$\boldsymbol{B}\boldsymbol{V}+\boldsymbol{W}=0 \tag{6-22}$$

同样的，式（6-19）可以写成

$$\boldsymbol{B}\hat{\boldsymbol{L}}+\boldsymbol{B}_0=0 \tag{6-23}$$

式中

$$\hat{\boldsymbol{L}}_{n1}=［L_1 \quad L_2 \quad \cdots \quad L_n］^{\mathrm{T}}, \ \boldsymbol{B}_0_{n1}=［a_0 \quad b_0 \quad \cdots \quad r_0］^{\mathrm{T}}$$

式（6-21）的矩阵形式为

$$\boldsymbol{W}=\boldsymbol{B}\boldsymbol{L}+\boldsymbol{B}_0 \tag{6-24}$$

按求条件极值的拉格朗日乘数法，设其乘数为 $\boldsymbol{K}_{r1}=(k_a \quad k_b \quad \cdots \quad k_r)^{\mathrm{T}}$，称为联系数向量。组成函数

$$\varPhi=\boldsymbol{V}^{\mathrm{T}}\boldsymbol{P}\boldsymbol{V}-2\boldsymbol{K}^{\mathrm{T}}(\boldsymbol{B}\boldsymbol{V}+\boldsymbol{W})$$

将 $\varPhi$ 对 $\boldsymbol{V}$ 求一阶导数，并令其为零，得

$$\frac{\mathrm{d}\varPhi}{\mathrm{d}\boldsymbol{V}}=2\boldsymbol{V}^{\mathrm{T}}\boldsymbol{P}-2\boldsymbol{K}^{\mathrm{T}}\boldsymbol{B}=0$$

两边转置得

$$\boldsymbol{P}\boldsymbol{V}=\boldsymbol{B}^{\mathrm{T}}\boldsymbol{K}$$

由此得改正数 $\boldsymbol{V}$ 的计算公式为

$$\boldsymbol{V}=\boldsymbol{P}^{-1}\boldsymbol{B}^{\mathrm{T}}\boldsymbol{K}=\boldsymbol{Q}\boldsymbol{B}^{\mathrm{T}}\boldsymbol{K} \tag{6-25}$$

上式称为改正数方程。

将 n 个改正数方程式（6-25）与 r 个条件方程式（6-22）联立求解，可以得到一组唯一的解：n 个改正数和 r 个联系数。为此，将式（6-22）和式（6-25）合称为条件平差的基础方程。

解基础方程时，先将式（6-25）代入式（6-22），得

$$\boldsymbol{B}\boldsymbol{Q}\boldsymbol{B}^{\mathrm{T}}\boldsymbol{K}+\boldsymbol{W}=0$$

令

$$\boldsymbol{N}_{bb}_{rr}=\boldsymbol{B}\boldsymbol{P}^{-1}\boldsymbol{B}^{\mathrm{T}} \tag{6-26}$$

则有

$$\boldsymbol{N}_{bb}\boldsymbol{K}+\boldsymbol{W}=0 \tag{6-27}$$

上式称为联系数的法方程，解之可以得到联系数 $\boldsymbol{K}$ 的唯一解

$$\boldsymbol{K}=-\boldsymbol{N}_{bb}^{-1}\boldsymbol{W} \tag{6-28}$$

解出联系数 $\boldsymbol{K}$ 后，将 $\boldsymbol{K}$ 代入改正数方程式（6-25）后，求出改正数 $\boldsymbol{V}$ 值，再求平差值 $\hat{\boldsymbol{L}}=\boldsymbol{L}+\boldsymbol{V}$，这样就完成了条件平差的求解。

2. 条件平差的步骤

（1）根据平差问题的具体情况，列出条件方程式（6-22），条件方程的个数等于多余观测数 r。

（2）组成法方程式（6-27），法方程的个数等于多余观测数 r。

（3）解法方程，求出联系数 $\boldsymbol{K}$ 值。

（4）将 $\boldsymbol{K}$ 代入改正数方程式（6-25），求出 $\boldsymbol{V}$ 值，并求平差值 $\hat{\boldsymbol{L}}=\boldsymbol{L}+\boldsymbol{V}$。

（5）为了检查平差计算的正确性，常用平差值 $\hat{\boldsymbol{L}}$ 重新列出平差值条件方程式（6-23），

看其是否满足方程。

3. 条件平差通用过程的编程实现

由以上条件平差过程可以知道，对于不同的问题，条件方程的列法是不同的，所以条件平差的通用过程，是从条件方程列出以后开始的。通用过程中的有关函数说明等与上一小节中间接平差通用过程相同，这里不再重复。下面是条件平差通用过程的具体实现代码：

```
'条件平差解算:输入系数矩阵 B、权矩阵 P、常数向量 W 和改正数向量 V
Public Sub CondiAdjust(B, P, W, V)
    Dim b1%, b2%, p1%, p2%, w1%, v1%, i%              '输入矩阵或向量的大小
    Dim Q#(), Bt#(), QBt#(), Nbb#(), K#()            '几个中间矩阵
    b1 = UBound(B, 1) − LBound(B, 1) + 1 : b2 = UBound(B, 2) − LBound(B, 2) + 1
    w1 = UBound(W) − LBound(W) + 1      ; v1 = UBound(V) − LBound(V) + 1
    p1 = UBound(P, 1) − LBound(P, 1) + 1 ; p2 = UBound(P, 2) − LBound(P, 2) + 1
    '定义中间矩阵的大小
    ReDim Bt(1 To b2, 1 To b1), QBt(1 To b2, 1 To b1)
    ReDim Nbb(1 To b1, 1 To b1), K(1 To b1), Q(1 To p1, 1 To p2)
    '组成法方程并计算
    For i = 1 To p1                                  '求 Q 矩阵
    Q(i, i) = 1/P(i, i)
    Next i
    MatrixTrans B, Bt
    MatrixMulty QBt, Q, Bt
    MatrixMulty Nbb, B, QBt                           '法方程系数矩阵
    MajorInColGuass Nbb, W, K                         '解法方程
    MatrixMulty V, QBt, K                             '求改正数
End Sub
```

6.4 大地四边形的条件平差

大地四边形，是以 AB 为基线，具有对角线的四边形（图 6-6）。它是建立桥梁控制网常

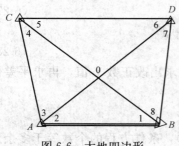

图 6-6 大地四边形

用的形式。本小节使用条件平差的方法计算大地四边形中的两个待求点的坐标。希望通过这个简单的例子，来说明如何使用上一节中的条件平差通用过程求解实际问题。

6.4.1 大地四边形条件平差原理

如图 6-6 所示的大地四边形，已知点 A、B 的坐标，为了得到点 C、D 的坐标，观测了 8 个角度（$A_1 \sim A_8$），由此可以构成 3 个独立的图形条件，即

$$A_1 + A_2 + A_3 + A_4 + A_5 + A_6 + A_7 + A_8 - 360° = 0$$
$$A_1 + A_2 + A_3 + A_4 - 180° = 0$$
$$A_1 + A_2 + A_7 + A_8 - 180° = 0$$

(6-29)

由此得到条件方程

$$v_1+v_2+v_3+v_4+v_5+v_6+v_7+v_8-w_1=0$$
$$v_1+v_2+v_3+v_4-w_2=0$$
$$v_1+v_2+v_7+v_8-w_3=0$$
(6-30)

其中
$$w_1=A_1+A_2+A_3+A_4+A_5+A_6+A_7+A_8-360°$$
$$w_2=A_1+A_2+A_3+A_4-180°$$
$$w_3=A_1+A_2+A_7+A_8-180°$$

另外，还可以根据边角关系列出 1 个极条件，例如

$$\frac{\overline{AB}}{\overline{AC}}\times\frac{\overline{AD}}{\overline{AB}}\times\frac{\overline{AC}}{\overline{AD}}=1 \qquad (6\text{-}31)$$

用观测的角度关系来表示式（6-31）就是

$$\frac{\sin A_4\sin(A_1+A_8)\sin A_6}{\sin A_1\sin A_7\sin(A_4+A_5)}=1 \qquad (6\text{-}32)$$

其线性形式为

$$\cot A_4\cdot v_4+\cot(A_1+A_8)\cdot(v_1+v_8)+\cot A_6\cdot v_6-$$
$$\cot A_1\cdot v_1-\cot A_7\cdot v_7-\cot(A_4+A_5)\cdot(v_4+v_5)+w_\mathrm{d}=0 \qquad (6\text{-}33)$$

其中

$$w_\mathrm{d}=\left(1-\frac{\sin A_1\sin A_7\sin(A_4+A_5)}{\sin A_4\sin(A_1+A_8)\sin A_6}\right)\rho''$$

将上述条件方程组成条件方程组

$$\boldsymbol{BV}+\boldsymbol{W}=\boldsymbol{0} \qquad (6\text{-}34)$$

其中

$$\boldsymbol{B}=\begin{bmatrix}1&1&1&1&1&1&1&1\\1&1&1&1&0&0&0&0\\1&1&0&0&0&0&1&1\\b_{41}&0&0&b_{44}&-\cot(A_4+A_5)&\cot A_6&\cot A_7&\cot(A_1+A_8)\end{bmatrix}$$

$$b_{41}=\cot(A_1+A_8)-\cot A_1$$
$$b_{44}=\cot A_4-\cot(A_4+A_5)$$
$$\boldsymbol{V}=(v_1\quad v_2\quad v_3\quad v_4\quad v_5\quad v_6\quad v_7\quad v_8)^\mathrm{T}$$
$$\boldsymbol{W}=(w_1\quad w_2\quad w_3\quad w_\mathrm{d})^\mathrm{T}$$

由于本例中只有角度观测值，取各观测值等权，因此权矩阵 $\boldsymbol{P}$ 为 8×8 的单位阵。

将以上 $\boldsymbol{B}$，$\boldsymbol{P}$，$\boldsymbol{W}$ 代入式（6-28），即得联系数 $\boldsymbol{K}$，再代入式（6-25），可以求得观测值的改正数 $\boldsymbol{V}$，进而可以用改正后的角度观测值，根据前方交会方法求得待定点坐标。

6.4.2　程序分析和界面设计

需要输入的数据包括两个已知点的坐标和 8 个角度观测值；输出的数据包括 2 个待定点的坐标和 8 个改正后的角度值。由于涉及的角度数据较多，这里采用网格控件来输入和输出。为了界面简洁，采用 2 个框架分别组织数据的输入和输出。另外用 3 个命令按钮分别执行计算、清空和退出。程序设计的界面如图 6-7 所示，属性设置见表 6-6。

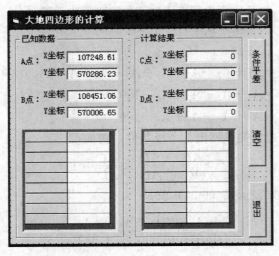

图 6-7　大地四边形设计界面

表 6-6　　　　　大地四边形程序窗体、框架和命令按钮属性设置表

对象	属性	值	对象	属性	值
Form1	Caption	大地四边形的计算	Command1	Caption	条件平差
Frame1	Caption	已知数据	Command2	Caption	清空
Frame2	Caption	计算结果	Command3	Caption	退出

已知数据框架中放置 6 个标签、4 个文本框，用于输入 2 个已知点的坐标，用 1 个伸缩格网控件输入角度观测值。各控件的属性设置见表 6-7。

表 6-7　　　　　　　已知数据框架内各控件属性设置

对象	属性	值	对象	属性	值
Label1	Caption	A 点：	Text1	Text	107248.61
Label2	Caption	X 坐标	Text 2	Text	570286.23
Label3	Caption	Y 坐标	Text 3	Text	108451.06
Label4	Caption	B 点：	Text4	Text	570006.65
Label5	Caption	X 坐标	Text1	Name	txtXa
Label6	Caption	Y 坐标	Text 2	Name	txtYa
MSFlexGrid1	Cols	2	Text 3	Name	txtXb
MSFlexGrid1	Rows	9	Text4	Name	txtYb

计算结果框架内的控件设置与已知数据框架内相似，读者可以将它们复制粘贴后再根据两者的区别做相应的修改。各控件的属性设置见表 6-8。

表 6-8　　　　　　　计算结果框架内的控件属性设置

对象	属性	值	对象	属性	值
Label7	Caption	C 点：	Text5	Text	
Label8	Caption	X 坐标	Text6	Text	
Label9	Caption	Y 坐标	Text 7	Text	
Label10	Caption	D 点：	Text8	Text	
Label11	Caption	X 坐标	Text5	Name	txtXc

续表

对象	属性	值	对象	属性	值
Label12	Caption	Y 坐标	Text 6	Name	txtYc
MSFlexGrid2	Cols	2	Text 7	Name	txtXd
MSFlexGrid2	Rows	9	Text8	Name	txtYd

1. 装载窗体时初始化界面

装载窗体时需要对界面进行一定的初始化工作，在本程序中主要是初始化两个伸缩格网控件，显示预定的内容和行号、列号等，具体代码如下：

```
Private Sub Form_Load()
    Dim i%
    With MSFlexGrid1
        . MousePointer = flexIBeam
        . Col = 0 ： . Row=0 ： . Text = "观测值" ： . Col = 1： . Row = 0 ： . Text = "角度"
        . Col = 0
        For i = 1 To 8
            . Row = i ： . Text = "角"&Str(i)
        Next i
        . Col = 1
        . Row = 1 ： . Text = 33. 3554 ： . Row = 2 ： . Text = 53. 0915
        . Row = 3 ： . Text = 63. 1312 ： . Row = 4 ： . Text = 30. 013
        . Row = 5 ： . Text = 23. 5406 ： . Row = 6 ： . Text = 62. 5106
        . Row = 7 ： . Text = 63. 0959 ： . Row = 8 ： . Text = 30. 0455
    End With
    With MSFlexGrid2
        . MousePointer = flexIBeam
        . Col = 0 ： . Row = 0 ： . Text = "平差值" ： . Col = 1 ： . Row = 0 ： . Text = "角度"
        . Col = 0
        For i = 1 To 8
            . Row = i ： . Text = "角"&Str(i)
        Next i
    End With
End Sub
```

2. 实现伸缩网格控件的输入和简单编辑功能

伸缩网格控件本身并不支持输入和编辑操作，需要编程实现这些功能，这一点已经在本书第 4.5.3 节中详细介绍过，读者可以参考该节中的有关代码分别对 MSFlexGrid1 和 MSFlexGrid2 两个控件进行编程处理，这里不再重复。

6.4.3 大地四边形条件平差的实现

首先将本章第 6.2 节中实现的平差通用过程添加到本节程序中。也可以把有关通用过程写到一个标准模块（.bas）中，然后将该标准模块添加到工程当中。

1. 数据输入

在主窗体的通用声明段声明有关常量、变量和数组，相关代码如下：

```
    Const PI = 3.141592653589                               '常量
    Dim Xa#，Ya#，Xb#，Yb#，Xc#，Yc#，Xd#，Yd#              '坐标
    Dim angle(1 To 8) As Double，V(1 To 8) As Double        '角度和改正数
    Dim i%，j%                                               '循环变量
```

然后把有关数据输入的代码封装到一个子过程中，代码如下：

```
Private Sub GetData()                                       '输入已知数据
    Xa = Val(txtXa.Text)  ：  Ya = Val(txtYa.Text)
    Xb = Val(txtXb.Text)  ：  Yb = Val(txtYb.Text)
    With MSFlexGrid1
        .Col = 1
        For i = 1 To 8
            .Row = i  ：  angle(i) = Val(.Text)
        Next i
    End With
    For i = 1 To 8                                          '度.分秒形式化为弧度
        angle(i) = DoToHu(angle(i))
    Next i
End Sub
```

2. 结果的计算和显示

由改正后的角度观测值计算待定点坐标并将计算结果显示出来，将这部分代码也独立出来，封装成一个子过程：

```
Private Sub GetResult()                                     '求结果并显示
    For i = 1 To 8                                          '计算改正后的角度值
        angle (i) = angle (i) - V (i)
    Next i
    '调用前方交会计算过程计算待定点坐标
    Call ForIntersec (Xa，Ya，Xb，Yb，angle (2) + angle (3)，angle (1)，Xc，Yc)
    Call ForIntersec (Xa，Ya，Xb，Yb，angle (2)，angle (1) + angle (8)，Xd，Yd)
    '数据的输出
    txtXc.Text = Format (Xc，" 0.000")  ：  txtYc.Text = Format (Yc，" 0.000")
    txtXd.Text = Format (Xd，" 0.000")  ：  txtYd.Text = Format (Yd，" 0.000")
    With MSFlexGrid2
        .Col = 1
        For i = 1 To 8
            .Row = i  ：  .Text = Str (HuToDo (angle (i)))
        Next i
    End With
End Sub
```

3. 条件平差计算

调用 GetData() 子过程输入已知数据以后，可以根据式（6-34）计算条件方程系数、闭合差以及权矩阵，接着可以调用本章第 6.2 节中给出的条件平差计算的子过程 CondiAdjust() 进行平差计算，最后调用结果计算显示子过程 GetResult() 计算并显示结果。具体代码如下：

```
Private Sub cmdAdjust_Click()                        '严密平差
    Dim W(1 To 4) As Double, B(1 To 4, 1 To 8) As Double, P(1 To 8, 1 To 8) As Double
    Call GetData                                     '输入数据
    '给系数矩阵 B 赋值
    B(1, 1) = 1:B(1, 2) = 1:B(1, 3) = 1:B(1, 4) = 1
    B(2, 1) = 1:B(2, 2) = 1:B(2, 7) = 1:B(2, 8) = 1
    B(3, 1) = 1:B(3, 2) = 1:B(3, 3) = 1:B(3, 4) = 1
    B(3, 5) = 1:B(3, 6) = 1:B(3, 7) = 1:B(3, 8) = 1
    B(4, 1) = 1/Tan(angle(1) + angle(8)) − 1/Tan(angle(1))
    B(4, 4) = 1/Tan(angle(4)) − 1/Tan(angle(4) + angle(5))
    B(4, 5) = −1/Tan(angle(4) + angle(5))  :  B(4, 6) = 1/Tan(angle(6))
    B(4, 7) = −1/Tan(angle(7))  :  B(4, 8) = 1/Tan(angle(1)+angle(8))
    '计算闭合差
    W(1) = angle(1) + angle(2) + angle(3) + angle(4) − PI
    W(2) = angle(1) + angle(2) + angle(7) + angle(8) − PI
    W(3) = angle(1)+angle(2)+angle(3)+angle(4)+angle(5)+angle(6)+angle(7)+angle(8)−2 * PI
    W(4) = Sin(angle(1) * Sin(angle(7) *  Sin(angle(4) + angle(5))
    W(4) = 1−W(4)/Sin(angle(4))/Sin(angle(1) + angle(8))/Sin(angle(6))
    W(4) = 206265 * W(4)/1000000
    '组成权矩阵
    P(1, 1) = 1:P(2, 2) = 1:P(3, 3) = 1:P(4, 4) = 1
    P(5, 5) = 1:P(6, 6) = 1:P(7, 7) = 1:P(8, 8)=1
    CondiAdjust B, P, W, V     '条件平差
    Call GetResult            '求结果并显示
End Sub
```

4. 执行调试

运行程序，点击"条件平差"按钮，程序用条件平差方法求待定点的坐标并显示出来，执行界面如图 6-8 所示。

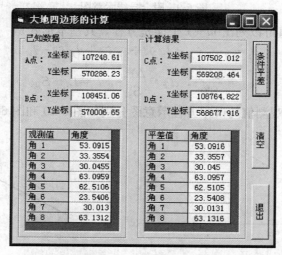

图 6-8　条件平差法求解大地四边形执行界面

6.5　单导线的间接平差

单导线的计算涉及角度和边长两类观测值，本书第 5.3 节的简易计算方法将这两类数据分开考虑，因而是一种近似的计算，因其计算简单，精度也能满足要求，所以经常被采用。本节介绍以待定点坐标为参数进行间接平差的一种严密平差方法，并以此为例说明间接平差的程序设计方法。

6.5.1　单导线的间接平差原理

如图 6-9 所示的导线，设有 m 个设站点，则角度观测值有 m 个，边长观测值有 $m-1$ 个，待定点个数有 $m-2$ 个。因此共有 $n=2m-1$ 个观测值，有 $t=2(m-2)$ 个未知数。当以待定点坐标为参数进行平差时，可以列出 $2m-1$ 个误差方程。

m 个角度观测值可以列出 m 个误差方程，其基本形式是

$$v_i=(a_{jk}-a_{jh})\hat{x}_j+(b_{jk}-b_{jh})\hat{y}_j-a_{jk}\hat{x}_k-b_{jk}\hat{y}_k+a_{jh}\hat{x}_h+b_{jh}\hat{y}_h-l_i \tag{6-35}$$

其中，$a_{jk}=\rho''\dfrac{\Delta Y_{jk}^0}{(S_{jk}^0)^2}$，$b_{jk}=\rho''\dfrac{\Delta X_{jk}^0}{(S_{jk}^0)^2}$，$a_{jh}=\rho''\dfrac{\Delta Y_{jh}^0}{(S_{jh}^0)^2}$，$b_{jh}=\rho''\dfrac{\Delta X_{jh}^0}{(S_{jh}^0)^2}$

$$l_i=L_i-(a_{jk}^0-a_{jh}^0)=L_i-L_i^0$$

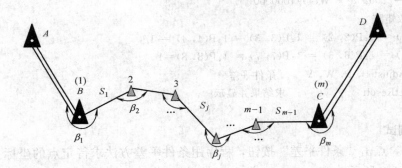

图 6-9　附合导线示意图

$m-1$ 个边长观测值可以列出 $m-1$ 个误差方程，其基本形式是

$$v_i=-c_{jk}\hat{x}_j-d_{jk}\hat{y}_j+c_{jk}\hat{x}_k+d_{jk}\hat{y}_k-l_i \tag{6-36}$$

其中
$$c_{jk}=\frac{\Delta X_{jk}^0}{S_{jk}^0}, \quad d_{jk}=\frac{\Delta Y_{jk}^0}{S_{jk}^0}, \quad l_i=L_i-S_{jk}^0$$

角度观测值和边长观测值的误差方程示意图分别如图 6-10 和图 6-11 所示。

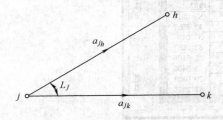

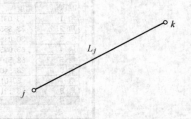

图 6-10　角度观测值误差方程示意图　　　图 6-11　边长观测值误差方程示意图

当测站 j 和 k 均为待定点时，它们的坐标未知数系数的数值相等，符号相反，即

$$a_{jk} = -a_{kj}, \quad b_{jk} = -b_{kj} \tag{6-37}$$

当 j 为已知点时，有 $\hat{x}_j = \hat{y}_j = 0$；当 k 为已知点时，有 $\hat{x}_k = \hat{y}_k = 0$。因此，导线中的第一个和最后一个角度观测值，只在一个点上有坐标未知数系数，而导线中的第二个和倒数第二个角度观测值，只在两个点上有坐标未知数系数，从第三个角度观测值开始到第 $m-2$ 个角度观测值，在该角度涉及的三个点上都有坐标未知数系数。

根据上述分析，m 个角度观测值可以列出如下 m 个角度观测值误差方程：

$$
\begin{aligned}
v_1 &= -a_{12}\hat{x}_2 - b_{12}\hat{y}_2 - l_1 \\
v_2 &= (a_{23}-a_{21})\hat{x}_2 + (b_{23}-b_{21})\hat{y}_2 - a_{23}\hat{x}_3 - b_{23}\hat{y}_3 - l_2 \\
v_3 &= (a_{34}-a_{32})\hat{x}_3 + (b_{34}-b_{32})\hat{y}_3 - a_{34}\hat{x}_4 - b_{34}\hat{y}_4 + a_{32}\hat{x}_2 + b_{32}\hat{y}_2 - l_3 \\
&\qquad\vdots \\
v_i &= (a_{i\cdot(i+1)}-a_{i\cdot(i-1)})\hat{x}_i + (b_{i\cdot(i+1)}-b_{i\cdot(i-1)})\hat{y}_i - a_{i\cdot(i+1)}\hat{x}_{i+1} - b_{i\cdot(i+1)}\hat{y}_{i+1} + a_{i\cdot(i-1)}\hat{x}_{i-1} + b_{i\cdot(i-1)}\hat{y}_{i-1} - l_i \\
&\qquad\vdots \\
v_{m-1} &= (a_{(m-1)\cdot m}-a_{(m-1)\cdot(m-2)})\hat{x}_{m-1} + (b_{(m-1)\cdot m}-b_{(m-1)\cdot(m-2)})\hat{y}_{m-1} + a_{(m-1)\cdot(m-2)}\hat{x}_{m-2} + b_{(m-1)\cdot(m-2)}\hat{y}_{m-2} - l_{m-1} \\
v_m &= a_{m\cdot(m-1)}\hat{x}_{m-1} + b_{m\cdot(m-1)}\hat{y}_{m-1} - l_m
\end{aligned}
\tag{6-38}
$$

写成矩阵形式，为

$$
\begin{bmatrix} v_1 \\ v_2 \\ \vdots \\ v_i \\ \vdots \\ v_{m-1} \\ v_m \end{bmatrix}
= \underset{m \cdot 2(m-2)}{A^{\beta}}
\begin{bmatrix} \hat{x}_2 \\ \hat{y}_2 \\ \vdots \\ \hat{x}_i \\ \hat{y}_i \\ \vdots \\ \hat{x}_{m-1} \\ \hat{y}_{m-1} \end{bmatrix}
- \begin{bmatrix} l_1 \\ l_2 \\ \vdots \\ l_i \\ \vdots \\ l_{m-1} \\ l_m \end{bmatrix}
\tag{6-39}
$$

其中

$$
\underset{(m)\cdot 2(m-2)}{A^{\beta}} =
\begin{bmatrix}
-a_{12} & -b_{12} & & & & \\
(a_{23}-a_{21}) & (b_{23}-b_{21}) & -a_{23} & -b_{23} & & \ddots \\
\cdots & a_{i\cdot(i-1)} & b_{i\cdot(i-1)} & (a_{i\cdot(i+1)}-b_{i\cdot(i-1)}) & (a_{i\cdot(i+1)}-b_{i\cdot(i-1)}) & \\
& & \cdots & & & a_{(m-1)\cdot(m-2)} \\
& & \cdots & & & \\
& \cdots & & & & \\
& \cdots & & & & \\
-a_{i\cdot(i+1)} & -b_{i\cdot(i+1)} & & \cdots & & \\
\ddots & b_{(m-1)\cdot(m-2)} & (a_{(m-1)\cdot m}-a_{(m-1)\cdot(m-2)}) & (b_{(m-1)\cdot m}-b_{(m-1)\cdot(m-2)}) & & \\
& a_{m\cdot(m-1)} & & b_{m\cdot(m-1)} & &
\end{bmatrix}
$$

注意： 仔细观察可以发现，误差方程的前两个和最后两个方程都是一般形式的特例，由于当 $i=1$ 或 $i=m$ 时，都有 $\hat{x}_k=\hat{y}_k=0$，需要将一般形式中相应的项去掉，于是有了如上误差方程的形式。明确这一点对代码的设计很有帮助。

类似的，对于导线中的第一个和最后一个边长观测值，只在一个点上有坐标未知数系数，其余的边长观测值（第二个到第 $m-2$ 个）在两个点上有坐标未知数系数。因此，$m-1$ 个边长观测值可以列出如下 $m-1$ 个边长观测值误差方程

$$
\left.
\begin{aligned}
v_{m+1} &= c_{12}\hat{x}_2 + d_{12}\hat{y}_2 - l_{m+1}\\
v_{m+2} &= -c_{23}\hat{x}_2 - d_{23}\hat{y}_2 + c_{23}\hat{x}_3 + d_{23}\hat{y}_3 - l_{m+2}\\
&\vdots\\
v_{m+i} &= -c_{i\cdot(i+1)}\hat{x}_i - d_{i\cdot(i+1)}\hat{y}_i + c_{i\cdot(i+1)}\hat{x}_{i+1} + d_{i\cdot(i+1)}\hat{y}_{i+1} - l_{m+i}\\
&\vdots\\
v_{m+(m-1)} &= -c_{(m-1)\cdot m}\hat{x}_{m-1} - d_{(m-1)\cdot m}\hat{y}_{m-1} + c_{(m-1)\cdot m}\hat{x}_m + d_{(m-1)\cdot m}\hat{y}_m - l_{m+(m-1)}
\end{aligned}
\right\}
\tag{6-40}
$$

写成矩阵形式为

$$
\begin{bmatrix} v_{m+1}\\ v_{m+2}\\ \vdots\\ v_{m+i}\\ \vdots\\ v_{m+(m-1)} \end{bmatrix}
=
\underset{(m-1)\cdot 2(m-2)}{A}{}^{\mathrm{s}}
\begin{bmatrix} \hat{x}_2\\ \hat{y}_2\\ \vdots\\ \hat{x}_i\\ \hat{y}_i\\ \vdots\\ \hat{x}_{m-1}\\ \hat{y}_{m-1} \end{bmatrix}
-
\begin{bmatrix} l_{m+1}\\ l_{m+2}\\ \vdots\\ l_{m+i}\\ \vdots\\ l_{m+(m-1)} \end{bmatrix}
\tag{6-41}
$$

其中

$$
\underset{(m-1)\cdot 2(m-2)}{A}{}^{\mathrm{s}}=
\begin{bmatrix}
c_{12} & d_{12} & & & & \cdots\\
-c_{23} & -d_{23} & c_{23} & d_{23} & & \cdots\\
& \ddots & & & & \\
\cdots & -c_{i\cdot(i+1)} & -d_{i\cdot(i+1)} & c_{i\cdot(i+1)} & d_{i\cdot(i+1)} & \cdots\\
& & & & \ddots & \\
\cdots & & -c_{(m-1)\cdot m} & -d_{(m-1)\cdot m} & c_{(m-1)\cdot m} & d_{(m-1)\cdot m}
\end{bmatrix}
$$

上述误差方程写成矩阵形式为

$$
\begin{bmatrix} v_1\\ \vdots\\ v_i\\ \vdots\\ v_m\\ v_{m+1}\\ \vdots\\ v_{m+i}\\ \vdots\\ v_{m+(m-1)} \end{bmatrix}
=
\begin{pmatrix} \underset{m\cdot 2(m-2)}{A}{}^{\beta}\\ \underset{(m-1)\cdot 2(m-2)}{A}{}^{\mathrm{s}} \end{pmatrix}
\begin{bmatrix} \hat{x}_2\\ \hat{y}_2\\ \vdots\\ \hat{x}_i\\ \hat{y}_i\\ \vdots\\ \hat{x}_{m-1}\\ \hat{y}_{m-1} \end{bmatrix}
-
\begin{bmatrix} l_1\\ \vdots\\ l_i\\ \vdots\\ l_m\\ l_{m+1}\\ \vdots\\ l_{m+i}\\ \vdots\\ l_{m+(m-1)} \end{bmatrix}
\tag{6-42}
$$

即

$$
\underset{(2m-1)\cdot 1}{\boldsymbol{V}} = \underset{(2m-1)\cdot 2(m-2)}{\boldsymbol{A}} \cdot \underset{2(m-2)\cdot 1}{\boldsymbol{X}} - \underset{(2m-1)\cdot 1}{\boldsymbol{L}}
\tag{6-43}
$$

其最小二乘解为

$$X = (A^{\mathrm{T}}PA)^{-1}A^{\mathrm{T}}Pl \tag{6-44}$$

式中，P 为权矩阵，它是一个对角阵，形式为

$$\underset{(2m-1)\cdot(2m-1)}{\boldsymbol{P}} = \begin{bmatrix} p_{\beta 1} & & & & & 0 \\ & \ddots & & & & \\ & & p_{\beta m} & & & \\ & & & p_{s1} & & \\ & & & & \ddots & \\ 0 & & & & & p_{s\cdot(m-1)} \end{bmatrix}$$

其中，前 m 个对角元素是 m 个角度观测值的中误差，后 $m-1$ 个对角元素是边长观测值的中误差。若取测角精度 $\sigma_\beta = 10''$，测边经度 $\sigma_S = 1.0\ \sqrt{S(m)}$（mm），以测角中误差为单位权中误差，则有

$$p_{\beta i} = 1, \quad p_{si} = \frac{100}{S_i(m)} \tag{6-45}$$

当以待定点坐标为参数时，求出式（6-44）的解即为待定点坐标。

具体编程计算时，可以分为以下几个步骤：

（1）计算待定点近似坐标。

（2）计算角度和边长观测值的误差方程系数和常数项。

（3）组成并求解法方程。

6.5.2　单导线间接平差的实现

在本书第 5.3 节中导线计算程序的菜单中增加"间接平差"菜单项（Name 属性设置为 mnuIndirect），并在该菜单项的单击事件中添加导线间接平差的具体实现代码。修改后的程序设计界面如图 6-12 所示。

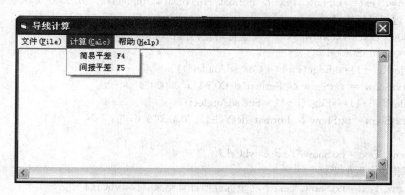

图 6-12　导线计算程序修改后的界面

在进行单导线的间接平差计算时，需要新增一个角度与弧度换算的常数 RU＝206265，以及近似边长数组和误差方程系数数组，它们在主窗体的通用声明段中的声明如下：

Const RU ＝ 206265

Dim s0Edge＃（）, ajk＃（）, bjk＃（）　　　　　'存放近似边长、坐标方位角改正数的系数

程序中，读取导线已知数据的过程仍然使用原来的代码，只是在读取测站数以后声明数组大小时，增加对近似边长数组和误差方程系数数组的大小声明，具体实现代码如下：

ReDim s0Edge（iStation - 1）As Double, ajk（iStation－1）As Double, bjk（iStation－1）As Double

1. 计算待定点近似坐标

根据导线起始方位角和角度观测值，可计算出各边近似坐标方位角，再根据各边长观测值，可算出待定点的近似坐标增量，进而得到其近似坐标。列立误差方程时，需要用到各点近似坐标增量、各边近似边长和近似坐标方位角，这些都要通过近似坐标得到。

```
'—————×××××计算待定点近似坐标增量×××××——————————
Dim aAB#, aDC#, i%                  '计算起始和终止坐标方位角
aAB=DirectAB(Xa, Ya, Xb, Yb)
txtShow=txtShow & vbCrLf & "起始坐标方位角" & Format(HuToDo(aAB), "0.0000")
If iType=1 Then
    aDC=DirectAB(Xc, Yc, Xd, Yd)
    txtShow=txtShow & vbCrLf & "终止坐标方位角 " & Format(HuToDo(aDC), "0.0000")
Else
    txtShow=txtShow & vbCrLf & "终止坐标方位角" & Format(HuToDo(aAB), "0.0000")
End If
sdAngle(1)=aAB                      '推算坐标方位角,把推算得到的方位角初值给 sdAngle 数组
txtShow. Text=txtShow. Text & vbCrLf & "方位角初值:" & vbCrLf
For i=1 To iStation
    'iAngleType=1 是左角,iAngleType=2 是右角
    sdAngle(i + 1)=sdAngle(i)+(PI-sAngle(i)) * (-1)^iAngleType
    If sdAngle(i+1)>2 * PI Then sdAngle(i + 1)=sdAngle(i + 1)-2 * PI
    If sdAngle(i+1)<0 Then sdAngle(i+1)=sdAngle(i+1)+2 * PI
    txtShow. Text=txtShow. Text & Format(HuToDo(sdAngle(i)), "0.0000") & " , "
Next i
txtShow. Text=txtShow. Text & Format(HuToDo(sdAngle(i)), "0.0000") & vbCrLf
'计算近似坐标增量
txtShow. Text=txtShow. Text & "坐标增量初值:"& vbCrLf
For i=2 To iStation
    detX(i-1)=sEdge(i-1) * Cos(sdAngle(i))
    txtShow = txtShow & Format(detX(i-1),"0.000") & " , "
    detY(i-1)=sEdge(i-1) * Sin(sdAngle(i))
    txtShow=txtShow & Format(detY(i-1),"0.000") & " ; "
Next i
txtShow. Text=txtShow. Text & vbCrLf
'计算待定点近似坐标
txtShow. Text=txtShow. Text & "坐标近似计算结果:" & vbCrLf
reX(1)=Xb  :  reY(1)=Yb
For i=2 To iStation
    reX(i)=reX(i-1)+detX(i-1):txtShow=txtShow & Format(reX(i-1), "0.000") & " , "
    reY(i)=reY(i-1)+detY(i-1):txtShow=txtShow & Format(reY(i-1), "0.000") & " ; "
Next i
txtShow. Text=txtShow. Text & vbCrLf
```

2. 计算观测值误差方程的系数和常数项

计算误差方程系数要用到待定点的近似坐标增量和近似边长，近似坐标增量在求前面待定点近似坐标时已经求出，这里需要再求出各边的近似边长，代码如下：

```
'计算近似边长
```

```
txtShow. Text=txtShow. Text & "近似边长:" & vbCrLf
For i=1 To iStation-1
    s0Edge(i)=Sqr(detX(i) * detX(i)+detY(i) * detY(i))
    txtShow. Text=txtShow. Text & Format(s0Edge(i), "0.000") & ";"
Next i
txtShow. Text=txtShow. Text & vbCrLf
```

接下来还要计算角度观测值的改正数系数 ajk、bjk 和边长观测值的改正数系数 cjk、djk。边长改正数系数比较简单,可以直接赋值给系数矩阵的元素,所以下面先来求角度观测值的改正数系数 ajk、bjk:

```
'角度观测值的改正数系数
txtShow. Text=txtShow. Text & "角度观测值的改正数系数:" & vbCrLf
For i=1 To iStation-1
    ajk(i)=detY(i) * RU/(s0Edge(i) * s0Edge(i) * 1000)
    bjk(i)=detX(i) * RU/(s0Edge(i) * s0Edge(i) * 1000)
    txtShow=txtShow & Format(ajk(i), "0.00000") & ";" & Format(bjk(i), "0.00000") & ";"
Next i
txtShow. Text=txtShow. Text & vbCrLf
```

还应根据测站数定义误差方程系数数组和常数向量数组的大小。这两个数组在标准模块 mdlAdjust 中已经声明为全局变量,这里只要使用 ReDim 语句声明大小即可:

```
ReDim A(1 To 2 * iStation-1, 1 To 2 * (iStation-2)), L(1 To 2 * iStation-1)
```

接下来就是计算误差方程系数,存放在系数数组 A 中:

```
'组成系数矩阵
i=1                                 '角度开始
A(i, 2 * i - 1) = -ajk(i)        :   A(i, 2 * i) = -bjk(i)
i = 2
A(i, 2 * (i - 1) - 1) = (ajk(i) - (-ajk(i - 1)))  :  A(i, 2 * (i - 1)) = (bjk(i) - (-bjk(i - 1)))
A(i, 2 * i - 1) = -ajk(i)        :   A(i, 2 * i) = -bjk(i)
For i = 3 To iStation - 2
    A(i, 2 * (i - 2) - 1) = -ajk(i - 1)       :   A(i, 2 * (i - 2)) = -bjk(i - 1)
    A(i, 2 * (i - 1) - 1) = ajk(i) - (-ajk(i - 1))  :  A(i, 2 * (i - 1)) = bjk(i) - (-bjk(i - 1))
    A(i, 2 * i - 1) = -ajk(i)    :   A(i, 2 * i) = -bjk(i)
Next i
i = iStation - 1
A(i, 2 * (i - 2) - 1) = -ajk(i - 1)  :  A(i, 2 * (i - 2)) = -bjk(i - 1)
A(i, 2 * (i - 1) - 1) = ajk(i) - (-ajk(i - 1))  :  A(i, 2 * (i - 1)) = bjk(i) - (-bjk(i - 1))
i = iStation
A(i, 2 * (i - 2) - 1) = -ajk(i - 1)  :  A(i, 2 * (i - 2)) = -bjk(i - 1)
i = 1                               '边长开始
A(i + iStation, 2 * i - 1) = detX(i) / s0Edge(i)
A(i + iStation, 2 * i) = detY(i) / s0Edge(i)
For i = 2 To iStation - 2
    A(i + iStation, 2 * (i - 1) - 1) = -detX(i) / s0Edge(i)
    A(i + iStation, 2 * (i - 1)) = -detY(i) / s0Edge(i)
    A(i + iStation, 2 * i - 1) = detX(i) / s0Edge(i)
    A(i + iStation, 2 * i) = detY(i) / s0Edge(i)
```

```
Next i
i = iStation - 1
A(i + iStation, 2 * (i - 1) - 1) = -detX(i) / s0Edge(i)
A(i + iStation, 2 * (i - 1)) = -detY(i) / s0Edge(i)
```

然后根据式 (6-35) 和式 (6-36) 计算常数项, 并存入常数项数组 L 中:

```
'计算角度误差方程的常数项
For i = 1 To iStation - 1
    Dim temp#
    temp = (sAngle(i) - PI) * (-1)^ iAngleType - (sdAngle(i) - sdAngle(i + 1))
    If temp > 2 * PI Then temp = temp - 2 * PI  :  If temp < 0 Then temp = temp + 2 * PI
    L(i) = (temp) * RU
Next i
temp = (sAngle(i) - PI) * (-1)^ iAngleType - (sdAngle(i) - aDC)
If temp > 2 * PI Then temp = temp - 2 * PI
If temp < 0 And Abs(temp) > 0.01 Then temp = temp + 2 * PI
L(i) = (temp) * RU
'计算边长误差方程的常数项
reX(iStation) = Xc  :  reY(iStation) = Yc
For i = 1 To iStation - 1
    s0Edge(i) = Sqr((reX(i + 1) - reX(i))^ 2 + (reY(i + 1) - reY(i))^ 2)
Next i
For i = 1 To iStation - 1
    L(i + iStation) = sEdge(i) - s0Edge(i)
Next i
```

3. 组成并解算法方程, 得到并显示待定点坐标的计算结果

在组成法方程之前, 还需要计算各观测值的权, 并组成权矩阵 P。各观测值的权可以根据式 (6-45) 来计算, 具体实现代码如下:

```
'计算边和角的权,组成权矩阵
txtShow. Text = txtShow. Text & "角度和边长的权:" & vbCrLf
ReDim P(1 To iStation + iStation - 1, 1 To iStation + iStation - 1) As Double
For i = 1 To iStation
    P(i, i) = 1  :  txtShow. Text = txtShow. Text & Format(P(i, i), "0.0000") & " ; "
Next i
For i = 1 To iStation - 1
    P(iStation + i, iStation + i) = 100 / sEdge(i)
    txtShow. Text = txtShow. Text & Format(P(iStation + i, iStation + i), "0.0000") & " ; "
Next i
txtShow. Text = txtShow. Text & vbCrLf
```

求解法方程可以调用本章第 6.3 节中给出的间接平差通用过程 InAdjust 来实现, 在调用之前, 还需要声明一下用于存放解向量的数组 X 的大小:

```
ReDim X(1 To 2 * (iStation - 2))'声明解向量数组的大小

InAdjust A, P, L, X          '调用间接平差通用过程
```

最后把求得的结果显示在主窗体的文本框上:

txtShow. Text = txtShow. Text & "坐标计算结果:" & vbCrLf

For i = 2 To iStation − 1

  reX(i) = reX(i) + X(2 ∗ (i − 1) − 1)

  txtShow = txtShow & Format(reX(i), "0.000") & " , "

  reY(i) = reY(i) + X(2 ∗ (i − 1))

  txtShow = txtShow & Format(reY(i), "0.000") & " ; "

Next i

txtShow. Text = txtShow. Text & vbCrLf

计算结果的保存以及程序中其他功能的实现，读者可以参考本书第 5.3 节的有关内容。

4. 执行调试

执行程序，首先读入一个预先编辑好的数据文件，然后点击"计算"菜单下的"间接平差"命令，程序对输入的单导线进行间接平差计算，并将结果显示在程序界面上。本书第 5.3 节的算例其执行情况如图 6-13 所示。

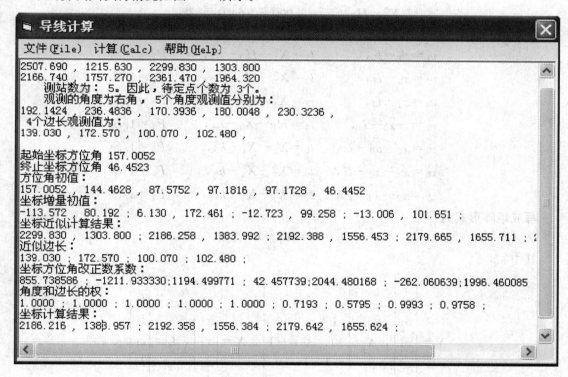

图 6-13　单导线间接平差执行界面

6.6　水准网间接平差

6.6.1　水准网间接平差原理

下面以一个水准网的算例（选自文献［17］的习题 5.3.14）来说明水准网间接平差原理，水准网如图 6-14 所示。

已知 A、B 点高程 $H_A = 5.000\text{m}$，$H_B = 6.000\text{m}$，为确定 X_1、X_2、X_3 点高程，进行了

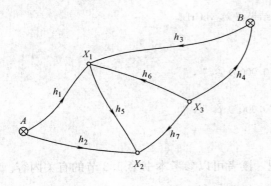

水准测量，观测结果为

$$h_1 = +1.359\text{m}, \quad S_1 = 1\text{km}$$
$$h_2 = +2.009\text{m}, \quad S_2 = 1\text{km}$$
$$h_3 = +0.363\text{m}, \quad S_3 = 2\text{km}$$
$$h_4 = +0.640\text{m}, \quad S_4 = 2\text{km}$$
$$h_5 = +0.657\text{m}, \quad S_5 = 1\text{km}$$
$$h_6 = +1.000\text{m}, \quad S_6 = 1\text{km}$$
$$h_7 = +1.650\text{m}, \quad S_7 = 1.5\text{km}$$

取 X_1、X_2、X_3 三点的高程值为参数，其近似高程为

$$X_1^0 = H_A + h_1 = 5.000 + 1.359 = 6.359$$

图 6-14　水准网示意图

$$X_2^0 = H_A + h_2 = 5.000 + 2.009 = 7.009$$
$$X_3^0 = H_B - h_4 = 6.000 + 0.640 = 5.360$$

于是观测值误差方程为　　　　　　常数项　　　　　　　权

$$v_1 = x_1 - l_1, \quad\quad l_1 = X_1^0 - H_A - h_1, \quad\quad P_1 = 1/S_1$$
$$v_2 = x_2 - l_2, \quad\quad l_2 = X_2^0 - H_A - h_2, \quad\quad P_2 = 1/S_2$$
$$v_3 = x_1 - l_3, \quad\quad l_3 = X_1^0 - H_B - h_3, \quad\quad P_3 = 1/S_3$$
$$v_4 = -x_3 - l_4, \quad\quad l_4 = H_B - X_3^0 - h_4, \quad\quad P_4 = 1/S_4$$
$$v_5 = x_2 - x_1 - l_5, \quad\quad l_5 = X_2^0 - X_1^0 - h_5, \quad\quad P_5 = 1/S_5$$
$$v_6 = x_1 - x_3 - l_6, \quad\quad l_6 = X_1^0 - X_3^0 - h_6, \quad\quad P_6 = 1/S_6$$
$$v_7 = x_2 - x_3 - l_7, \quad\quad l_7 = X_2^0 - X_3^0 - h_7, \quad\quad P_7 = 1/S_7$$

写成矩阵形式为

$$\boldsymbol{V} = \boldsymbol{AX} - \boldsymbol{L}$$

其中

$$\boldsymbol{V} = \begin{bmatrix} v_1 \\ v_2 \\ v_3 \\ v_4 \\ v_5 \\ v_6 \\ v_7 \end{bmatrix}, \quad \boldsymbol{A} = \begin{bmatrix} 1 & 0 & 0 \\ 0 & 1 & 0 \\ 1 & 0 & 0 \\ 0 & 0 & -1 \\ -1 & 1 & 0 \\ 1 & 0 & -1 \\ 0 & 1 & -1 \end{bmatrix}, \quad \boldsymbol{X} = \begin{bmatrix} x_1 \\ x_2 \\ x_3 \end{bmatrix}, \quad \boldsymbol{L} = \begin{bmatrix} l_1 \\ l_2 \\ l_3 \\ l_4 \\ l_5 \\ l_6 \\ l_7 \end{bmatrix}$$

解得

$$\hat{x} = (\boldsymbol{A}^\mathrm{T} \boldsymbol{PA})^{-1} \boldsymbol{A}^\mathrm{T} \boldsymbol{Pl}$$

于是高程平差值

$$\hat{X} = X^0 + \hat{x}$$

由上可知，水准网间接平差主要分为三个步骤：

（1）高程近似值的计算。

（2）列立观测值的误差方程。

（3）解误差方程并求高程平差值。

6.6.2　程序分析和界面设计

1. 已知数据的输入

需要输入的数据包括水准网中已知点数、未知点数以及这些点的点号、已知高程和高差观测值、距离观测值等。本节程序仍采用文件方式进行输入，约定文件输入的格式如下：

第一行：已知点个数，未知点个数，观测值个数

第二行：点号（已知点在前，未知点在后）

第三行：已知高程（顺序与上一行的点号对应）

第四行起：高差观测值，按"起点点号，终点点号，高差观测值，距离观测值"的顺序输入。

本节中使用的算例的数据文件如下：

```
2，3，7
A，B，X1，X2，X3
5.000，6.000
A，X1，1.359，1
A，X2，2.009，1
B，X1，0.363，2
X3，B，0.640，2
X1，X2，0.657，1
X3，X1，1.000，1
X3，X2，1.650，1.5
```

2. 平差计算过程

（1）近似高程的计算。用一个数组来存储高程近似值，已知点的高程放在这个数组的开头，然后按照点号输入顺序依次搜索涉及该点的高差观测值，看该高差涉及的另一点是否已知，若未知，则检查下一个高差观测值，若已知，则可以计算出当前未知点的高差近似值，并放入高程近似值数组，依此类推，直到所有未知点的高程近似值都被求出为止。

（2）列立观测值的误差方程。根据各观测值的起止点信息及高差、距离值给误差方程的系数矩阵、权矩阵和常数项的各个元素赋值。

（3）平差解算。调用本书第 6.3 节中的间接平差通用过程进行平差解算。

3. 计算结果的输出

计算的中间结果和最后结果都实时在文本框中显示，最后还可以把文本框中的内容保存在文本文件中。

4. 界面设计

根据以上分析，本程序采用与本书第 6.5 节中单导线间接平差程序类似的界面设计。用菜单组织程序，用文本框显示数据的输入、计算和输出情况。由于涉及打开和保存文件的操作，所以还需要一个通用对话框。

（1）菜单设计。本程序的菜单结构见表 6-9，具体设计方法参见前面的章节。

表 6-9　　　　　　　　　　　　水准网间接平差程序菜单结构

标　题	名　称	快　捷　键	标　题	名　称	快　捷　键
文件(&File)	mnuFile	—	计算(&Calc)	mnuCalc	—

标　题	名　称	快捷键	标　题	名　称	快捷键
…打开数据…	mnuOpen	Ctrl＋O	…近似高程	mnuHeight	—
…保存结果…	mnuSave	Ctrl＋S	…误差方程	mnuEqu	—
…-	Aa	—	…平差计算	mnuAdj	—
…退出	mnuExit	Ctrl＋E	—	—	—

（2）窗体、文本框和通用对话框。在主窗体上绘制 1 个文本框控件和 1 个通用对话框控件，并按照表 6-10 所示设置属性（文本框的 Name 属性改为 txtShow）。

表 6-10 主窗体上窗体及控件属性设置

对　象	属　性	值	对　象	属　性	值
Text1	Text		Form1	Caption	水准网间接平差
Text1	MultiLine	True	CommonDialog1	Name	CDg1
Text1	ScrollBars	3-Both			

设计好属性后，调整控件和窗体的大小和位置，以方便、美观为好，一个调整好的例子如图 6-15 所示。

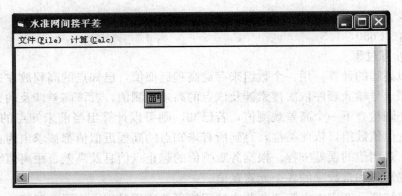

图 6-15　水准网间接平差程序设计界面

6.6.3　代码设计

程序中涉及的公共变量及其说明如下：

```
Dim strFileName As String
Dim nn%, un%, tn%, hn%              '已知点个数，未知点个数，总点数，观测值个数
Dim Pname() As String              '点名数组
Dim Hknown() As Double             '已知高程数组，存放已知点高程和高程近似值
Dim be%(), en%()                   '观测值的起点和终点编号数组，存储的是点序号
Dim h#(), s#()                     '高差观测值数组和距离观测值数组
Dim A#(), X#(), P#(), L#()         '间接平差的系数阵、解向量、权阵和常数向量
```

1. 数据输入

单击"文件→打开文件"命令，弹出打开对话框，待用户选取了文件以后，程序开始读取已知数据，具体代码如下：

```
'打开文件
Private Sub mnuOpen _ Click()
    Dim i%, strT1 As String, strT2 As String                '循环变量和临时变量
    CDg1. Filter=" 文本文件（＊. txt）｜＊. txt｜所有文件（＊. ＊）｜＊. ＊"
    CDg1. ShowOpen                          '打开对话框
    strFileName=CDg1. FileName        '获得选中的文件名和路径
    Open strFileName For Input As ＃1      '打开文件
        Input ＃1, nn, un, hn                '读入已知点个数，未知点个数，观测值个数
        tn＝nn＋un
        ReDim Pname（tn），Hknown（tn），h（hn），s（hn），be（hn），en（hn）
        For i＝1 To tn                   '读入点名
            Input ＃1, Pname（i）
        Next i
        For i＝1 To nn                   '读入已知高程
            Input ＃1, Hknown（i）
        Next i
        For i＝1 To hn                   '读入各观测值
            Input ＃1, strT1, strT2, h（i），s（i）
            be（i）＝Order（strT1）：en（i）＝Order（strT2）'给起终点数组排序
        Next i
        '显示读入的数据
        txtShow. Text=txtShow. Text ＆" 读入的水准网数据："＆ vbCrLf
        txtShow=txtShow ＆ " 已知点" ＆ nn ＆" 个，未知点" ＆ un ＆" 个，观测值" ＆ hn ＆" 个。"
        txtShow. Text=txtShow. Text ＆ vbCrLf ＆ "        网中涉及的点名有："
          For i＝1 To tn
              txtShow. Text=txtShow. Text ＆ Pname（i）＆"，"
        Next i
        txtShow. Text=txtShow. Text ＆ vbCrLf
        txtShow. Text=txtShow. Text ＆"        已知点高程为："＆ vbCrLf
        For i＝1 To nn
            txtShow. Text=txtShow. Text ＆ Pname（i）＆ " 的高程为："＆ Hknown（i）＆ vbCrLf
        Next i
        txtShow. Text=txtShow. Text ＆"        各观测值分别为："＆ vbCrLf
        txtShow=txtShow ＆ " 起点        终点        高差观测值        距离观测值"＆ vbCrLf
        For i＝1 To hn
            txtShow=txtShow ＆ Pname（be（i））＆ "    " ＆ Pname（en（i））＆ "    "
            txtShow=txtShow ＆ Format（h（i），" 0.000")＆""＆ Format（s（i），" 0.000")＆ vbCrLf
        Next i
    Close ＃1                            '不要忘记关闭文件
End Sub
```

其中 Order() 函数是根据点号（字符串）获得一个点的序号（数值）的自定义函数，之所以要进行这样的排序，是因为在输入和输出时需要使用字符串类型的点号，而在程序计算时，数组的下标元素需要整数型的序号。该函数的定义如下：

```
'点名一序号转换函数
Public Function Order（str As String）As Integer
    Dim i%
    For i＝1 To tn
        If str＝Pname（i）Then
            Order＝i：Exit For
        End If
    Next i
End Function
```

2. 高程近似值的计算

输入数据后，点击"计算→近似高程"，程序根据已知数据计算未知点的高程近似值，并将计算的中间结果显示在文本框中，代码如下：

```
'计算近似高程
Private Sub mnuHeight _ Click()
    Dim i%，j%
    For i＝1 To un
        For j＝1 To hn
            If be（j）＝nn＋i And en（j）＜nn＋i Then    '找到一个起点相同且终点已知的近似值
                    Hknown（nn＋i）＝Hknown（en（j））-h（j）
                    Exit For
            End If
            If en（j）＝nn＋i And be（j）＜nn＋i Then    '找到一个终点相同且起点已知的观测值
            Hknown（nn＋i）＝Hknown（be（j））＋h（j）
                Exit For
            End If
        Next j
    Next i
    '显示近似高程计算结果
    txtShow. Text＝txtShow. Text &." 　　近似高程计算结果：" & vbCrLf
For i＝1 To un
    txtShow＝txtShow &. Pname（i＋nn）&. "：" & Format（Hknown（i＋nn），" 0.000"）& vbCrLf
Next i
End Sub
```

3. 列立误差方程

点击"计算→误差方程"命令，程序根据输入的数据给误差方程的系数矩阵、权矩阵和常数向量赋值，并将其结果显示在文本框中，代码如下：

```
'列立误差方程：给 A、P、L 赋值
Private Sub mnuEqu _ Click()
    Dim i%，j%
    ReDim A（1 To hn，1 To un），L（1 To hn），P（1 To hn，1 To hn）
    '对每个观测值列误差方程
    For i＝1 To hn
```

```
            If en (i) ＞ nn Then A (i, en (i) －nn) ＝1      '若终点未知，则给终点对应的系数赋值
            If be (i) ＞ nn Then A (i, be (i) －nn) ＝－1    '若起点未知，则给起点对应的系数赋值
            L (i) ＝－ (Hknown (en (i)) －Hknown (be (i)) －h (i))    '根据起终点计算常
数项
            P (i, i) ＝1/s (i)                              '以距离的倒数为权
        Next i
        '显示误差方程
        txtShow. Text＝txtShow. Text &"        列立的误差方程:" & vbCrLf
        For i＝1 To hn
            For j＝1 To un
                txtShow. Text＝txtShow. Text & A (i, j) &"    "
            Next j
            txtShow. Text＝txtShow. Text & "       " & Format (L (i), " 0. 0000") & vbCrLf
        Next i
        txtShow. Text＝txtShow. Text & " 权矩阵:" & vbCrLf
        For i＝1 To hn
            For j＝1 To hn
                txtShow. Text＝txtShow. Text & P (i, j) & "     "
            Next j
            txtShow. Text＝txtShow. Text & vbCrLf
        Next i
    End Sub
```

4. 解算高程平差值

点击"计算→平差计算"命令，程序调用间接平差通用过程求解误差方程，并求出高程平差值，显示在文本框中，代码如下：

```
'平差计算
Private Sub mnuAdj _ Click()
    Dim i%, j%
    ReDim X (1 To un)
    InAdjust A, P, L, X          '调用间接平差的通用过程求解
    txtShow. Text＝txtShow. Text & " 平差计算结果:" & vbCrLf '计算并显示高程平差结果
    txtShow＝txtShow & " 点号   初始高程 (m)   高程改正数 (m)    平差后高程 (m)" & vbCrLf
    For i＝1 To un
        txtShow. Text＝txtShow. Text & Pname (nn+i) & "      " & Format (Hknown (nn+i), " 0. 0000")
        Hknown (nn+i) ＝Hknown (nn+i) ＋X (i)
        txtShow＝txtShow & "" & Format (X (i), " 0. 000") & "  " _
                        & Format (Hknown (nn+i), " 0. 000") & vbCrLf
    Next i
End Sub
```

5. 保存、退出

点击"文件→保存结果"命令，将文本框中的内容保存在指定的文件中，代码如下：

```
'保存计算结果
Private Sub mnuSave _ Click()
```

CDg1. Filter＝"文本文件（＊. txt）│＊. txt│所有文件（＊. ＊）│＊. ＊"

CDg1. ShowSave；strFileName＝CDg1. FileName

Open strFileName For Output As ＃1

  Print ＃1, txtShow. Text

Close ＃1

End Sub

点击"文件→退出"命令，退出程序，代码由读者自行完成。

6.6.4　执行调试

执行程序，读入本节算例所示的数据，依次点击"文件"菜单中的"近似高程"、"误差方程"和"平差计算"命令，计算结果如图6-16所示。

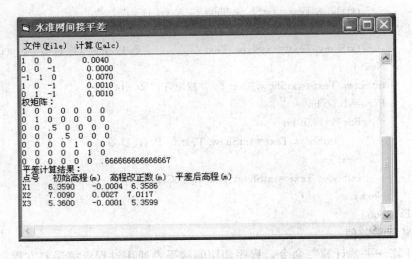

图 6-16　水准网间接平差执行界面

6.7　平面控制网间接平差

6.7.1　平面控制网间接平差原理

平面控制网按照观测值的组成情况，可以分为测边网、测角网和边角网等。平面控制网的间接平差解算主要分为坐标近似值的计算、列立误差方程和平差解算及精度评定等几个步骤。本节简单介绍一下纯测边网、纯测角网和全边角网的间接平差计算方法，有关平面控制网平差程序设计的详细介绍，有兴趣的读者可以参考文献［20］的有关章节。

下面以一个算例（选自文献［20］中5.4节的算例）来说明平面控制网的间接平差原理，该控制网形如图6-17所示。

（1）观测值的误差方程。平面控制网中通常包含边长观测值和方向观测值，边长误差方程已经在本书第6.5节中介绍。对于方向观测值，本书第6.5节中介绍了按角度平差时误差方程的列法，这是将同一测站的方向观测值视作相互独立的，而实际上它们往往是相关的，因此比较严密的方法是给每个方向观测值分别列立误差方程。

图6-18中，j 为测站，k 为照准点，L_{jk} 为 jk 方向的观测值，Z_j 为 j 站的定向角。由图6-18可得，jk 方向的误差方程为

$$v_{jk} = -\hat{Z}_j + \hat{\alpha}_{jk} - L_{jk} \qquad (6\text{-}46)$$

式中　$\hat{Z}_j$——j 站定向角的平差值；

$\hat{\alpha}_{jk}$——jk 方向的方位角平差值。

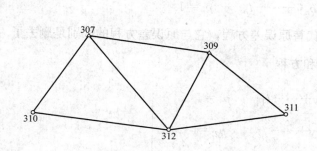

图 6-17　平面控制网所示

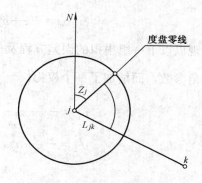

图 6-18　方向误差方程示意图

设 j、k 两点均为待定点，其坐标平差值为

$$\left.\begin{array}{l}\hat{X}_j = X_j^0 + \hat{x}_j \\ \hat{Y}_j = Y_j^0 + \hat{y}_j\end{array}\right\} , \quad \left.\begin{array}{l}\hat{X}_k = X_k^0 + \hat{x}_k \\ \hat{Y}_k = Y_k^0 + \hat{y}_k\end{array}\right\} \qquad (6\text{-}47)$$

由坐标平差值与坐标近似值求得的方位角平差值 α_{jk}^0 有以下关系

$$\hat{\alpha}_{jk} = \alpha_{jk}^0 + \delta_{\hat{\alpha}_{jk}} \qquad (6\text{-}48)$$

其中

$$\left.\begin{array}{l}\alpha_{jk}^0 = \arctan \dfrac{Y_k^0 - Y_j^0}{X_k^0 - X_j^0} \\[3mm] \hat{\alpha}_{jk} = \arctan \dfrac{\hat{Y}_k - \hat{Y}_j}{\hat{X}_k - \hat{X}_j} = \arctan \dfrac{(Y_k^0 + \hat{y}_k) - (Y_j^0 + \hat{y}_j)}{(X_k^0 + \hat{x}_k) - (X_j^0 + \hat{x}_j)}\end{array}\right\} \qquad (6\text{-}49)$$

$\delta_{\hat{\alpha}_{jk}}$ 成为坐标方位角改正数。

将其线性化，并设 $a_{jk} = \dfrac{\rho'' \sin\alpha_{jk}^0}{s_{jk}^0}$，$b_{jk} = -\dfrac{\rho'' \cos\alpha_{jk}^0}{s_{jk}^0}$，经整理得

$$\delta_{\hat{\alpha}_{jk}}'' = a_{jk}\hat{x}_j + b_{jk}\hat{y}_j - a_{jk}\hat{x}_k - b_{jk}\hat{y}_k \qquad (6\text{-}50)$$

角度单位为秒，长度单位为厘米。顾及到 $\hat{Z}_j = Z_j^0 + \hat{z}_j$，代入误差方程，得

$$v_{jk} = -\hat{z}_j + a_{jk}\hat{x}_j + b_{jk}\hat{y}_j - a_{jk}\hat{x}_k - b_{jk}\hat{y}_k - l_{jk} \qquad (6\text{-}51)$$

式中常数项为

$$-l_{jk} = \alpha_{jk}^0 - L_{jk} - Z_j^0$$

这样，在同一测站上的各个方向误差方程中，都含有一个相同的定向角参数 $\hat{z}$，它的作用只是列出误差方程，因此，可以在组成法方程之前用 Schreiber 法则消去定向角，降低解算法方程的计算量。设在同一测站上有 n 个观测方向，其误差方程及权 p_i 分别为

$$v_1 = -\hat{z} + a_1\hat{x} + b_1\hat{y} + \cdots - l_1 \qquad p_1 = 1$$
$$v_2 = -\hat{z} + a_2\hat{x} + b_2\hat{y} + \cdots - l_2 \qquad p_2 = 1$$
$$\vdots$$
$$v_n = -\hat{z} + a_n\hat{x} + b_n\hat{y} + \cdots - l_n \qquad p_n = 1$$

(6-52)

现以以下一组虚拟的误差方程及权来代替原误差方程，它与原误差方程的区别是删去了定向角参数，而增加了一个权为 $\left(-\dfrac{1}{n}\right)$ 的和方程

$$v'_1 = -\hat{z} + a_1\hat{x} + b_1\hat{y} + \cdots - l_1 \qquad p_1 = 1$$
$$v'_2 = -\hat{z} + a_2\hat{x} + b_2\hat{y} + \cdots - l_2 \qquad p_2 = 1$$
$$\vdots$$
$$v'_n = -\hat{z} + a_n\hat{x} + b_n\hat{y} + \cdots - l_n \qquad p_n = 1$$
$$[v'] = [a]\hat{x} + [b]\hat{y} + \cdots - [l] \qquad p = -\frac{1}{n}$$

(6-53)

需要注意的是，在求改正数时，仍应按原有误差方程计算，因此需要求出

$$\hat{z} = \frac{[a]}{n}\hat{x} + \frac{[b]}{n}\hat{y} + \cdots - \frac{[l]}{n}$$

(6-54)

（2）近似坐标的计算。在水准网间接平差中，由于观测值与所设参数之间是一种线性的函数关系，因此并不需要计算参数的近似值，且解出来的未知数即为平差值。但此时的常数项较大，且常数阵中各元素之间差别较大，计算较为复杂和繁琐，所以在本章 6.6 节中增加了参数近似值（高程近似值）的计算。而在平面控制网中，观测值（边长或方向）与参数（待定点坐标）之间的关系是非线性的，如果不给出近似坐标，就无法列出误差方程，因此待定点近似坐标的计算是平面控制网解算的重要一步。

文献 [20] 中给出了极坐标法、前方交会、测边交会、后方交会、无定向导线等五种计算方法，限于本书的篇幅，这里只采用极坐标法、前方交会和测边交会方法计算，其他方法的使用和具体实现，有兴趣的读者可以参考文献 [20] 中的有关章节。

（3）误差方程系数的压缩存储。控制网中的观测值一般有边长、方向和方位角等，这些观测值的误差方程式的非零项一般最多为 4 个，即在两个点均为待定点的情况下，消除定向角后的"和误差方程"的非零系数为 $2n+2$ 个（n 为测站方向观测个数）。按照误差方程的格式，其系数矩阵为 n 行和 $2 \times dd$ 列（dd 为网中未知点数），这样系数矩阵中会有很多零元素存在，浪费了大量的存储空间并影响计算效率，所以误差方程系数矩阵应采用压缩格式进行存储。

本节采用文献 [20] 中介绍的方法，即

$$A(m, n) \Rightarrow A(m, 9)$$

(6-55)

其中，m 为观测值个数，n 为未知点个数的两倍。

改进后的 A 阵格式为

$A_i=$（编号 1，系数 1，编号 2，系数 2，…，编号 4，系数 4，常数项）

共 9 列。即只存储误差方程的 4 个非零参数的系数。对于"和误差方程"$[v']$，设立一个数组 PA3 来存储，其对应的权阵设为 QLS。

这样，就得到了改进后的误差方程系数和权阵：

QL：边长、方向误差方程的系数和权阵；

PA3、QLS："和方程"的系数和权阵，观测值总数 m 为边、方向的观测方程数之和。

法方程系数阵 N_A 为对称阵，在存储时，只需要存其上三角部分就可以了。其占用的空间为

$$sum=\frac{n(n+1)}{2}$$

现有 A 阵：

$A_i=$（编号 1，系数 1，编号 2，系数 2，…，编号 4，系数 4，常数项）

其中偶数项为系数，加上最后的 A_9 为常数项，在组成法方程时，从 A_2 开始分别与剩下的偶数项及常数项相乘，然后再用 A_4 与剩余的项相乘，一直到 A_8 为止，这样就完成了 $N_A=A^TPA$ 的过程。需要注意的是：若 A_1、A_3、A_5、A_7 小于零，则表示该点是已知点，不参与法方程的组成。

（4）精度评定。间接平差方法可以很方便地得到各点的精度情况，包括单位权中误差、点位中误差、点位误差椭圆、观测值中误差和改正数等。在本书 6.5 节中单导线的间接平差中，由于计算比较简单，因此没有加入精度评定的内容，本节简单介绍一下有关的计算方法，有兴趣的读者可以把精度评定的有关内容也写进间接平差的通用过程，以供其他程序调用。

1）坐标改正数及单位权中误差的计算。坐标平差值的纯量形式为

$$\hat{x}_i=\delta x-\sum_{j=1}^{n}q_{ij}w_j \tag{6-56}$$

使用上三角一维数组形式存储，则变为

$$\delta x_i=-\sum_{j=1}^{i-1}q_{ji}w_j-\sum_{j=i}^{n}q_{ij}w_j \quad(i=1,\ \cdots,\ n) \tag{6-57}$$

其中，$n=2\times dd$，平差值的单位为 cm。

平差值

$$\hat{X}=X^0+\hat{x} \tag{6-58}$$

其分量形式为

$$X_i=X_i^0+\delta x_i \tag{6-59}$$

如果近似坐标的误差较大或网形较大，平差的结果会不精确，这时就需要进行迭代平差，直到两次平差间互差在允许值内。

单位权中误差为

$$m_0=\pm\sqrt{\frac{[PVV]}{m-n}} \tag{6-60}$$

式中　m，n——分别为观测值个数和未知数个数，$m=m_1+m_2+m_3$，$n=2\times dd+ST$；

　　　　ST——方向观测的测站个数。

$$[PVV]=[Pll]+[\delta x\cdot w] \tag{6-61}$$

2）点位误差椭圆。误差椭圆表示了网中点或点与点之间的误差分布情况。在测量工作

中，常用误差椭圆对布网方案做精度分析。绘制误差椭圆只需三个数据：椭圆的长半轴 a，短半轴 b 和主轴方向 ψ。其求法为

$$\left.\begin{aligned}a^2 &= \frac{1}{2}\left(\delta_x^2 + \delta_y^2 + \sqrt{(\delta_x^2 - \delta_y^2)^2 + 4\delta_{xy}^2}\right)\\ b^2 &= \frac{1}{2}\left(\delta_x^2 + \delta_y^2 - \sqrt{(\delta_x^2 - \delta_y^2)^2 + 4\delta_{xy}^2}\right)\end{aligned}\right\}, \quad \tan2\varphi = \frac{2\sigma_{xy}}{\sigma_x^2 - \sigma_y^2} \tag{6-62}$$

顾及方差与权倒数的关系，得

$$\left.\begin{aligned}a^2 &= \frac{\sigma_0^2}{2}\left(Q_{xx} + Q_{yy} + \sqrt{(Q_{xx} - Q_{yy})^2 + 4Q_{xy}}\right)\\ b^2 &= \frac{\sigma_0^2}{2}\left(Q_{xx} + Q_{yy} - \sqrt{(Q_{xx} - Q_{yy})^2 + 4Q_{xy}}\right)\end{aligned}\right\}, \quad \tan2\varphi = \frac{2Q_{xy}}{Q_{xx} - Q_{yy}} \tag{6-63}$$

6.7.2　程序分析和界面设计

（1）已知数据的输入。需要输入的数据包括网形信息、已知点和未知点个数及点号、已知点坐标，距离、方向等观测值的信息。本节程序仍采用文件方式进行输入，约定文件输入的格式如下：

第 1 行：网形（$Net = 1$ 测边网，2 测角网，3 边角网）；

第 2 行：已知点个数（nn），未知点个数（un）；

第 3 行：点号（已知点在前，未知点在后）；

第 4 行：已知点坐标（顺序与上一行的点号对应，先输 X 坐标，再输 Y 坐标）；

第 5 行：观测值中边的个数（Ne）、方向的个数（Nd）；

第 6 行：边长固定误差（mm，单位 mm）、比例误差（pp，单位 10^{-6}）；

第 7 行起：边的起始点号（bE）、终点点号（eE）、边长（s）；各数值间中间用","隔开，每行可以输入多个边长观测值，但行末不要","；

第 $7+Ne$ 行：方向中误差（Md）；

第 $8+Ne$ 行起：方向起始点号（bD）、终点点号（eD）、方向值（Dir）；要求与边长观测值的输入要求相同；

第 $8+Ne+Nd$ 行起：若为测边网或测角网，则开始输入近似坐标推算路线（aa、bb、cc），cc 为未知点，三个点按逆时针顺序排列，输入要求与边长观测值相同。

本节中使用的算例的数据文件如下：

3

2, 3

309, 307, 312, 310, 311

3307245.025, 40573116.485, 3308277.151, 40570795.625

6, 14, 0

0.3, 2.0

307, 312, 2542.152, 307, 310, 1731.358, 309, 311, 1326.311

309, 312, 1630.460, 310, 312, 1673.824, 311, 312, 1826.488

1.2

310, 307, 47.0947, 310, 312, 143.4401, 312, 309, 0, 312, 311, 44.4030, 312, 310, 246.1226

312, 307, 288.4702, 311, 312, 158.3653, 311, 309, 218.2515, 309, 311, 0, 309,

312, 75.3110

309，307，146.524，307，309，157.4425，307，312，195.0952，307，310，236.0057

（2）计算结果的输出。计算结果和中间结果都实时在文本框中显示，最后还可以将其保存在文本文件中。

（3）界面设计。根据以上分析，本程序采用与单导线计算类似的界面设计：用菜单组织，用文本框显示数据的输入、计算和输出情况，由于涉及文件的操作，所以还需要一个通用对话框。

1）菜单设计。本程序的菜单结构见表 6-11，具体设计方法，参见前面的章节。

表 6-11　水准网间接平差程序菜单结构

标题	名称	快捷键	标题	名称	快捷键
文件(&File)	mnuFile	—	平差计算(&Calc)	mnuCalc	—
…输入数据…	mnuInput	Ctrl+O	…近似坐标	mnuCalcCoor	—
…保存结果…	mnuSave	Ctrl+S	…平差	mnuAdjust	—
…-…	Aa	—	…点位误差椭圆	mnuPointElli	—
…退出	mnuExit	Ctrl+E	—	—	—

2）窗体、文本框和通用对话框。在主窗体上绘制 1 个文本框控件和 1 个通用对话框控件，并按照表 6-12 所示设置属性（文本框的 Name 属性改为 txtShow）。

表 6-12　主窗体上窗体及控件属性设置

对象	属性	值	对象	属性	值
Text1	Text		Form1	Caption	水准网间接平差
Text1	MultiLine	True	CommonDialog1	Name	CDg1
Text1	ScrollBars	3-Both			

设计好属性后，调整控件和窗体的大小和位置，以方便、美观为好，一个调整好的例子如图 6-19 所示。

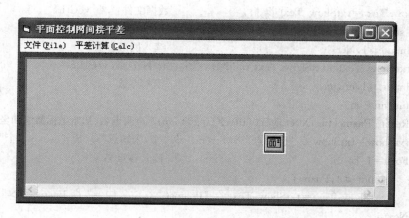

图 6-19　平面控制网间接平差设计界面

6.7.3　代码设计

程序中用到的公共变量、数组和常量声明如下：

Const PI＝3.14159265358979
Const RU＝206264.8

```
Dim Net%,nn%,un%,tn%                            '网的类型,已知点个数,未知点个数,总点数
Dim Pname() As String                           '点名数组,大小为 tn
Dim X0#(),Y0#()                                 '已知点坐标及未知点近似坐标,大小为 tn
Dim X#(),Y#()                                    '已知点坐标及未知点平差坐标,大小为 tn
Dim N500%                                        '记录 Y 坐标的带号,读入数据时减去,输出数据时加上
Dim Ne%,Nd%                                      '边长观测值个数,方向观测值个数
Dim mM#,pP#                                      '边长观测值的固定误差和比例误差,单位为 mm 和 ppm
Dim bE%(),eE%(),s#()                            '边长观测值的起点、终点、边长
Dim mD#,Dir0#(),Dir#()                          '方向中误差,原始方向数组和排序后的方向数组
Dim bD0%(),eD0%(),bD%(),eD%()                   '方向起终点原始数组和排序后的数组
Dim Si%(),Ni%()                                 '统计总的方向数和每个测站的方向数
Dim aa%(),bb%(),cc%()                           '近似坐标的计算路线,个数与未知点个数相同
Dim Pa#(700,9),Pa3#(200,40),W#(400)            '误差方程系数(压缩方式存放)和常数向量
Dim qL#(700),qLS#(200)                          '误差方程权和虚拟误差方程的权
Dim Q(100,100) As Double                        '协方差阵,Q=N^(-1)
Dim uW0#                                         '单位权中误差
Dim strFileName As String
```

（1）数据输入。点击"文件→输入数据"，弹出打开对话框，待用户选取了文件以后，程序开始读取已知数据，具体代码如下：

```
'输入观测数据
Private Sub mnuInput_Click()
    Screen. MousePointer=13
    CDg1. Filter="Text Files( * . TXT)| * .txt" :     CDg1. Action=1
    strFileName=CDg1. FileName:                      If strFileName="" Then Exit Sub
    Dim i%,j%,strT1$,strT2$,strT3$                  '循环变量,临时字符串
    Dim Err1%,Err2%,Err3%,Err4%                     '错误号,表示找不到起点、终点和起末点相同
    txtShow. Text=txtShow. Text & "                 数据文件:" & vbCrLf
    Open strFileName For Input As #1
        Input #1,Net                               '读入网形参数
        txtShow. Text=txtShow. Text & "Net=" & Str(Net) & vbCrLf
        Input #1,nn,un                             '读入点数
        tn=nn+un
        ReDim Pname(tn),X0(tn),Y0(tn),X(tn),Y(tn) '声明点名、初始坐标数组和坐标平差值大小
        txtShow=txtShow & "已知点" & Str(nn) & "个,未知点" & Str(un) & "个" & vbCrLf
        For i=1 To tn                               '读入各点名
            Input #1,Pname(i)
            txtShow. Text=txtShow. Text & "Pname(" & i & ")=" & Pname(i)&","
        Next i
        txtShow. Text=txtShow. Text & vbCrLf
        For i=1 To nn                               '读入已知点坐标
            Input #1,X0(i),Y0(i)
            '去掉带号和 500 公里
            N500=Val(Left(Trim(Str(Y0(i))),2))     '得到带号
```

```vb
        N500＝N500 * 10＋5：Y0(i)＝Y0(i)-N500 * 100000    '给 Y 坐标去掉带号和 500km
        txtShow＝txtShow & "x0(" & i & ")=" & X0(i) & "," _ & "y0(" & i & ")=" & Y0
            (i) & vbCrLf
    Next i
    Input ♯1,Ne,Nd                                '读入边长、角度观测值、方位角观测值的个数
    txtShow＝txtShow & "边长观测值" & Ne & "个,角度观测值" & Nd & "个。" & vbCrLf
    If Ne ＞ 0 Then                                '如果有边长观测值,那么读入边长观测值
        Input ♯1,mM,pP                            '输入边长精度:固定误差和比例误差
        txtShow＝txtShow & "边长固定误差" & Format(mM,"0.00") & "mm,比例误差" _
                & Str(pP) & "10⁻⁶。" & vbCrLf
        ReDim bE(Ne),eE(Ne),s(Ne)                 '声明边数组大小
        For i＝1 To Ne                            '输入边长有关信息
            Input ♯1,strT1,strT2,s(i)
            Err1＝ChkData(strT1,bE(i))            '检查起点并计算起点序号
            Err2＝ChkData(strT2,eE(i))            '检查终点并计算终点序号
            txtShow＝txtShow & "be(" & i & ")=" & Pname(bE(i)) & "," & "eE(" & i & ")=" _
                & Pname(eE(i)) & "," & "s(" & i & ")=" & Str(s(i)) & "," & vbCrLf
        Next i
    '读入的边长数据写入文件,并做检查
    Open App. Path & "\边长观测值数据 . txt" For Output As ♯2
        Print ♯2,"边长观测值:":Print ♯2,"mm=" & mM:Print ♯2,"pp=" & pP
        For i＝1 To Ne
            Print ♯2,"bE(" & i & ")=";Pname(bE(i)); ",eE(" & i & ")="; _
                                        Pname(eE(i)); ",s(" & i & ")="; s(i)
        Next i
    Close ♯2
    '检查边的起点与终点是否相同
    Err3＝0
    For i＝1 To Ne
        If bE(i)＝eE(i) Then
            Err3＝1
            Open App. Path & "\err. log" For Output As ♯2
                Print ♯2,"s(" & i & ")","bE(" & i & ")=" & Pname(bE(i)), _
                    "eE(" & i & ")=" & Pname(eE(i))
            Close ♯2
        End If
    Next i
    If Err1＋Err2＋Err3 ＜＞ 0 Then   MsgBox "边长输入错误",1,"出错"
End If
If Nd ＞ 0 Then        '如果有方向观测值,那么读入方向观测值
    Dim ii%,ik%                        '辅助循环变量
    Input ♯1,mD                        '读入方向中误差
    txtShow. Text＝txtShow. Text & "方向中误差:" & Str(mD) & vbCrLf
```

```
        ReDim bD(1 To Nd),eD(1 To Nd),Dir(Nd)      '声明方向数组大小
        ReDim Si(Nd),Ni(Nd)                          '声明测站测回数数组的大小
        ReDim bD0(Nd),eD0(Nd),Dir0(Nd)              '声明辅助方向数组大小
        For i=1 To Nd
            Input #1,strT1,strT2,Dir(i)
            Err1=ChkData(strT1,bD(i))               '检查起点并计算起点序号
            Err2=ChkData(strT2,eD(i))               '检查终点并计算终点序号
            txtShow=txtShow & "bD(" & i & ")=" & Pname(bD(i)) & ";  eD(" & i & ")=" _
                        & Pname(eD(i)) & ";  dir(" & i & ")=" & Dir(i) & vbCrLf
        Next i
        '读入的方向数据写入文件并检查
        Open App. Path & "\方向观测值数据 . txt" For Output As #2
            Print #2,"方向观测值中误差 md=" & mD
            For i=1 To Nd
                bD0(i)=bD(i): eD0(i)=eD(i): Dir0(i)=Dir(i): Dir(i)=DoToHu(Dir(i))
            Next i
            Err3=0
            For i=1 To Nd
                If bD0(i)=eD0(i) Then
                    Err3=1
                    Open App. Path & "\err. log" For Output As #3
                        Print #3,"dir(" & i & ")","bD(" & i & ")=" & Pname(bD0(i)),_
                                "eD(" & i & ")=" & Pname(eD0(i))
                    Close #3
                End If
            Next i
            If Err1+Err2+Err3 <> 0 Then MsgBox "方向输入错误",1,"输入出错"
            '统计每个测站的方向数
            ik=1: Si(1)=1
            For i=1 To tn
                ii=0
                For j=1 To Nd
                    If bD0(j)=i Then
                        ii=ii+1      :ik=ik+1
                        bD(ik)=bD0(j):eD(ik)=eD0(j):Dir(ik)=DoToHu(Dir0(j))
                    End If
                Next j
                Ni(i)=ii:Si(i+1)=Si(i)+Ni(i)
            Next i
            For i=1 To Nd
            Print #2,"bD(" & i & ")=" & bD(i); "eD(" & i & ")=" & eD(i)
            Print #2,"dir(" & i & ")=" & Format(Dir0(i),"0. 00000")
            Print #2,"dir(" & i & ")=" & Format(DoToHu(Dir0(i)),"0. 00000")
```

```
            Next i
            Close ♯2
        End If
        If Net＝1 Or Net＝2 Then        '读取近似坐标的计算路线
            For i＝1 To un
                Input ♯1,aa(i),bb(i),cc(i)
                Err1＝ChkData(strT1,aa(i)) '检查起点并计算起点序号
                Err2＝ChkData(strT2,bb(i)) '检查中点并计算终点序号
                Err3＝ChkData(strT3,cc(i)) '检查终点并计算终点序号
            Next i
            Open App. Path & "\近似坐标计算路线 . txt" For Output As ♯2
                Print ♯1,"  近似坐标计算路线:"
                For i＝1 To un
                    Print ♯1,aa(i),bb(i),cc(i)
                Next i
            Close ♯1
            For i＝1 To un
            Err4＝0
            If aa(i)＝bb(i) Or bb(i)＝cc(i) Or cc(i)＝aa(i) Then
                Err4＝1
                Open App. Path & "\err. log" For Output As ♯1
                    Print ♯1,"点号相同的计算路线"
                    Print ♯1,"aa(" & i & ")","bb(" & i & ")","cc(" & i & ")"
                Close ♯1
            End If
            If Err1＋Err2＋Err3＋Err4 <> 0 Then MsgBox "计算路线有误",1,"错误"
            Next i
        End If
    Close ♯1
    Screen. MousePointer＝0
End Sub
```

其中，ChkData（）函数用于检查读入的数据是否正确，并将点名转换成序号，代码如下：

```
'检查数据并将点名转换为序号
'第一个参数是要检查的点名,第二个参数是得到的序号;返回值是错误号
Public Function ChkData(strP As String,Order%) As Integer
    Dim i%,bFound As Boolean
    Order=0;bFound=False
    For i＝1 To tn
        If strP＝Pname(i) Then
            bFound＝True;Order＝i;ChkData＝0    ;Exit For
        End If
    Next i
```

```
    If Not bFound Then
        Open App. Path & "\err. log" For Output As #1
            Print #1,"未找到的点号:" & strP & vbCrLf
        Close #1
        ChkData=1:MsgBox "有未找到的点号",1,"输入错误"
    End If
End Function
```

（2）坐标近似值的计算。点击"平差计算→近似坐标"，程序根据输入的数据计算点的近似坐标，代码如下：

```
'计算近似坐标
Private Sub mnuCalcCoor_Click()
    Dim i%,j%,k%                    '循环变量
    If Net=1 Then                   '按边长计算近似坐标:使用前方交会方法
        Dim Sa#,Sb#,Sc#,al#,bl#,cl#                '三角形边长和三个内角
        For i=1 To un
            Sc=DistAB(X0(aa(i)),Y0(aa(i)),X0(bb(i)),Y0(bb(i)))
            For j=1 To Ne
                If (bE(j)=bb(i) And eE(j)=cc(i)) Or (bE(j)=cc(i) And eE(j)=bb(i)) Then Sa=s(j)
                If (bE(j)=aa(i) And eE(j)=cc(i)) Or (bE(j)=cc(i) And eE(j)=aa(i)) Then Sb=s(j)
            Next j
            Call GetInnerAngleS(Sa,Sb,Sc,al,bl,cl)    '求三角形三个内角
            '调用前方交会程序计算待定点坐标
            ForIntersec X0(aa(i)),Y0(aa(i)),X0(bb(i)),Y0(bb(i)),al,bl,X0(cc(i)),Y0(cc(i))
        Next i
        '显示计算结果
        Open App. Path & "\按边长计算近似坐标. txt" For Output As #1
            Print #1,"按边长计算近似坐标:"
            txtShow. Text=txtShow. Text & "       按边长计算近似坐标:" & vbCrLf
            For i=nn+1 To tn
                Print #1,Pname(i),Format(X0(i),"0. 0000"),Format(Y0(i),"0. 0000")
                txtShow=txtShow & Pname(i) & "," & Format(X0(i),"0. 0000") & "," _
                    & Format(Y0(i),"0. 0000") & vbCrLf
            Next i
        Close #1
    End If
    If Net=2 Then                   '根据方向观测值计算近似坐标:使用前方交会方法
        Dim Ta#,Tb#                 '用于交会的两个角
        For i=1 To un
            Ta=GetBeta(bb(i),aa(i),cc(i),j):Tb=GetBeta(aa(i),bb(i),cc(i),j)    '求角 A、B
            '调用前方交会程序计算待定点坐标
            ForIntersec X0(aa(i)),Y0(aa(i)),X0(bb(i)),Y0(bb(i)),Ta,Tb,X0(cc(i)),Y0(cc(i))
        Next i
        Open App. Path & "\按方向计算近似坐标. txt" For Output As #1
```

```
        Print ♯1,"按方向计算近似坐标:"
        txtShow.Text=txtShow.Text & "       按方向计算近似坐标:" & vbCrLf
        For i=nn+1 To tn
            Print ♯1,Pname(i),Format(X0(i),"0.0000"),Format(Y0(i),"0.0000")
            txtShow=txtShow & Pname(i) & "," & Format(X0(i),"0.0000") & "," _
                    & Format(Y0(i),"0.0000") & vbCrLf
        Next i
    Close ♯1
End If
If Net > 2 Then                       '根据边角条件计算近似坐标:使用极坐标方法
    Dim dblS♯,dblA♯,dblD♯              '极坐标方法中的边长、夹角、方位角
    Dim dir1♯,dir2♯,bF As Boolean      '两个临时的方向,一个逻辑开关
    For i=nn+1 To tn
        For j=Si(i) To Si(i)+Ni(i)-1
            If eD(j) < i Then
                '如果搜索要用到的边长和方向值,则根据极坐标法计算待定点坐标
                If FoundSid(eD(j),i,dblS) And FoundDir1(eD(j),i,dir1) Then
                    bF=False
                    For k=Si(eD(j)) To Si(eD(j))+Ni(eD(j))-1
                        If eD(k) < i Then
                            dir2=Dir(k):            bF=True
                            dblA=dir1-dir2:      If dblA < 0 Then dblA=dblA+2 * PI
                            '调用极坐标方法求点的坐标
                            PolarPositioning X0(eD(k)),Y0(eD(k)),X0(eD(j)),_
                                    Y0(eD(j)),dblS,dblA,X0(i),Y0(i)
                            Exit For
                        End If
                    Next k
                    If bF Then Exit For
                End If
            End If
        Next j
    Next i
    txtShow.Text=txtShow.Text & "      按全边角网计算近似坐标(m):" & vbCrLf
    Open App.Path & "\按全边角网计算近似坐标.txt" For Output As ♯1
        Print ♯1,"      按全边角网计算近似坐标(m):"
        For i=nn+1 To tn
            Print ♯1,Pname(i),Format(X0(i),"0.0000"),Format(Y0(i),"0.0000")
            txtShow=txtShow & Str(Pname(i)) & "     " & Format(X0(i),"0.0000") & "," _
                    & Format(Y0(i),"0.0000") & vbCrLf
        Next i
    Close ♯1
End If
```

```
End Sub
```

其中，函数 GetInnerAngleS() 是用三角形的三个边长求三个内角的自定义函数，子过程 ForIntersec() 和 PolarPositioning() 是使用前方交会方法和极坐标方法计算待定点坐标的自定义子过程，具体实现代码见本书第 4.3.5 节。

函数 GetBeta() 是根据所给三个顶点搜索有关的方向观测值计算相应的夹角的自定义函数，输入参数是给定的三个顶点的点号，一个输出参数 k 表示计算是否成功，$k=1$ 表示计算成功，否则表示计算不成功（顶点或方向观测值有误），函数返回值是算得的角度值，具体实现代码如下：

```
'由方向值求夹角值:夹角的三个点,夹角顶点在中间,返回夹角值;参数
Public Function GetBeta(i1%,i2%,i3%,k%) As Double
    Dim k1%,k2%,dir1#,dir2#,i%
    k=0:k1=0:k2=0
    For i=Si(i2) To Si(i2)+Ni(i2)-1
        If eD(i)=i1 Then
            k1=1:dir1=Dir(i)
        End If
        If eD(i)=i3 Then
            k2=1:dir2=Dir(i)
        End If
    Next i
    If k1=1 And k2=1 Then
        k=1:    GetBeta=dir2-dir1
        If GetBeta < 0 Then GetBeta=GetBeta+2*PI
        If GetBeta > PI Then GetBeta=2*PI-GetBeta
    End If
End Function
```

函数 FoundSid()、FoundDir1() 和 FoundDir2() 函数分别用来搜索给定起点和终点的边、角度的起始方向和终止，输入的参数包括边或方向的起终点，输出参数是找到的边长或方向值，函数返回值是一个表示是否找到该边或方向值的逻辑值。各函数实现代码如下：

```
'搜索已知起点和终点的边
Public Function FoundSid(beNode%,enNode%,dblS#) As Boolean
    Dim k%                      '循环变量
    FoundSid=False
    For k=1 To Ne
        If (bE(k)=beNode And eE(k)=enNode) Or (bE(k)=enNode And eE(k)=beNode) Then
            dblS=s(k)
            FoundSid=True:Exit Function
        End If
    Next k
End Function
'搜索已知起点和终点的起始方向值
```

```
Public Function FoundDir1(beNode%,enNode%,dblDir#) As Boolean
    Dim k%                      '循环变量
    FoundDir1=False
    For k=Si(beNode) To Si(beNode)+Ni(beNode)-1
        If eD(k)=enNode Then
            dblDir=Dir(k)
            FoundDir1=True:Exit Function
        End If
    Next k
End Function
'搜索已知起点和终点的终止方向值
Public Function FoundDir2(beNode%,enNode%,dblDir#) As Boolean
    Dim k%                      '循环变量
    FoundDir2=False
    For k=Si(beNode) To Si(beNode)+Ni(beNode)-1
        If eD(k) < enNode Then
            dblDir=Dir(k)
            FoundDir2=True:Exit Function
        End If
    Next k
End Function
```

（3）平差计算。点击"平差计算→平差"命令，程序根据输入的数据和近似坐标列立观测值的误差方程，并解算法方程，得到坐标平差值和点位中误差。具体代码如下：

```
'平差计算
Private Sub mnuAdjust_Click()
    Screen. MousePointer=13
    '列立误差方程===================================
    Dim strR As String,S3$           '用于显示内容的字符串
    Dim i%,j%,k%,ii%,jj%,kk%          '循环变量,辅助记数变量
    Dim dX#,dY#,ss#,cosa#,sinA#       '列边长误差方程所需中间变量
    Dim Z0#,Z1#,a0#                   '列方向误差方程所需中间变量
    Dim ai#,bi#,P3(300) As Single     '一些辅助变量和数组
    Dim k1%,k2%,pPp(300) As Integer   '一些辅助变量和数组
    If Ne > 0 Then '按边长计算方程系数
        strR="          边长误差方程:" & vbCrLf
        For i=1 To Ne
            dX=X0(eE(i))-X0(bE(i)):dY=Y0(eE(i))-Y0(bE(i))
            ss=Sqr(dX^2+dY^2):cosa=dX/ss:sinA=dY/ss
            '系数阵及常数项
            Pa(i,1)=2*(bE(i)-nn)-1 :Pa(i,2)=-cosa :Pa(i,3)=Pa(i,1)+1
            Pa(i,4)=-sinA     :Pa(i,5)=2*(eE(i)-nn)-1: Pa(i,6)=cosa
            Pa(i,7)=Pa(i,5)+1 :Pa(i,8)=sinA :Pa(i,9)=100*(ss-s(i))
            qL(i)=mM^2+(ss*pP*0.0001)^2 '权
```

261

```
            S3="V(" & i & ")=" & Format(Pa(i,2),"0.000") & "X(" & Pname(bE(i))
            S3=S3 & ")+" & Format(Pa(i,4),"0.000") & "Y(" & Pname(bE(i)) & ")+"
            S3=S3 & Format(Pa(i,6),"0.000") & "X(" & Pname(eE(i)) & ")+"
            S3=S3 & Format(Pa(i,8),"0.000") & "Y(" & Pname(eE(i)) & ")" & "+" & _
                    Format(Pa(i,9),"0.00") & " ,"
            For j=1 To Len(S3)
                If Mid(S3,j,1)="+" And Mid(S3,j+1,1)="-" Then S3=Left$(S3,j-1) _
                    & Right(S3,Len(S3)-j)
            Next j
            strR=strR & S3 & "权为:" & Format(qL(i),"0.000000") & vbCrLf & vbCrLf
        Next i
End If
If Nd > 0 Then '按方向计算方程系数
    For i=1 To tn
        jj=5
        Z0=0                        '统计虚拟方程的常数项
        For j=Si(i) To Si(i)+Ni(i)-1
            a0=DirectAB(X0(eD(j)),Y0(eD(j)),X0(bD(j)),Y0(bD(j)))
            Z1=a0-Dir(j):If Z1 < 0 Then Z1=Z1+2*PI:Z0=Z0+Z1
        Next j
        Z0=Z0/Ni(i)
        k2=1:P3(i)=0
        strR=strR & vbCrLf & "          方向误差方程:" & vbCrLf
        For j=Si(i) To Si(i)+Ni(i)-1
            dX=X0(eD(j))-X0(bD(j)):dY=Y0(eD(j))-Y0(bD(j))
            a0=DirectAB(X0(eD(j)),Y0(eD(j)),X0(bD(j)),Y0(bD(j)))
            ss=Sqr((X0(eD(j))-X0(bD(j)))^2+(Y0(eD(j))-Y0(bD(j)))^2)
            ai=dY/(ss^2)*RU/100:bi=-dX/(ss^2)*RU/100
            ii=Ne+j
            Pa(ii,1)=2*(bD(j)-nn) - 1 :  Pa(ii,2)=ai:Pa(ii,3)=Pa(ii,1)+1
            Pa(ii,4)=bi:Pa(ii,5)=2*(eD(j)-nn) - 1 :  Pa(ii,6)=-ai
            Pa(ii,7)=Pa(ii,5)+1:Pa(ii,8)=-bi  :qL(ii)=mD^2
            ss=Dir(j)+Z0:If ss >= 2*PI Then ss=ss-2*PI
            Pa(ii,9)=(a0-ss)*RU
            Pa3(i,jj)=Pa(ii,5):Pa3(i,jj+1)=Pa(ii,6)/qL(ii):Pa3(i,jj+2)=Pa(ii,7)
            Pa3(i,jj+3)=Pa(ii,8)/qL(ii):Pa3(i,2)=Pa3(i,2)+Pa(ii,2)/qL(ii)
            Pa3(i,4)=Pa3(i,4)+Pa(ii,4)/qL(ii):P3(i)=P3(i)+Pa(ii,9)/qL(ii)
            jj=jj+4
            S3=vbCrLf & "V(" & ii & ")=-" & Format(Z0,"0.000") & "+" & _
                    Format(Pa(ii,2),"0.000") & "X(" & Pname(bD(j)) & ")+"
            S3=S3 & Format(Pa(ii,4),"0.000") & "Y(" & Pname(bD(j)) & ")+" & _
                    Format(Pa(ii,6),"0.000") & "X(" & Pname(eD(j)) & ")+"
            S3=S3 & Format(Pa(ii,8),"0.000") & "Y(" & Pname(eD(j)) & ")" & "+" _
```

```
                    & Format(Pa(ii,9),"0.000")
            S3＝S3 & " ,权为:" & Format(qL(ii),"0.000000") & vbCrLf
            For k＝1 To Len(S3)
                If Mid(S3,k,1)＝"＋" And Mid(S3,k＋1,1)＝"－" Then
                    S3＝Left $ (S3,k－1) & Right(S3,Len(S3)－k)
                End If
            Next k
            strR＝strR & S3:pPp(k2)＝eD(j):k2＝k2＋1
        Next j
        '列虚拟误差方程
        k2＝k2－1
        Pa3(i,1)＝Pa(ii,1):Pa3(i,3)＝Pa(ii,3):qLS(i)＝-Ni(i)/(mD^2)
        '显示虚拟误差方程
        strR＝strR & "      虚拟误差方程(测站号" & Pname(i) & "):" & vbCrLf
        S3＝"V(" & Pname(i) & ")＝" & Format(Pa3(i,2),"0.000") & "X(" & Pname(i) & ")＋" _
                & Format(Pa3(i,4),"0.000") & "Y(" & Pname(i) & ")＋"
        For k＝6 To jj Step 4
            S3＝S3 & Format(Pa3(i,k),"0.000") & "X(" & Pname(pPp((k-2)\4)) & ")＋"
            S3＝S3 & Format(Pa3(i,4),"0.000") & "Y(" & Pname(pPp((k-2)\4)) & ")＋"
        Next k
        S3＝S3 & Format(P3(i),"0.000")
        For k＝1 To Len(S3)
            If Mid(S3,k,1)＝"＋" And Mid(S3,k＋1,1)＝"－" Then
                S3＝Left $ (S3,k－1) & Right(S3,Len(S3)－k)
            End If
        Next k
        strR＝strR & S3 & " ,权为:" & Format(qL(i),"0.000000") & vbCrLf
    Next i
End If
Open App. Path & "\误差方程 . txt" For Output As ♯1
    Print ♯1,strR
Close ♯1
txtShow. Text＝txtShow. Text & vbCrLf & strR & vbCrLf
'解算法方程:由系数矩阵 Pa、Pa3,常数向量 qL、qLS,求解＝＝＝＝＝＝＝＝＝＝
Dim m％,n％,st％                    '误差方程总数,未知数总数,定向角参数个数
Dim Pvv♯ , sigma♯(100)             '用于统计单位权中误差的误差累计量
Dim detS,detDir                    '边长改正数,方向改正数
Dim t♯(800,800),R♯(100,100),c♯(100,100)     '临时的数组,辅助进行平差解算
'形成法方程
m＝Ne＋Nd          '误差方程总数
For i＝1 To m
    For j＝1 To 4
        jj＝Int(Pa(i,2 * j－1))
```

```
        If jj > 0 Then
            W(jj)=W(jj)+Pa(i,2 * j) * Pa(i,9)/qL(i)
            For k=1 To 4
                kk=Int(Pa(i,2 * k-1))
                If kk > 0 And jj <= kk Then c(jj,kk)=c(jj,kk)+Pa(i,2 * k) * Pa(i,2 * j)/qL(i)
            Next k
        End If
    Next j
Next i
'和误差方程组成法方程
For i=1 To tn
    If Ni(i) <> 0 Then
        For j=1 To 2 * (Ni(i)+1)
            jj=Int(Pa3(i,2 * j-1))
            If jj > 0 Then
                For k=1 To 2 * (Ni(i)+1)
                    kk=Int(Pa3(i,2 * k-1))
                    If kk >= 0 And jj <= kk Then
                        c(jj,kk)=c(jj,kk)+Pa3(i,2 * k) * Pa3(i,2 * j)/qLS(i)
                    End If
                Next k
            End If
        Next j
    End If
Next i
st=0                        '统计定向角参数个数
For i=1 To tn
    If Ni(i) <> 0 Then st=st+1
Next i
'求解法方程
n=2 * un                    '未知数的个数：un 个未知点，每个点 x、y 两个坐标
For j=1 To n
    t(1,j)=c(1,j)
Next j
For i=2 To n
    For j=i To n
        t(i,j)=c(i,j)
        For k=1 To i-1
            t(i,j)=t(i,j)-t(k,i) * t(k,j)/t(k,k)
        Next k
    Next j
Next i
For i=1 To n
```

```
            R(i,i)=1/t(i,i)
    Next i
    For i=1 To n
        For j=i+1 To n
            R(i,j)=0
            For k=i To j-1
                R(i,j)=R(i,j)-R(i,k)*t(k,j)/t(j,j)
            Next k
        Next j
    Next i
    For i=1 To n
        For j=i To n
            For k=j To n
                Q(i,j)=t(k,k)*R(i,k)*R(j,k)+Q(i,j)
            Next k
            Q(j,i)=Q(i,j)
        Next j
    Next i
    '求改正数
    For i=1 To n
        For j=1 To n
            sigma(i)=sigma(i)-Q(i,j)*W(j)
        Next j
    Next i
    '改化坐标
    For i=nn+1 To tn
        X(i)=X0(i)+sigma((i-nn)*2-1)/100:Y(i)=Y0(i)+sigma((i-nn)*2)/100
    Next i
    '求单位权中误差
    For i=1 To n
        Pvv=Pvv+sigma(i)*W(i)
    Next i
    For i=1 To m
        Pvv=Pvv+Pa(i,9)*Pa(i,9)/qL(i)
    Next i
    uW0=Sqr(Pvv/(m-n-st))
    '显示计算结果
    Open App. Path & "\平差结果 . txt" For Output As #1
        Print #1,"    坐标计算结果(m):"
        Print #1,"点号  原X坐标  X坐标平差值  Vx    原Y坐标  Y坐标平差值  Vy"
        txtShow. Text=txtShow. Text & "    坐标计算结果(m):" & vbCrLf
        txtShow=txtShow & "点号 原X坐标 新X坐标 Vx 原Y坐标 新Y坐标 Vy" & vbCrLf
        For i=nn+1 To tn
```

```
                '给 Y 坐标加上带号和 500Km
                Y(i)=Y(i)+N500*100000:Y0(i)=Y0(i)+N500*100000
                Print #1,Pname(i),Format(X(i),"0.0000"),Format(Y(i),"0.0000")
                txtShow=txtShow & Pname(i) & "  " & Format(X0(i),"0.0000") & "  " _
                        & Format(X(i),"0.0000") & "  " & Format(X0(i)-X(i),"0.0000")
                txtShow=txtShow & "  " & Format(Y0(i),"0.0000") & "  " & Format(Y(i),"0.0000") _
                        & "  " & Format(Y0(i)-Y(i),"0.0000") & vbCrLf
        Next i
        Print #1,"σ0=" & Format(uW0,"0.00"); "厘米"
        txtShow.Text=txtShow.Text & "σ0=" & Format(uW0,"0.00") & "厘米" & vbCrLf
    Close #1
    Screen.MousePointer=0
End Sub
```

（4）点位误差椭圆。点击"平差计算→点位误差椭圆"，程序根据平差结果计算各点的点位误差椭圆元素。限于篇幅，本书不介绍有关绘图方面的内容，因此本节中只给出计算误差椭圆元素的代码，有关绘图的内容有兴趣的读者可以参阅有关的参考文献。

```
'计算点位误差椭圆
Private Sub mnuPointElli_Click()
    Dim i%,ii%,Q1#,Q2#,Q3#,T1#,T2#,T3#,tt#        '循环变量,辅助记数,临时变量
    Dim Mx#,My#,m#                                 'x、y 坐标的误差以及总的点位误差
    Dim Fai#,Fa#,Fb#                               '误差椭圆的偏心率、长轴、短轴
    Open App.Path & "\点位误差椭圆.txt" For Output As #1
        Print #1,"        点位误差椭圆:"
        For i=1 To un
            Q1=Q(2*i-1,2*i-1):Q2=Q(2*i,2*i):Q3=Q(2*i-1,2*i)
            T1=Q1-Q2                :T2=2*Q3        :T3=Q1+Q2
            Mx=Sqr(Q1)              :My=Sqr(Q2)     :m=Sqr(T3)
            '求 Fai:这里是角度值
            If Abs(T1) < 1E-16 Then
                If Q3 >= 0 Then Fai=90 Else Fai=-90
            Else
                Fai=Atn(T2/T1)*57.2958
            End If
            If T1 >= 0 And T2 >= 0 Then
                Fai=Fai/2
            Else
                If T1 >= 0 And T2 <= 0 Then Fai=(Fai+360)/2 Else Fai=(Fai+180)/2
            End If
            '求长、短轴
            tt=Sqr(T1^2+T2^2):Fa=Sqr((T3+tt)/2):Fb=Sqr((T3-tt)/2)
            Mx=uW0*Mx:My=uW0*My:m=uW0*m
            Fa=uW0*Fa    :Fb=uW0*Fb
```

```
                Print #1,Pname(i+nn),"Mx=" & Format(Mx,"0.0000"),"My=" & _
                        Format(My,"0.0000"),"M=" & Format(m,"0.0000"),
                Print #1,"a=" & Format(Fa,"0.0000"),"b=" & Format(Fb,"0.0000"),"φ=" & _
                        Format(Fai,"0.00000")
        Next i
    Close #1
    '把误差椭圆的计算内容显示在窗体上
    txtShow.Text=txtShow.Text & vbCrLf
    Open App.Path & "\点位误差椭圆.txt" For Input As #1
        Dim strT As String
        Do While Not EOF(1)
            Line Input #1,strT:txtShow.Text=txtShow.Text & strT & vbCrLf
        Loop
    Close #1
End Sub
```

（5）保存退出。点击"文件→保存结果"命令，程序将显示在文本框上的内容写进指定的文件中，具体代码参见本章第 6.6.3 节。退出程序的代码比较简单，留给读者完成。程序在退出之前还会检查文本框的内容是否被保存了，这些代码在窗体的 Unload 事件过程中实现，代码如下：

```
    '程序退出时检查是否已保存结果
    Private Sub Form_Unload(Cancel As Integer)
        If txtShow.Text <> "" Then
            Dim iMsg%
            iMsg=MsgBox("是否保存计算结果?",vbYesNoCancel,"注意保存!")
            If iMsg=vbYes Then mnuSave_Click:If iMsg=vbCancel Then Cancel=True
        End If
    End Sub
```

6.7.4 执行调试

执行程序，依次点击"文件→输入数据"和"平差计算"菜单中的"近似坐标"、"平差"、"点位误差椭圆"命令，程序依次进行计算，结果如图 6-20 所示。

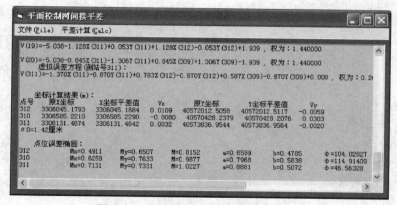

图 6-20 平面控制网平差程序执行界面

限于篇幅，本节中只是简单地介绍了涉及边长观测值和方向观测值的平面控制网间接平差程序的涉及方法。读者如果在近似坐标计算、观测值类型、平差解算、精度评定和控制网图绘制等方面有兴趣进行进一步的研究，可以参考文献［20］中的有关章节。

小　　结

本章主要介绍测量平差程序设计方法。首先介绍了平差程序设计中经常用到的矩阵运算和线性方程组求解的编程实现方法。常用的矩阵运算包括矩阵相加、相减、相乘和转置运算等，这些运算都是平差解算中经常用到的，可以把它们设计成通用过程或函数，以供其他程序调用。线性方程组的求解有直接解法和迭代解法两大类，本章介绍了直接解法中的列选主元 Guass 约化法和迭代解法中的 Guass-Seidel 迭代法，并给出了通用过程或函数。接着简单介绍了间接平差和条件平差的基本原理，并将其求解过程编写成通用的过程，在此基础上，用大地四边形的条件平差和单导线的间接平差来举例说明平差问题的程序设计方法，最后以水准网和平面控制网的间接平差为例介绍了控制网平差的程序设计方法。读者可以根据本章介绍的方法，使用文章提供的通用过程来编程求解具体的平差问题。

习　　题

1. 计一个矩阵运算程序，实现矩阵的加减、相乘、转置和求逆等运算，以及求解线性方程组。
2. 设计一个程序，用条件平差的方法求解中点多边形。
3. 设计一个程序，用间接平差的方法求解大地四边形。
4. 设计一个程序，用条件平差方法解算单导线。
5. 设计一个程序，可以进行平面控制网和高程控制网的平差。

第7章 编程计算器程序设计

　　编程计算器以其携带方便、环境适应性强、使用方便等优点，在测量工作中被经常使用。本章以 CASIO Fx-9750G Ⅱ 型计算器为例，简要介绍了编程计算器的功能和基本操作以及使用编程计算器进行测量程序设计的方法，并以坐标正反算、三角高程测量计算、高斯投影计算、水准测量计算、导线测量计算、曲线放样计算等测量计算问题为例，介绍了具体实现方法。

7.1　CASIO Fx-9750G Ⅱ 型计算器的基本操作

　　CASIO Fx-9750G Ⅱ 型计算器（图7-1）是日本 CASIO 公司 2009 年推出的一款图形编程计算器。其采用高速 CPU，运算速度较传统型号快 3～5 倍，64kB 的内存，无需后备电池保存数据。扩大点面积的高分辨率 LCD（64×128 点显示），显示清晰分明，确保能够更大、更清晰地显示公式、图表和图形。

　　CASIO Fx-9750G Ⅱ 型计算器采用类 BASIC 结构化程序语言进行程序编制。利用 USB 电缆可实现计算器及计算器与 PC 机之间的数据传输。

图 7-1　CASIO Fx-9750G Ⅱ 型计算器

　　CASIO Fx-9750G Ⅱ 型计算器使用 4 节 7 号电池作为电源，可连续使用 300h。机器自动缺省关机时间为 10min。其可进行大多数日常工作的计算，包括基本运算（三角函数、矩阵等）、绘图（直角坐标、极坐标、参数、递归、回归等）、财务、微积分等。

7.1.1 CASIO Fx-9750GⅡ型计算器按键

CASIO Fx-9750GⅡ型计算器键盘共计 47 个键，按键的功能可分为 3 个区：功能区键、函数区键和数字区键。功能区键对应着屏幕下方显示的各个功能；函数区键主要进行函数运算、字母输入；数字区键主要进行数字的输入、运算符号输入、字母输入。

其中：

AC/ON：开机。

SHIFT＋AC/ON：关机。

SHIFT：二功能键。例如：SHIFT 键＋Cos 键可进行反余弦计算。

ALPHA：此键用于字母的输入，点击后可输入字母。如想多次输入字母，可先键入 SHIFT 键，而后键入 ALPHA 键。

EXIT：返回前一屏幕。

CASIO Fx-9750GⅡ型计算器键盘其余键的功能列于表 7-1。

表 7-1　　　　　　　　　　　CASIO Fx-9750GⅡ型计算器按键功能

键	功能	SHIFT 键配合	ALPHA 键配合
F1	对应屏幕下方的功能	跟踪图形轨迹	
F2	对应屏幕下方的功能	缩放	
F3	对应屏幕下方的功能	显示视窗的设置	
F4	对应屏幕下方的功能	执行草图绘制	
F5	对应屏幕下方的功能	计算根、图形的交点、特定范围的积分值等	
F6	对应屏幕下方的功能	文本、图形屏幕之间的切换	
OPTN	显示选项菜单	—	
VARS	调用变量数据	显示程序菜单中的选项	
MENU	返回主菜单	屏幕模式的设置	
x^2	计算平方值	计算平方根	字符 r
∧	指数运算	x 次方根运算	字符 θ
REPLAY	方向键	左右方向调节屏幕亮度	
x，θ，T	输入变量 x，θ，T	进行复数极坐标形式的输入	字符 A
log	计算常用对数	计算 10 的 x 幂	字符 B
ln	计算自然对数	计算 e 的 x 幂	字符 C
sin	计算正弦值	计算反正弦值	字符 D
cos	计算余弦值	计算反余弦值	字符 E
tan	计算正切值	计算反正切值	字符 F
$a^{b/c}$	计算分数	—	字符 G
F↔D	分数、小数之间转化	假分数、带分数之间转化	字符 H
(	左括号	计算立方根	字符 I
)	右括号	倒数计算	字符 J
,	逗号		字符 K

续表

键	功能	SHIFT 键配合	ALPHA 键配合
→	为变量赋值	（一）	字符 L
7	数字 7	捕捉屏幕图像	字符 M
8	数字 8	启用剪贴板功能	字符 N
9	数字 9	粘贴剪贴板的字符串	字符 O
DEL	删除	插入与覆盖之间转换	—
4	数字 4	显示命令的字母表顺序目录	字符 P
5	数字 5	—	字符 Q
6	数字 6	—	字符 R
×	乘法	左大括号	字符 S
÷	除法	右大括号	字符 T
1	数字 1	批量输入数值	字符 U
2	数字 2	输入矩阵元素	字符 V
3	数字 3	—	字符 W
+	加法	左中括号	字符 X
−	减法	左中括号	字符 Y
0	数字 0	输入虚数单位 i	字符 Z
·	小数点	字符 "＝"	空格
EXP	10 为底幂的计算	输入 π 值	输入双引号
（一）	负号	调用最新计算结果	—
EXE	回车	新一行的输入	—

7.1.2　CASIO Fx-9750GⅡ型计算器的功能

开机（AC/ON）进入主菜单（MAIN MENU），利用 "REPLAY" 键来进行模式的选择，CASIO Fx-9750GⅡ型计算器提供十余种模式。具体模式功能如下：

RUN·MAT 模式：此模式进行算术运算和函数运算及各种进制和矩阵运算。

STAT 模式：此模式可进行统计计算、测试、分析数据并绘制统计图形。

GRAPH 模式：可存储图形函数并利用这些函数绘制图形。

DYNA 模式：存储图形函数并可通过改变变量值来绘制图形。

TABLE 模式：使用此模式存储函数生成不同解的数值表格，并绘制图形。

RECUR 模式：此模式可存储递推公式，生成不同解的数值表格，并绘制图形。

CONICS 模式：此模式可绘制圆锥曲线图形。

EQVA 模式：此模式可求解多元（≤6）多次（≤6）方程。

PRGM 模式：此模式可进行程序的编制并可运行程序。

TVM 模式：此模式可进行财务计算。

E-CON2 模式：此模式可控制选配的数据分析仪。

LINK 模式：利用自带的数据传输线实现计算器之间的数据传输。与 PC 机之间的传输需要使用 FA-124 通信软件及普通数码相机相同的数据传输线。

MEMORY 模式：此模式可管理存储器的数据。

SYSTEM 模式：此模式可进行系统设置。

鉴于本书的篇幅所限，只将 CASIO Fx-9750G II 型计算器的常用的功能 "RUN·MAT 模式"、"STAT 模式" 及 "PRGM 模式" 作一介绍，并附有例题作为计算器爱好者入门之用。

7.2 CASIO Fx-9750G II 计算模式（RUN·MAT 模式）

RUN·MAT 模式涵盖了我们普通计算器几乎所有功能，不但能完成绝大部分的算术及函数运算，包括各种进制数值的计算，还可以进行微积分、矩阵等计算。

7.2.1 基本算术运算

例 7.1：$4+4÷2=$？

按 "AC/ON" 键开机，利用 "REPLAY" 键进入 "RUN·MAT" 模式，键入：

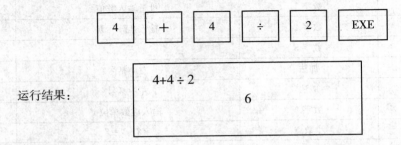

运行结果：

7.2.2 有效位数的保留

进入 "RUN·MAT" 模式，键入 "SHIFT" 键及 "MENU" 键，利用方向键下移，选中 "Display" 项，屏幕下方显示 Fix、sci、Norm、Eng 四项选项。

Fix（F1）：指定保留的小数位数。

sci（F2）：指定有效位数。

Norm（F3）：正常显示。

Eng（F4）：工程记数法显示，例如：23.45K，19M 等。

7.2.3 各种进制的计算

进入 "RUN·MAT" 模式，键入 "SHIFT" 键及 "MENU" 键，突出显示 "Mode"，屏幕下方显示各种进制，其中 "F2" 为 Dec（十进制），"F3" 为 Hex（十六进制），"F4" 为 Bin（二进制），"F5" 为 Oct（八进制）。

例 7.2：在十六进制下计算 123 与 456 之积。

在 "RUN·MAT" 模式下，如前所述步骤选择十六进制后，输入数字：

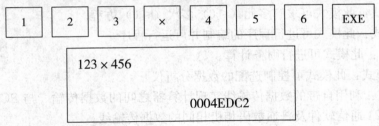

7.2.4　角度设置与三角函数计算

进入"RUN · MAT"模式，键入"OPTN"键可进行角度单位的设置，包括度、弧度、百分度、度分秒等。

例 7.3：求解 $30°12'47''+40°13'21''+5\text{rad}$ 的值。

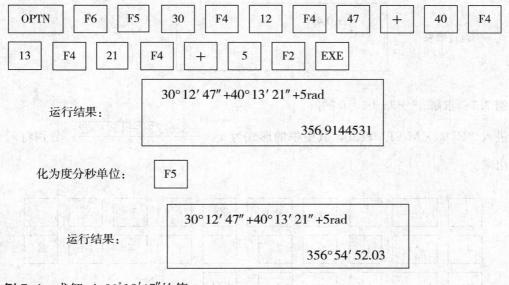

运行结果：

$$30°12'47''+40°13'21''+5\text{rad}$$
$$356.9144531$$

化为度分秒单位： F5

运行结果：

$$30°12'47''+40°13'21''+5\text{rad}$$
$$356°54'52.03$$

例 7.4：求解 $\sin30°12'47''$ 的值。

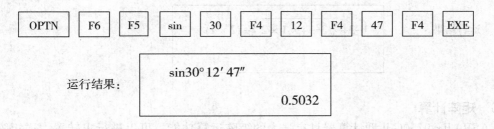

运行结果：

$$\sin30°12'47''$$
$$0.5032$$

7.2.5　求解微分、积分与方程的计算

进入"RUN · MAT"模式，按"OPTN"键及 F4 键（CALC 功能），选择 F2（"d/dx"）进行一阶导数运算；选择 F3（"d2/dx2"）进行二阶导数运算；F4（"∫dx"），可进行积分运算。

例 7.5：已知 $f(x)=x^2$，求解 $f'(3)$。

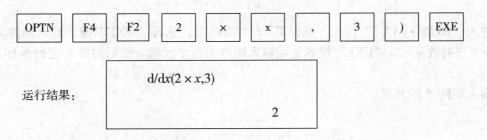

运行结果：

$$\mathrm{d}/\mathrm{d}x(2\times x,3)$$
$$2$$

例7.6：求解 $\int_0^4 x\,\mathrm{d}x$。

OPT	F4	F4	X	,	0	,	4	)	EXE

运行结果：

$$\int(x,0,4)$$

$$8$$

例7.7：求解 $x^2+3x+2=0$ 的解。

进入"RUN·MAT"模式，其中根的形式为 $x=\dfrac{-3\pm\sqrt{3^2-4\times1\times2}}{2\times1}$，分别将两个根计算出来。

(	(−)	3	+	shift	X²	(	3	X²	−
4	×	1	×	2	)	)	÷	(	2
×	1	)	×	2	EXE				

运行结果：

$$\left(-3+\sqrt{3^2-4\times1\times2}\right)\div(2\times1)$$

$$-1$$

7.2.6　矩阵计算

CASIO Fx-9750GⅡ型计算器具有强大的矩阵运算功能，可以进行求转置、逆矩阵、行列式及多矩阵的计算等操作。进入"RUN·MAT"模式，按"OPTN"键，"F2"键，屏幕下方显示矩阵命令菜单，其中"Mat"为矩阵规定，"Det"为行列式规定，"Trn"为矩阵转置等。

例7.8：求 $A=\begin{bmatrix}2&4&5\\3&2&1\\2&2&1\end{bmatrix}$ 的逆矩阵 A^{-1} 和 $|A|$。

进入"RUN·MAT"模式，选择 F1（"MAT"），选择"EXE"键，输入矩阵 A 的行数 $m=3$ 与列数 $n=3$，"EXE"键确定后输入矩阵的各个元素，然后对矩阵进行操作，具体如下：

输入矩阵 A 的元素：

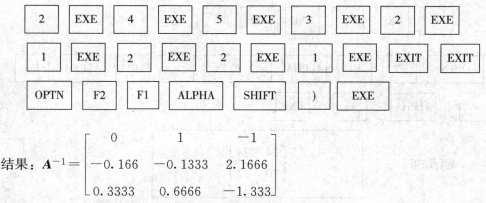

结果：$A^{-1} = \begin{bmatrix} 0 & 1 & -1 \\ -0.166 & -0.1333 & 2.1666 \\ 0.3333 & 0.6666 & -1.333 \end{bmatrix}$

求解矩阵的行列式操作步骤大体相同，具体操作如下：

| OPTN | F2 | F3 | F1 | ALPHA | A | EXE |

结果：$|A| = 6.0000$

例 7.9： 已知 $A = \begin{bmatrix} 2 & 2 & 0 \\ 1 & 1 & 2 \end{bmatrix}$，$B = \begin{bmatrix} 3 & 2 \\ 1 & 2 \\ 2 & 1 \end{bmatrix}$，$C = \begin{bmatrix} 1 & 2 \\ 2 & 1 \end{bmatrix}$，求 $D = A \times B \times C$。

进入 "RUN·MAT" 模式，选择 F1（"MAT"），选择 "EXE" 键，输入矩阵 A 的行数与列数，然后将矩阵的各个元素输入，完成矩阵的运算。

输入矩阵 A 的元素：

| 2 | EXE | 2 | EXE | 0 | EXE | 1 | EXE | 1 | EXE |

| 2 | EXE |

同理，输入矩阵 B、C，然后退出。

进入 "RUN·MAT" 模式，进入 MAT 模式，选中 MATA。

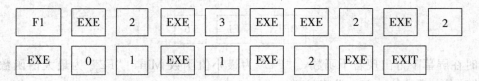

下移方向键，选中 MATB，按 "EXE" 键，输入矩阵 B 的行数 3 与列数 2：

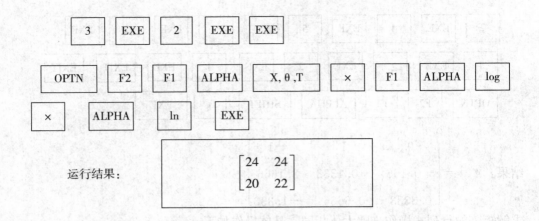

运行结果：
$$\begin{bmatrix} 24 & 24 \\ 20 & 22 \end{bmatrix}$$

7.3 CASIO Fx-9750GⅡ列表模式（STAT 模式）

利用列表功能可实现多数据的整体预算。CASIO Fx-9750GⅡ型计算器在单个文件中存储多达 26 个列表，在存储器内存储多达 6 个文件，存储的列表可进行可进行算术、统计计算和画图（图 7-2）。计算器的列表功能可进行单表的操作，例如：计算表中数据的极值、乘积等；还可以进行众多数列的运算，大大方便数据的操作。

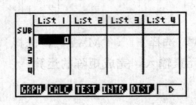

图 7-2 列表示意图

7.3.1 列表数据计算

进入"STAT"模式，首先显示列表编辑器，利用方向键选择表数据的位置进行数据输入，输入数据后按"EXE"，将其存储。

例 7.10：求（26，31，47，58）的最小值。

进入"STAT"模式，在 List1 中输入上面 4 个数，然后按键

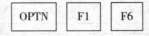

此时在屏幕下方出现若干函数，"F1"为最小值函数 Min，"F2"为最大值函数 Max，"F3"为均值函数 Mean 等。这里按键

结果：26。

7.3.2　统计与回归计算

进入"STAT"模式，先在 LIST 1 中依次输入数据，再将 LIST 2 依次输入对应的数据，利用 GRPH 功能进行回归分析，可选择对数函数、指数函数、多元函数、三角函数进行分析，对于回归的图形利用 F6（DRAW）键可绘制。

例 7.11：某监测数据变化如下（表 7-2），请将下列散点数据进行回归分析。

表 7-2　　　　　　　　　　　　　　　　　监 测 数 据 表

时间/周	1	2	3	4	5	6	7	8	9	10	11	12
变化量/mm	0.1	0.4	5.0	9.8	14.2	20	21	22.8	23.9	25	25.4	26

进入"STAT"模式，输入时间：

依次按键"F1"（GRPH），"F1"（GPH1），"F1"（CALC），"F1"（LgST）

得到：$Y = c + (1 + a \cdot e^{-bx})$

其中：$a = 63.0148168$

$b = 0.89104063$

$c = 0.94743709$

$MSe = 0.94743709$

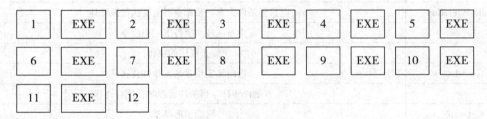

利用方向键"REPLAY"选 LIST2，依次输入变化量：

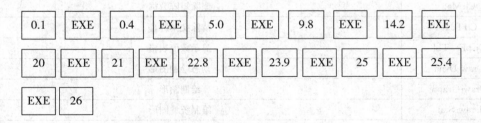

7.4　CASIO Fx-9750GⅡ 程序模式（PRGM 模式）

CASIO Fx-9750GⅡ型计算器给出了许多函数、命令，对于简单的计算足以满足使用者要求。对于复杂的计算利用"PRGM 模式"，可进行程序的编写以满足工作需要。开机进入"PRGM 模式"，进行程序的编写。编写程序需要输入文件名、输入程序代码，最后运行程序。在众功能模式中，"PRGM 模式"相对于其他模式较复杂，主要因为其命令多，有语法要求。这里的复杂是相对于其他功能来说，如有计算机语言基础知识，对于本节的学习相对较容易。

进入"PRGM 模式"，屏幕下方有若干命令选项，利用功能键 F1～F6 进行选择。其中：

EXE（F1）：运行程序；

EDIT（F2）：编辑程序；

NEW（F3）：建立新程序；

DEL（F4）：删除光标所指程序；

DEL-A（F5）：删除所有程序；

SRC（F1）：搜索文件名；

REN（F2）：更改文件名。

在程序代码的编写中，常用到表 7-3 的命令。

表 7-3　　　　　　　　　　　　　常 用 程 序 命 令

命　　令	命 令 说 明
？	输入命令
▲	输出命令
：	连接两个语句，以使语句不间断执行
If-Then-（Else）-IfEnd	在 If 语句为真时执行 Then 语句，为假时执行 Else 语句
For-To-（Step）-Next	重复执行 For 与 Next 之间的语句。例：For1→I ToN 是指循环变量 I 从 1 到 N
Do-LpWhile	只要条件为真，重复执行特定命令
While-WhileEnd	只要条件为真，该命令可重复执行循环体
Break	中断循环并执行下一个命令
Stop	终止程序的执行
Goto-Lbl	指向特定位置的无条件转移
⇒	有条件转移。当条件为假时，执行转移
ClrGraph	清除图形屏幕
ClrList	删除列表数据
ClrMat	删除矩阵数据
ClrText	清除文本屏幕
DispF—Tbl	显示数值表格
Draw-Dyna	动态绘制图形
Draw-Graph	绘制图形
Draw-Stat	绘制统计图形
Exp▲Str（）	图形表达式转化为字符串
StrCmp（）	两个字符串的比较
StrJoin（）	连接两个字符串
StrLen（）	返回字符串的长度
=、≠、<、>、≤、≥	关系算子，例：A＝0；关系式两边可以是变量、数值常量，还可以是表达式

命令中我们还会用到逻辑运算符 AND、OR、NOT、XOR。逻辑运算的结果总是真（1）或假（0）。具体说明见表 7-4 和表 7-5。

表 7-4　　　　　　　　　　　　　　**逻 辑 运 算 符 说 明**

命　　令	命　令　说　明
AND	逻辑算子，只有当两个量同时为真时，关系式为真
OR	逻辑算子，只要两个量有一个为真时，关系式为真
NOT	逻辑算子，值为相反的量
XOR	逻辑算子，两个量不同时为真时关系式为真

例 7.12：A＝1，B＝2，则运算结果见表 7-5。

表 7-5　　　　　　　　　　　　　　　　**运 算 结 果**

A	B	A　AND　B	A　OR　B	A　NOT　B	A　XOR　B
A≠0	B≠0	1	1	0	0
A≠0	B=0	0	1	1	1
A=0	B≠0	0	1	1	1
A=0	B=0	0	1	0	0

逻辑运算的真（1）或假（0）。

"PRGM 模式"中的命令、函数较多，表 7-3 只列出了较常用的一些，如感兴趣读者可参考 CASIO Fx-9750G Ⅱ型计算器说明书或相关的书籍。为了较好的理解程序模式的功能，下面给出一些较常用的程序及相关的说明。

例 7.13：求解半径为 50m 的球的体积 $\left(V=\dfrac{4 \cdot \pi \cdot R^3}{3}\right)$。

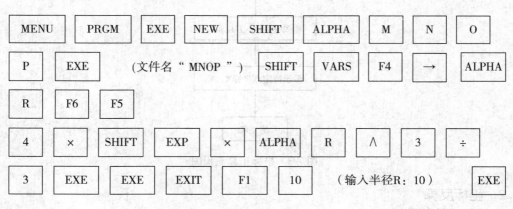

运行结果：
```
?
10
        4188.790205
```

源程序：
```
--------- MNOP ---------
?→R:4×π×R∧3÷3
```

7.4.1 坐标正算

1. 坐标正算数学模型

$$X=X0+D\cos\alpha, \quad Y=Y0+D\sin\alpha$$

2. 源代码

"X0="?→A:"Y0="?→B

"R="?→R:"D="?→D

"X=":A+D×cos(R) ◢

"Y=":B+D×sin(R) ◢

"END"

3. 程序中标识符说明

X0，Y0——测站点的平面坐标；

　　R——方位角；

　　D——平距；

X，Y——待定点平面坐标。

4. 程序流程（图 7-3）

图 7-3　坐标正算流程图

7.4.2 坐标反算

1. 坐标反算数学模型

$$D=\sqrt{(X_B-X_A)^2+(Y_B-Y_A)^2}; \quad \alpha=\tan^{-1}\left(\frac{Y_B-Y_A}{X_B-X_A}\right)$$

2. 源代码

"XA="?→A:"YA="?→B

"XB= "?→C:"YB="?→D

Pol(C−A,D−B):List Ans[1]→S

"S=":S ◢

List Ans[2]→R:If R<0:Then R+360→R:IfEnd

"R=":R ◢

"END"

3. 程序中标识符说明

X_A，Y_A，X_B，Y_B——已知两点的平面坐标；

R——方位角；

S——平距。

4. 程序流程（图 7-4）

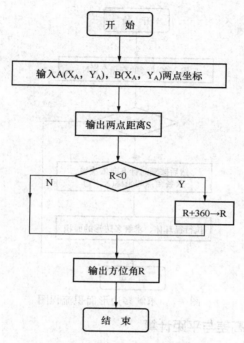

图 7-4　坐标反算流程图

7.4.3　坐标法求解多边形面积

1. 求解多边形面积数学模型

$$p=\frac{1}{2}\sum_{i=1}^{N}x_i\ (y_{i+1}-y_{i-1})\ （当\ i=1\ 时，\ y_{i-1}=y_N；\ 当\ i=N\ 时，\ y_{i+1}=y_1）$$

2. 源代码

```
"N="?→N:If N<3:Then stop:IfEnd
"X[1]= "?→List 1[N+1]:"Y[1]="?→List 2[N+1]
For 2→I To N-1
List 2[I+1]－List 2[I-1]→List 3[I]
List 1[I]×List 3[I]→ List 4[I]
Next
List 2[2]－List 2[N]→ List3[1]
List 2[1]－List 2[N-1]→ List3[N]
List 1[1]×List 3[1]→ List4[1]
List 1[N]×List 3[N]→ List4[N]
"P=":(Sum(List5)/2)◢
"END"
```

3. 程序中标识符说明

N——多边形顶点的个数；

I——循环变量；

P——多边形的面积。

4. 程序流程（图7-5）

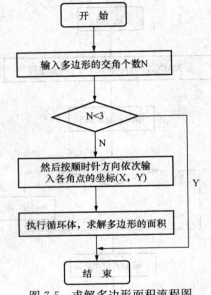

图7-5　求解多边形面积流程图

7.4.4　三角高程测量的高差与平距计算

1. 三角高程数学模型

$$D=S\times\cos\alpha\ h=S\times\sin\alpha+i-l+f\left[其中：f=(1+k)\times\frac{D^2}{2R}\right]$$

2. 程序源代码

"R="?→R："k="?→k："S="?→S

"i="?→i："l="?→l："α="?→α

$S\times\cos\alpha$→D

$(1+k)\times D^2\div2\times R$→f

"h="；$S\times\sin\alpha+i-l+f$ ◢

"END"

3. 程序中标识符说明

R——地球的曲率半径；

K——大气折光系数；

i——仪器高；

l——目标高；

S——斜距；

D——平距；

h——两点间的高差。

4. 程序流程（图 7-6）

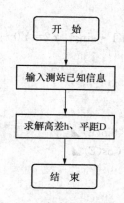

图 7-6　三角高程求解流程图

7. 4. 5　高斯投影变形

1. 数学模型

$$\Delta S = S\left(\frac{y_m^2}{2R_m^2} - \frac{H_m}{R_m}\right)$$

2. 源代码

Norm1:"Ym="?→A:"Ra="?→B:"S="?→C:"Hm="?→D

"δ=":C×(A²/2B²-D/B)◢

"END"

3. 标示符说明

Ym——边长两端点横坐标的平均值；

Ra——地球椭球曲率半径；

S——丈量边长；

Hm——测区海拔；

δ——长度变形量。

4. 程序流程（图 7-7）

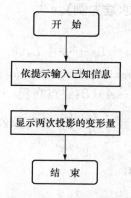

图 7-7　高斯投影变形量求解流程图

7.4.6 平面直角坐标四参数转化

1. 四参数转化数学模型

$$X2 = X0 + k \cdot X1 \cdot \cos\varepsilon - k \cdot Y1 \cdot \sin\varepsilon, \quad Y2 = Y0 + K \cdot X1 \cdot \sin\varepsilon + K \cdot Y1 \cdot \cos\varepsilon$$

2. 源代码

```
"X0="?→A;"Y0="?→B
"K="?→K;"X1="?→C
"Y1="?→D;"ε="?→E
"X2=":A+K×C×Cos(E)−K×D×Sin(E)◢
"Y2=":B+K×C×Sin(E)+K×D×Cos(E)◢
"END"
```

3. 程序中标识符说明

X0，Y0——坐标原点平移值；

　　K——尺度比；

　　ε——坐标系的旋转角度；

X2，Y2——点在原坐标系的平面坐标。

4. 程序流程（图 7-8）

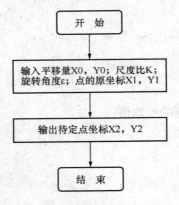

开　始

输入平移量X0，Y0；尺度比K；旋转角度ε；点的原坐标X1，Y1

输出待定点坐标X2，Y2

结　束

图 7-8　平面坐标转化流程图

7.4.7 闭、附合水准路线（二等水准为例）

1. 水准平差数学模型

$$L = L_1 + L_2 + L_3 + \cdots + L_n \, (L_i \text{ 为路线长度})$$

$$H = h_1 + h_2 + h_3 + \cdots + h_n \, (h_i \text{ 为路线高差})$$

$$f = H - (B - A) \, (B : \text{终点高程} ; A : \text{起始点高程})$$

$$V_i = \frac{-f \times L_i}{L} \, (\text{改正数公式})$$

2. 程序源代码

```
"N="?→N;"A="?→A;"B="?→B
Sum(List 2)−(B−A)→F
For 1→I To N
If Abs(−F)< 0.004 √Sum(List 1)
```

Then

(－F)∗List 1[I]÷Sum(List 1)→List 3[I]

Else stop

IfEnd

List 2[I]＋List 3[I]→List 4[I]

A→List 5[1]

List 5[I]＋List 4[I]→List 5[I+1]

"H＝":List 5[I+1]◢

Next

"END"

3. 程序中标识符说明

　N——测段数；

A，B——始、终点高程；

　F——闭合差；

　I——循环变量；

　H——待定点高程。

4. 程序流程（图 7-9）

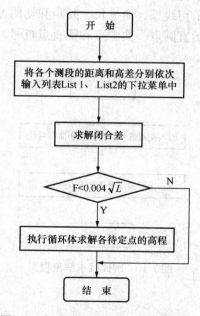

图 7-9　闭、附合水准路线求解流程图

7.4.8　单交点圆曲线要素与主点桩号的计算

1. 圆曲线求解数学模型

切线长　　　　　　　　　　$T = R\tan(\alpha/2)$

曲线长　　　　　　　　　　$L = \pi R\alpha/180$

切曲差　　　　　　　　　　$J = 2T - L$

外距　　　　　　　　　　　$E = R[\sec(\alpha/2) - 1]$

桩号计算

$$ZY = JD\text{-}T$$
$$QZ = ZY + L/2$$
$$YZ = QZ + L/2$$

2. 程序源代码

```
Deg:Fix 3:"A=";?→A:"α=";?→α:"R=";?→R
Abs(B)→B:"T=":Rtan(a/2)→T ◢
"L=":πRα/180→L ◢
"E=":R(sec(α/2)−1)→E ◢
"J =":2T−L→J ◢
"ZY=":A−T ◢
"QZ=":A−T+L/2◢
"YZ=":A−T+L ◢
"END"
```

3. 程序中标识符说明

A——交点桩号；

α——转折角；

R——圆曲线半径；

T，L，E，J——分别表示切线长、曲线长、外距和切曲差；

ZY，QZ，YZ——分别表示直圆点、曲中点和圆直点桩号。

4. 程序流程（图 7-10）

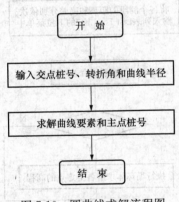

图 7-10 圆曲线求解流程图

7.4.9 附合导线简易平差

1. 程序源代码

```
"A=";?→A:"B=";?→B:"C=";?→C
"D=";?→D
If A>0:Then Pol(C−A,D−B):List Ans[2]→R:R<0 ⇒ R+360→R
Else B→R
IfEnd
"E=";?→E:"F=";?→F:"G=";?→G:"H=";?→H
If G>0 :Then Pol(G−E,H−F):List Ans[2]→P:P<0 ⇒ P+360→P
```

Else H→P
IfEnd
For 1→I To N
R ＋Sum(List 1)—180N—P→K
If Abs(—F)＜ 10"/√N(一级导线角度限差)
Then（—K）÷ N ＋List 1[I]→List 2[I]
Else stop
IfEnd
A→List 3[1]
List 3[I]＋List 2[I]—180→List 3[I+1]
List 3[I+1]＞360⇒ List 3[I+1]—360→List 3[I+1]
List 3[I+1]＜0 ⇒ List 3[I+1]＋360→List 3[I+1]
Next
For 1→I To N—1
List 4[I]∗ Cos(List 3[I+1])→List 5[I]
List 4[I]∗ Sin(List 3[I+1])→List 6[I]
Sum(List 5)— （E—C）→M
Sum(List 6)— （F—D）→N
$\sqrt{M^2+L^2}$→J :"J=":J ▲
（—M）∗ List 4[I]÷Sum(List 4) ＋List 5[I]→List 7[I]
（—N）∗ List 4[I]÷Sum(List 4) ＋List 6[I]→List 8[I]
C→List 9[1]:D→List 10[1]
"X=":List 9[I]+List 7[I]→List 9[I+1]▲
"Y=":List 10[I]+List 8[I]→List 10[I+1]▲
Next
"END"

2. 程序中标识符说明

C、D、E、F——导线已知点的平面坐标；
A、B、G、H——如果 A＜0 且 G＜0 时，B 和 H 则表示已知边的坐标方位角；
　　　　　　如果 A＞0 且 G＞0 时，A、B、G、H 表示已知边的坐标方位角；
　　　　N——转折点的个数；
　　　　I——循环变量；
　　　　k——角度闭合差；
　　R、P——已知边的坐标方位角；
　　　　J——导线全长相对闭合差；
　　M、L——分别表示 X、Y 的闭合差；
　　X，Y——待定点平面坐标。

3. 程序运行说明

本程序能同时应对两种情况下的导线，即已知条件是四个已知点和两个已知点两个已知方位角。开启计算器首先进入列表菜单，在列表 List 1、List 4 的下拉菜单中依次输入各观测角度和观测边长，然后进入此程序，按屏幕提示的依次输入导线的已知信息，程序将自动识别和处理数据并判断闭合差是否超限，超限则停止运行，否则执行循环体求解导线的未知信息，最后输出显示导线点坐标的最或然值和导线全长相对闭合差，程序结束。程序流程如图 7-11 所示。

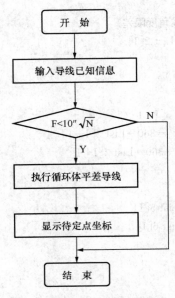

图 7-11　附合导线平差流程图

小　结

本章以 CASIOFx-9750GⅡ型计算器为例，简要介绍了编程计算器的功能和基本操作，以及使用编程计算器进行测量程序设计的方法，并以坐标正反算、三角高程测量计算、高斯投影计算、水准测量计算、导线测量计算、曲线放样计算等测量计算问题为例，介绍了具体实现方法。

习　题

1. 实现水准测量成果整理的计算程序。
2. 实现单导线简易平差的计算程序。

第 8 章　Excel 测量程序设计

　　Excel 内在的强大计算功能和单元格编辑功能，是现今任何编程计算器都不能比拟的。其运用范围广，计算速度快、准确度高，加之人性化显示格式决定了它在数值计算中的优势。

　　用 Excel 编程是一个新的提法。所谓用 Excel 编程，不是用程序设计语言编写，而是充分利用 Excel 的功能，在 Excel 的工作表中通过定义名称、输入计算公式、插入工作表函数、插入图表等操作，完成一系列信息处理（包括工程计算）。一般要做三件事：第一，输入数据；第二，处理数据；第三，输出数据。

　　这种程序的输入、输出界面均在 Excel 的工作表界面。在工作表的单元格中输入数据后，这些数据就被存储在单元格中，什么地方需要这些数据就直接引用。通过一系列的处理，得到用户所需要的结果，直接输出在工作表中。这种程序的运行是立即执行方式，当用户输入完要处理的数据后，立即显示结果。

　　本章将介绍 Excel 的基本函数知识，包括函数的参数、常用的求和函数、逻辑函数数学函数和统计函数，并介绍了如何利用 Excel 实现常用的测量计算，并以道路曲线为例介绍了利用 Excel 实现中桩坐标和边桩坐标计算的过程。

8.1　Excel 函数概述

　　函数也称为工作表函数，简称函数。灵活使用函数，是发挥 Excel 强大功能的关键所在。Excel 的工作簿函数有 300 多个，几乎应有尽有。这使得一般往往需要用程序设计语言编写复杂程序才能实现的计算，采用 Excel 的函数功能则能够非常轻松地实现。

　　函数是一些事先定义好的公式，或者说是事先编好的程序，而使用者不必关心这些程序的代码（实际上是看不到这些代码的）。函数使用一些称为参数的特定数值按特定的顺序或结构进行计算。例如，SUM（　）函数对单元格或单元格区域进行加法运算；AVERAGE（　）函数先对单元格或单元格区域进行加法运算，再将其结果除以参与加法运算数据的个数。

　　函数与公式既有区别又互相联系。如果说前者是 Excel 预先定义好的特殊公式，后者就是由用户自行设计对工作表进行计算和处理的公式。以公式 "＝SUM(E1：H1)＊A1＋26" 为例，它要以等号 "＝" 开始，其内部可以包括函数、引用、运算符和常量。上式中的 "SUM(E1：H1)" 是函数，"A1" 则是对单元格 A1 的引用（使用其中存储的数据），"26" 则是常量，"＊" 和 "＋" 则是算术运算符（另外还有比较运算符、文本运算符和引用运算符）。如果函数要以公式的形式出现，它必须有两个组成部分，一个是函数名称前面的等号，另一个则是函数本身。

8.1.1　函数的语法

　　函数的语法以函数名称开始，后面是左圆括号、以逗号分隔的参数和右圆括号。如果函数以公式的形式出现，请在函数名称前面键入等号（＝）。在创建包含函数的公式时，公式选项板将提供相关的帮助。如下面是 AVERAGE（　）函数的语法：

AVERAGE（number1，number2，…）

number1，number2，…要计算平均值的 1～30 个参数。

参数说明：

（1）参数可以是数字，或者是涉及数字的名称、数组或引用。

（2）如果数组或单元格引用参数中有文字、逻辑值或空单元格，则忽略其值。但是，如果单元格包含零值则计算在内。

8.1.2　函数的分类

函数按其特性分为多种类别，插入函数时，可以依照函数类别来查找所需要的函数。

函数类别分为财务、日期与时间、数学与三角函数、统计、查找与引用、数据库、文本、逻辑、信息和工程等。

8.1.3　函数的嵌套

在某些情况下，利用函数作为其他函数的参数，此种情况称为"函数的嵌套"。利用函数生成的值作为另一函数的参数。如用 IF（）函数就经常遇到函数的嵌套。下面的公式使用了嵌套的 AVERAGE 函数，并将结果与 30 相比较。

＝IF(AVAGE(D2:D5)＞30,SUM(E2:E5),0)

（1）有效的返回值。当嵌套函数作为参数使用时，它返回的数值类型必须与参数使用的数值类型相同。例如，如果参数返回一个 TRUE 或 FALSE 值，那么嵌套函数也必须返回一个 TRUE 或 FALSE 值。否则，Microsoft Excel 将显示＃VALUE！错误值。

（2）嵌套级数的限制。公式中最多可以包含七级嵌套函数。当函数 B 作为函数 A 的参数时，函数 B 称为第二级函数。例如，前面公式中 AVERAGE 和 SUM 函数都是第二级函数，因为它们是 IF 函数的参数，而嵌套在 AVERAGE 内部的函数就是第三级函数，以此类推。

8.1.4　函数的参数

1. 常量

常量是直接输入到单元格或公式中的数字或文本，或由名称所代表的数字或文本值，例如数字"2890.56"、日期"2003-8-19"和文本"黎明"都是常量。但是公式或由公式计算出的结果都不是常量，因为只要公式的参数发生了变化，它自身或计算出来的结果就会发生变化。

2. 逻辑值

逻辑值是比较特殊的一类参数，它只有 TRUE（真）或 FALSE（假）两种类型。例如在公式"＝IF(A3＝0,"",A2/A3)"中，"A3＝0"就是一个可以返回 TRUE（真）或 FALSE（假）两种结果的参数。当"A3＝0"为 TRUE（真）时，在公式所在单元格中填入"0"，否则在单元格中填入"A2/A3"的计算结果。

3. 数组

数组用于可产生多个结果，或可以对存放在行和列中的一组参数进行计算的公式。Excel中有常量和区域两类数组。前者放在"{}"（按下 Ctrl＋Shift＋Enter 组合键自动生成）内部，而且内部各列的数值要用逗号","隔开，各行的数值要用分号";"隔开。假如要表示第 1 行中的 56、78、89 和第 2 行中的 90、76、80，就应该建立一个 2 行 3 列的常量数组

"{56,78,89;90,76,80}"。

区域数组是一个矩形的单元格区域，该区域中的单元格共用一个公式。例如公式"=TREND(B1：B3，A1：A3)"作为数组公式使用时，它所引用的矩形单元格区域"B1：B3，A1：A3"就是一个区域数组。

4. 错误值

使用错误值作为参数的主要是信息函数，例如"ERROR. TYPE"函数就是以错误值作为参数。它的语法为"ERROR. TYPE(error_val)"，如果其中的参数是♯NUM!，则返回数值"6"。

5. 单元格引用

单元格引用是函数中最常见的参数，引用的目的在于标识工作表单元格或单元格区域，并指明公式或函数所使用的数据的位置，便于它们使用工作表各处的数据，或者在多个函数中使用同一个单元格的数据。还可以引用同一工作簿不同工作表的单元格，甚至引用其他工作簿中的数据。

根据公式所在单元格的位置发生变化时，单元格引用的变化情况，我们可以将引用分为相对引用、绝对引用和混合引用三种类型。以存放在 F2 单元格中的公式"=SUM(A2：E2)"为例，当公式由 F2 单元格复制到 F3 单元格以后，公式中的引用也会变化为"=SUM(A3：E3)"。若公式自 F 列向下继续复制，"行标"每增加 1 行，公式中的行标也自动加 1。如果上述公式改为"=SUM($A$3:$E$3)"，则无论公式复制到何处，其引用的位置始终是"A3：E3"区域。

混合引用有"绝对列和相对行"，或是"绝对行和相对列"两种形式。前者如"=SUM($A3:$E3)"，后者如"=SUM(A$3:E$3)"。

6. 嵌套函数

除了上面介绍的情况外，函数也可以是嵌套的，即一个函数是另一个函数的参数，例如"=IF(OR(RIGHTB(E2,1)="1",RIGHTB(E2,1)="3",RIGHTB(E2,1)="5",RIGHTB(E2,1)="7",RIGHTB(E2,1)="9"),"男","女")"。其中公式中的 IF 函数使用了嵌套的 RIGHTB 函数，并将后者返回的结果作为 IF 的逻辑判断依据。

7. 名称和标志

为了更加直观地标识单元格或单元格区域，我们可以给它们赋予一个名称，从而在公式或函数中直接引用。例如"B2：B46"区域存放着学生的物理成绩，求解平均分的公式一般是"=AVERAGE (B2：B46)"。在给 B2：B46 区域命名为"物理分数"以后，该公式就可以变为"=AVERAGE (物理分数)"，从而使公式变得更加直观。

给一个单元格或区域命名的方法是：选中要命名的单元格或单元格区域，鼠标单击编辑栏顶端的"名称框"，在其中输入名称后回车。也可以选中要命名的单元格或单元格区域，单击"插入→名称→定义"菜单命令，在打开的"定义名称"对话框中输入名称后确定即可。如果要删除已经命名的区域，可以按相同方法打开"定义名称"对话框，选中要删除的名称删除即可。

由于 Excel 工作表多数带有"列标志"。例如一张成绩统计表的首行通常带有"序号"、"姓名"、"数学"、"物理"等"列标志"（也可以称为字段），如果单击"工具→选项"菜单命令，在打开的对话框中单击"重新计算"选项卡，选中"工作簿选项"选项组中的"接受公式标志"选项，公式就可以直接引用"列标志"了。例如"B2:B46"区域存放着学生的物理成绩，而 B1 单元格已经输入了"物理"字样，则求物理平均分的公式可以写成"＝AVERAGE(物理)"。

8.1.5 函数输入方法

对 Excel 公式而言，函数是其中的主要组成部分，因此公式输入可以归结为函数输入的问题。

1. "插入函数"对话框

"插入函数"对话框是 Excel 输入公式的重要工具，以公式"＝SUM(Sheet2!A1:A6，Sheet3!B2:B9)"为例，Excel 输入该公式的具体过程是：

首先选中存放计算结果（即需要应用公式）的单元格，单击编辑栏（或工具栏）中的"fx"按钮，则表示公式开始的"＝"出现在单元格和编辑栏，然后在打开的"插入函数"对话框中的"选择函数"列表找到"SUM"函数。如果需要的函数不在里面，可以打开"或选择类别"下拉列表进行选择。最后单击"确定"按钮，打开"函数参数"对话框。

2. 编辑栏输入

如果要套用某个现成公式，或者输入一些嵌套关系复杂的公式，利用编辑栏输入更加快捷。

首先选中存放计算结果的单元格，鼠标单击 Excel 编辑栏，按照公式的组成顺序依次输入各个部分，公式输入完毕后，单击编辑栏中的"输入"（即"√"）按钮（或回车）即可。

手工输入时同样可以采取上面介绍的方法引用区域，以公式"＝SUM(Sheet2!A1:A6，Sheet3!B2:B9)"为例，可以先在编辑栏中输入"＝SUM ()"，然后将光标插入括号中间，再按上面介绍的方法操作就可以引用输入公式了。但是分隔引用之间的逗号必须用手工输入，而不能像"插入函数"对话框那样自动添加。

8.2 Excel 常用函数

Excel 提供的数学和三角函数已基本囊括了我们通常所用到的各种数学公式与三角函数。下面从应用的角度为大家介绍一下这些函数的使用方法。

8.2.1 求和函数的应用

SUM 函数是 Excel 中使用最多的函数，利用它进行求和运算可以忽略存有文本、空格等数据的单元格，语法简单，使用方便。相信这也是大家最先学会使用的 Excel 函数之一。但是实际上，Excel 所提供的求和函数不仅仅只有 SUM 一种，还包括 SUBTOTAL、SUM、SUMIF、SUMPRODUCT、SUMSQ、SUMX2MY2、SUMX2PY2、SUMXMY2 几种函数。

下面将以某导线计算表为例重点介绍 SUM（计算一组参数之和）的使用（图 8-1）。

1. 行或列求和

它的特点是需要对行或列内的若干单元格求和。比如，求观测边长的总和，如图 8-1 所示，就可以在 R20 中输入公式：＝SUM(R4:R19)。

2. 区域求和

区域求和常用于对一张工作表中的所有数据求总计。此时可以让单元格指针停留在存放结果的单元格，然后在 Excel 编辑栏输入公式"＝SUM()"，用鼠标在括号中间单击，最后拖过需要求和的所有单元格。若这些单元格是不连续的，可以按住 Ctrl 键分别拖过它们。

行	A 测站	B 观测角 β'左	G 改正数 V'左	L 改正后角值 β左	M 方位角 a	R 边长 D(m)
4	GPS19					131.322
5					170.4754	
6	GPS20	216.4245	0″	216°42′45″		247.203
7					207°30′39″	
8	SJL1	226.2731	0″	226°27′31″		223.058
9					253°58′10″	
10	SJL2	21.5312	0″	21°53′12″		188.983
11					95°51′23″	
12	SJL3	102.1218	0″	102°12′18″		85.074
13					18°3′41″	
14	SJL1	189.2634	0″	189°26′34″		247.202
15					27°30′15″	
16	GPS20	85.4836	0″	85°48′36″		95.163
17					293°18′51″	
18	SJL4	282.3023	0″	282°30′23″		113.429
19	GPS19	314.5839	0″	314°58′39″	395°49′15″	
20	Σ	1439°59′58″	2″	1440°-1′0″		1331.434

图 8-1　函数求和

对于需要减去的单元格，则可以按住 Ctrl 键逐个选中它们，然后用手工在公式引用的单元格前加上负号。当然也可以用公式选项板完成上述工作，不过对于 SUM 函数来说手工还是来得快一些。

3. 注意

SUM 函数中的参数，即被求和的单元格或单元格区域不能超过 30 个。换句话说，SUM 函数括号中出现的分隔符（逗号）不能多于 29 个，否则 Excel 就会提示参数太多。对需要参与求和的某个常数，可用"＝SUM(单元格区域,常数)"的形式直接引用，一般不必绝对引用存放该常数的单元格。

8.2.2　逻辑函数

所谓逻辑运算符也就是与、或、是、非、真、假等条件判断符号。

用来判断真假值，或者进行复合检验的 Excel 函数，我们称为逻辑函数。在 Excel 中提供了六种逻辑函数。即 AND、OR、NOT、FALSE、TRUE、IF 函数。

1. AND、OR、NOT 函数

这三个函数都用来返回参数逻辑值。详细介绍见下：

（1）AND 函数。所有参数的逻辑值为真时返回 TRUE；只要一个参数的逻辑值为假即返回 FALSE。简言之，就是当 AND 的参数全部满足某一条件时，返回结果为 TRUE，否则为 FALSE。语法为 AND（logical1，logical2，…），其中 Logical1，logical2，…表示待检测的 1 到 30 个条件值，各条件值可能为 TRUE，也可能为 FALSE。参数必须是逻辑值，或者包含逻辑值的数组或引用。举例说明：

1）在 B2 单元格中输入数字 50，在 C2 中写公式＝AND(B2>30,B2<60)。由于 B2=50 的确大于 30、小于 60，所以两个条件值（logical）均为真，则返回结果为 TRUE（图 8-2）。

2）如果 B1～B3 单元格中的值为 TRUE、TRUE、FALSE，显然三个参数并不都为真，所以在 B4 单元格中的公式＝AND(B1：B3)等于 FALSE（图 8-3）。

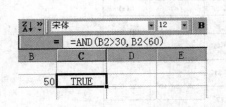

图 8-2　AND 函数示例 1

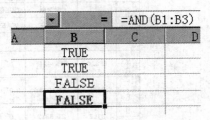

图 8-3　AND 函数示例 2

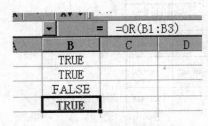

图 8-4　OR 函数示例

（2）OR 函数。OR 函数指在其参数组中，任何一个参数逻辑值为 TRUE，即返回 TRUE。它与 AND 函数的区别在于，AND 函数要求所有函数逻辑值均为真，结果方为真。而 OR 函数仅需其中任何一个为真即可为真。比如，上面的示例 2，如果在 B4 单元格中的公式写为＝OR(B1：B3)则结果等于 TRUE（图 8-4）。

（3）NOT 函数。NOT 函数用于对参数值求反。当要确保一个值不等于某一特定值时，可以使用 NOT 函数。简言之，就是当参数值为 TRUE 时，NOT 函数返回的结果恰与之相反，结果为 FALSE。比如 NOT（2＋2＝4），由于 2＋2 的结果的确为 4，该参数结果为 TRUE，由于是 NOT 函数，因此返回函数结果与之相反，为 FALSE。

2. TRUE、FALSE 函数

TRUE、FALSE 函数用来返回参数的逻辑值，由于可以直接在单元格或公式中键入值 TRUE 或者 FALSE。因此这两个函数通常可以不使用。

3. IF 函数

IF 函数用于执行真假值判断后，根据逻辑测试的真假值返回不同的结果，因此 IF 函数也称为条件函数。它的应用很广泛，可以使用函数 IF 对数值和公式进行条件检测。它的语法为 IF(logical_test,value_if_true,value_if_false)。其中 Logical_test 表示计算结果为 TRUE 或 FALSE 的任意值或表达式。本参数可使用任何比较运算符。Value_if_true 显示在 logical_test 为 TRUE 时返回的值，Value_if_true 也可以是其他公式。Value_if_false logical_test 为 FALSE 时返回的值。Value_if_false 也可以是其他公式。简言之，如果第一个参数 logical_test 返回的结果为真的话，则执行第二个参数 Value_if_true 的结果，否则执行第三个参数 Value_if_false 的结果。IF 函数可以嵌套七层，用 Value_if_false 及 Value_if_true 参数可以构造复杂的检测条件。

Excel 还提供了可根据某一条件来分析数据的其他函数。例如，如果要计算单元格区域中某个文本串或数字出现的次数，则可使用 COUNTIF 工作表函数。如果要根据单元格区域中的某一文本串或数字求和，则可使用 SUMIF 工作表函数。

8.2.3　常用的数学和三角函数

1. ABS

用途：返回某一参数的绝对值。

语法：ABS（number）。

参数：number 是需要计算其绝对值的一个实数。

实例：如果 A1＝－16，则公式"＝ABS（A1）"返回 16。

2. COS

用途：返回某一角度的余弦值。

语法：COS（number）。

参数：number 为需要求余弦值的一个角度，必须用弧度表示。如果 number 的单位是度，可以乘以 PI（）/180 转换为弧度。

实例：如果 A1＝1，则公式"＝COS（A1）"返回 0.540302；若 A2＝60，则公式"＝COS(A2*PI()/180)"返回 0.5。

3. SIN

用途：返回某一角度的正弦值。

语法：SIN（number）。

参数：Number 是待求正弦值的一个角度（采用弧度单位），如果它的单位是度，则必须乘以 PI()/180 转换为弧度。

实例：如果 A1＝60，则公式"＝SIN(A1*PI()/180)"返回 0.866，即 60 度角的正弦值。

4. COUNTIF

用途：统计某一区域中符合条件的单元格数目。

语法：COUNTIF（range，criteria）。

参数：range 为需要统计的符合条件的单元格数目的区域；criteria 为参与计算的单元格条件，其形式可以为数字、表达式或文本（如 36、"＞160"和"男"等）。其中数字可以直接写入，表达式和文本必须加引号。

实例：假设 A1：A5 区域内存放的文本分别为女、男、女、男、女，则公式"＝COUNTIF(A1:A5,"女")"返回 3。

5. DEGREES

用途：将弧度转换为度。

语法：DEGREES（angle）。

参数：angle 是采用弧度单位的一个角度。

实例：公式"＝DEGREES(1)"返回57.29577951，"＝DEGREES(PI()/3)"返回 60。

6. INT

用途：将任意实数向下取整为最接近的整数。

语法：INT（number）。

参数：Number 为需要处理的任意一个实数。

实例：如果 A1＝16.24、A2＝－28.389，则公式"＝INT（A1）"返回 16，"＝INT（A2）"返回－29。

7. MDETERM

用途：返回一个数组的矩阵行列式的值。

语法：MDETERM（array）。

参数：Array 是一个行列数相等的数值数组。Array 可以是单元格区域，例如 A1：C3；或是一个数组常量，如 {1,2,3;4,5,6;7,8,9}；也可以是区域或数组常量的名称。矩阵行列式的值多用于求解多元联立方程。

实例：如果 A1＝1、A2＝2、B1＝3、B2＝4，则公式"＝MDETERM(A1:B2)"返回—2。

8. MMULT

用途：返回两数组的矩阵乘积。结果矩阵的行数与 array1 的行数相同，矩阵的列数与 array2 的列数相同。

语法：MMULT (array1，array2)。

参数：Array1 和 array2 是要进行矩阵乘法运算的两个数组。Array1 的列数必须与 array2 的行数相同，而且两个数组中都只能包含数值。Array1 和 array2 可以是单元格区域、数组常数或引用。

实例：公式"＝MMULT({1,2;2,3},{3,4;4,5})"返回 11。

9. MOD

用途：返回两数相除的余数，其结果的正负号与除数相同。

语法：MOD (number，divisor)。

参数：Number 为被除数，Divisor 为除数（divisor 不能为零）。

实例：如果 A1＝51，则公式"＝MOD(A1,4)"返回 3；"＝MOD(−101,−2)"返回—1。

10. PRODUCT

用途：将所有数字形式给出的参数相乘，然后返回乘积值。

语法：PRODUCT (number1，number2，…)。

参数：Number1，number2，…为 1 到 30 个需要相乘的数字参数。

实例：如果单元格 A1＝24、A2＝36、A3＝80，则公式"＝PRODUCT(A1:A3)"返回 69120；"＝PRODUCT(12,26,39)"返回 12168。

11. RADIANS

用途：将一个表示角度的数值或参数转换为弧度。

语法：RADIANS (angle)。

参数：Angle 为需要转换成弧度的角度。

实例：如果 A1＝90，则公式"＝RADIANS(A1)"返回 1.57，"＝RADIANS(360)"返回 6.28（均取两位小数）。

12. ROUND

用途：按指定位数四舍五入某个数字。

语法：ROUND (number，num_digits)。

参数：Number 是需要四舍五入的数字；Num_digits 为指定的位数，Number 按此位数进行处理。

注意：如果 Num_digits 大于 0，则四舍五入到指定的小数位；如果 Num_digits 等于 0，则四舍五入到最接近的整数；如果 Num_digits 小于 0，则在小数点左侧按指定位数四舍五入。

实例：如果 A1＝65.25，则公式"＝ROUND（A1，1）"返回 65.3；　"＝ROUND（82.149，2）"返回 82.15；"＝ROUND（21.5，－1）"返回 20。

13. SQRT

用途：返回某一正数的算术平方根。

语法：SQRT（number）。

参数：Number 为需要求平方根的一个正数。

实例：如果 A1＝81，则公式"＝SQRT（A1）"返回 9；"＝SQRT（4＋12）"返回 6。

14. SUMIF

用途：根据指定条件对若干单元格、区域或引用求和。

语法：SUMIF（range，criteria，sum_range）。

参数：Range 为用于条件判断的单元格区域，Criteria 是由数字、逻辑表达式等组成的判定条件，Sum_range 为需要求和的单元格、区域或引用。

实例：某单位统计工资报表中职称为"中级"的员工工资总额。假设工资总额存放在工作表的 F 列，员工职称存放在工作表 B 列。则公式为"＝SUMIF(B1：B1000,"中级",F1：F1000)"，其中"B1：B1000"为提供逻辑判断依据的单元格区域,"中级"为判断条件，就是仅仅统计 B1：B1000 区域中职称为"中级"的单元格，F1：F1000 为实际求和的单元格区域。

15. SUMPRODUCT

用途：在给定的几组数组中，将数组间对应的元素相乘，并返回乘积之和。

语法：SUMPRODUCT（array1，array2，array3，…）。

参数：Array1，array2，array3，… 为 2 至 30 个数组，其相应元素需要进行相乘并求和。

实例：公式"＝SUMPRODUCT({3,4;8,6;1,9},{2,7;6,7;5,3})"的计算结果是 156。

16. SUMSQ

用途：返回所有参数的平方和。

语法：SUMSQ（number1，number2，…）。

参数：Number1，number2，…为 1 到 30 个需要求平方和的参数，它可以是数值、区域、引用或数组。

实例：如果 A1＝1、A2＝2、A3＝3，则公式"＝SUMSQ（A1：A3）"返回 14（即 $1^2＋2^2＋3^2＝14$）。

17. SUMX2MY2

用途：返回两数组中对应数值的平方差之和。

语法：SUMX2MY2（array_x，array_y）。

参数：Array_x 为第一个数组或数值区域。Array_y 为第二个数组或数值区域。

实例：如果 A1＝1，A2＝2，A3＝3、B1＝4，B2＝5，B3＝6，则公式"＝SUMX2MY2（A1：A3,B1：B3）"返回－63。

18. SUMX2PY2

用途：返回两数组中对应数值的平方和的总和，此类运算在统计中经常遇到。

语法：SUMX2PY2（array_x，array_y）。

参数：Array_x 为第一个数组或数值区域，Array_y 为第二个数组或数值区域。

实例：如果 A1＝1、A2＝2、A3＝3、B1＝4、B2＝5、B3＝6，则公式"＝SUMX2PY2（A1：A3，B1：B3）"返回 91。

19. SUMXMY2

用途：返回两数组中对应数值之差的平方和。

语法：SUMXMY2（array_x，array_y）。

参数：Array_x 为第一个数组或数值区域。Array_y 为第二个数组或数值区域。

实例：如果 A1＝1、A2＝2、A3＝3、B1＝4、B2＝5、B3＝6，则公式"＝SUMXMY2（A1：A3，B1：B3）"返回 27。

20. TAN

用途：返回某一角度的正切值。

语法：TAN（number）。

参数：Number 为需要求正切的角度，以弧度表示。如果参数的单位是度，可以乘以 P1（）/180 转换为弧度。

实例：如果 A1＝60，则公式"＝TAN（A1＊PI（）/180）"返回 1.732050808；"TAN（1）"返回 1.557407725。

8.2.4 统计函数

1. AVEDEV

用途：返回一组数据与其平均值的绝对偏差的平均值，该函数可以评测数据的离散度。

语法：AVEDEV（number1，number2，…）。

参数：Number1、number2、…是用来计算绝对偏差平均值的一组参数，其个数可以在 1～30。

实例：如果 A1＝79、A2＝62、A3＝45、A4＝90、A5＝25，则公式"＝AVEDEV（A1：A5）"返回 20.16。

2. AVERAGE

用途：计算所有参数的算术平均值。

语法：AVERAGE（number1，number2，…）。

参数：Number1、number2、…是要计算平均值的 1～30 个参数。

实例：如果 A1：A5 区域命名为分数，其中的数值分别为 100、70、92、47 和 82，则公式"＝AVERAGE（分数）"返回 78.2。

3. AVERAGEA

用途：计算参数清单中数值的平均值。它与 AVERAGE 函数的区别在于不仅数字，而且文本和逻辑值（如 TRUE 和 FALSE）也参与计算。

语法：AVERAGEA（value1，value2，…）。

参数：Value1、value2、…为需要计算平均值的 1 至 30 个单元格、单元格区域或数值。

实例：如果 A1＝76、A2＝85、A3＝TRUE，则公式"＝AVERAGEA（A1：A3）"返回 54（即 76＋85＋1/3＝54）。

4. MAX

用途：返回数据集中的最大数值。

语法：MAX（number1，number2，…）。

参数：Number1、number2、…是需要找出最大数值的 1 至 30 个数值。

实例：如果 A1＝71、A2＝83、A3＝76、A4＝49、A5＝92、A6＝88、A7＝96，则公式"＝MAX（A1：A7）"返回 96。

5. MAXA

用途：返回数据集中的最大数值。它与 MAX 的区别在于文本值和逻辑值（如 TRUE 和 FALSE）作为数字参与计算。

语法：MAXA（value1，value2，…）。

参数：Value1、value2、…为需要从中查找最大数值的 1 到 30 个参数。

实例：如果 A1：A5 包含 0、0.2、0.5、0.4 和 TRUE，则："＝MAXA（A1：A5）"返回 1。

6. MIN

用途：返回给定参数表中的最小值。

语法：MIN（number1，number2，…）。

参数：Number1、number2、…是要从中找出最小值的 1 到 30 个数字参数。

实例：如果 A1＝71、A2＝83、A3＝76、A4＝49、A5＝92、A6＝88、A7＝96，则公式"＝MIN（A1：A7）"返回 49；而"＝MIN（A1：A5，0，－8）"返回－8。

7. MINA

用途：返回参数清单中的最小数值。它与 MIN 函数的区别在于文本值和逻辑值（如 TRUE 和 FALSE）也作为数字参与计算。

语法：MINA（value1，value2，…）。

参数：Value1、value2、…为需要从中查找最小数值的 1 到 30 个参数。

实例：如果 A1＝71、A2＝83、A3＝76、A4＝49、A5＝92、A6＝88、A7＝FALSE，则公式"＝MINA（A1：A7）"返回 0。

8.3　用 Excel 编写简单的测量程序

8.3.1　角度弧度换算

在 Excel 中，可以利用公式实现角度和弧度的相互换算。

1. 计算模板的建立步骤

（1）新建一个工作簿，在其中输入如图 8-5 所示的内容。

（2）在"B2"单元格中输入度，在"C2"单元格中输入分，在"D2"单元格中输入秒，在"F2"单元格中输入度（用小数表示），在"G2"单元格中输入弧度。

（3）在第"3"行中进行公式编辑。

（4）在"F3"单元格中输入"＝B3＋（C3＋D3/60）/60"。

（5）在"G3"单元格中输入"＝RADIANS（F3）"。

（6）在"H3"单元格中输入"＝TRUNC（DEGREES（G3））&"°"&TRUNC（（DE-GREES(G3)-TRUNC(DEGREES(G3)))*60)&"′"&TRUNC(((DEGREES(G3)-TRUNC(DEGREES(G3))*60-TRUNC((DEGREES(G3)-TRUNC(DEGREES(G3)))*60))*60)&"″"。

（7）选定"3行"向下复制到表格最后一行。

（8）点击"文件"菜单中的"另存为"选项，输入文件名为"角度弧度相互换算"，在文件类型中选择为"模板"并点击"保存"。

	A	B	C	D	E	F	G	H
1								
2		度	分	秒		度（小数表示）	弧度	度
3								
4								
5								
6								
7								

图 8-5　角度和弧度相互转换计算模板

2. 模板的使用

角度转弧度时，首先将分和秒折算成度。Excel 会根据公式生成一列角度值，然后用 RADIANS 函数将角度值转化成一列弧度值。使用该模板时，分别输入度、分、秒的数值，即可实现角度和弧度的自动计算。

弧度转角度时，先用 DEGREES 函数将弧度值转换成角度值，然后取该角度值的整数部分为度，用"°"分割，然后将原值减去整数的值乘以 60，整数部分即是分，秒与分同样方法。计算结果如图 8-6 所示。

	A	B	C	D	E	F	G	H
1								
2		度	分	秒		度（小数表示）	弧度	度
3		90	33	20		90.55555556	1.5804926	90 ° 33′ 20″
4		98	27	46		98.46277778	1.718499663	98 ° 27′ 45″
5		110	34	23		110.5730556	1.929863883	110 ° 34′ 23″
6		34	24	45		34.4125	0.600611429	34 ° 24′ 45″

图 8-6　角度和弧度相互转换计算结果

8.3.2　三角形面积计算

1. 公式

我们可以根据三角形的顶点坐标求其面积。计算公式为

$$S = 0.5 \times abs(A_x * B_y + B_x * C_y + C_x * A_y - A_y * B_x - B_y * C_x - C_y * A_x)$$

2. 计算模板的建立步骤

（1）新建一个工作簿，在其中输入如图 8-7 所示的内容。

	A	B	C	D	E	F	G	H
1								
2	Ax	Ay	Bx	By	Cx	Cy	S面积	
3								
4								

图 8-7　三角形面积计算模板

（2）在"A2"单元格中输入 A_x，在"B2"单元格中输入 A_y，在"C2"单元格中输入 B_x，在"D2"单元格中输入 B_y，在"E2"单元格中输入 C_x，在"F2"单元格中输入 C_y，

在 "G2" 单元格中输入 S 面积。

（3）在第 "3" 行中进行公式编辑。

（4）在 "G3" 单元格中输入 "＝0.5*ABS(A3*D3＋C3*F3＋E3*B3－B3*C3－D3*E3－F3*A3)"。

（5）选定 "3 行" 向下复制到表格最后一行。

（6）点击 "文件" 菜单中的 "另存为" 选项，输入文件名为 "三角形面积"，在文件类型中选择为 "模板" 并点击 "保存"。

3. 模板的使用

在 Excel 中按上图所示设计计算表格，并分别输入 3 个顶点的坐标，即可自动计算三角形的面积，如图 8-8 所示。

	A	B	C	D	E	F	G	H
1								
2	Ax	Ay	Bx	By	Cx	Cy	S面积	
3	1000	900	1086.603	850	950	813.397	5000.04	
4	234	366	455	677	965	634	84056.5	
5								

图 8-8　三角形面积计算结果

8.3.3　多边形面积计算

1. 公式

多边形面积计算公式为

$$S = 0.5 \times abs(X_i * Y_{i+1} + X_{i+1} * Y_{i+2} + \cdots X_n * Y_1 - Y_i * X_{i+1} - Y_{i+1} * X_{i+2} + \cdots + Y_n * X_1)$$

下面以五边形为例，利用 Excel 实现面积的计算。

2. 计算模板的建立步骤

（1）新建一个工作簿，在其中输入如图 8-9 所示的内容。

	A	B	C	D	E	F	G	H	I	J	K
1											
2	X_1	Y_1	X_2	Y_2	X_3	Y_3	X_4	Y_4	X_5	Y_5	S
3											
4											

图 8-9　多边形面积计算模板

（2）在 "A2" 单元格中输入 X_1，在 "B2" 单元格中输入 Y_1，在 "C2" 单元格中输入 X_2，在 "D2" 单元格中输入 Y_2；在 "E2" 单元格中输入 X_3，在 "F2" 单元格中输入 Y_3，在 "G2" 单元格中输入 X_4 面积，在 "H2" 单元格中输入 Y_4，在 "I2" 单元格中输入 X_5，在 "J2" 单元格中输入 Y_5，在 "K2" 单元格中输入 S。

（3）在第 "3" 行中进行公式编辑。

（4）在 "K3" 单元格中输入 "＝0.5*ABS(A3*D3＋C3*F3＋E3*H3＋G3*J3＋I3*B3－B3*C3－D3*E3－F3*G3－H3*I3－J3*A3)"。

（5）选定 "3 行" 向下复制到表格最后一行。

（6）点击"文件"菜单中的"另存为"选项，输入文件名为"多边形面积"，在文件类型中选择为"模板"并点击"保存"。

3. 模板的使用

在 Excel 中按上图所示设计计算表格，并分别输入 5 个顶点的坐标，即可自动计算多边形的面积，如图 8-10 所示。

	A	B	C	D	E	F	G	H	I	J	K	L
1												
2	X_1	Y_1	X_2	Y_2	X_3	Y_3	X_4	Y_4	X_5	Y_5	S	
3	1000	1000	1000	1200	1013.205	1203.923	1113.205	1203.923	1173.205	1100	23516.64	
4												

图 8-10　多边形面积计算结果

8.3.4　后方交会

1. 公式

后方交会用真数计算的要点是：先根据 A，B，C 三个已知点的坐标（X_A，Y_A），（X_B，Y_B），（X_C，Y_C）及两个水平观测角 α、β，计算出已知点到未知点的坐标方位角如 α_{BP}，然后根据这个坐标方位角及已知坐标增量和 α、β 角求出已知点到未知点的坐标增量，最后求得未知点的坐标（X_P，Y_P）。由图 8-11 可知，CP、BP、AP 三条直线的方程式为

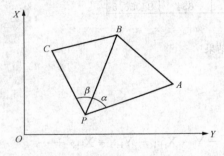

图 8-11　后方交会示意图

$$Y_P - Y_C = (X_P - X_C) \times \tan(\alpha_{BP} - \beta) \quad (8-1)$$

$$Y_P - Y_B = (X_P - X_B) \times \tan\alpha_{BP} \quad (8-2)$$

$$Y_P - Y_A = (X_P - X_A) \times \tan(\alpha_{BP} + \alpha) \quad (8-3)$$

联立解式（8-1）～式（8-3）得待定点 P 的解算公式

$$\tan\alpha_{BP} = \frac{(Y_B - Y_A)\cot\alpha + (Y_B - Y_C)\cot\beta + (X_A - X_C)}{(X_B - X_A)\cot\alpha + (X_B - X_C)\cot\beta - (Y_A - Y_C)}$$

$$\Delta X_{BP} = \frac{(Y_B - Y_A)(\cot\alpha - \tan\alpha_{BP}) - (X_B - X_A)(1 + \cot\alpha\tan\alpha_{BP})}{1 + \tan^2\alpha_{BP}}$$

$$\Delta Y_{BP} = \Delta X_{BP}\tan\alpha_{BP}$$

$$X_P = X_B + \Delta X_{BP}$$

$$Y_P = Y_B + \Delta Y_{BP}$$

式中　α_{BP}——B 点至 A 点的方位角；

X_A，Y_A——A 点的坐标；

X_B，Y_B——B 点的坐标；

X_C，Y_C——C 点的坐标；

X_P，Y_P——P 点的坐标。

2. 计算模板的建立步骤

（1）新建一个工作簿，在其中输入如图 8-12 所示的内容。

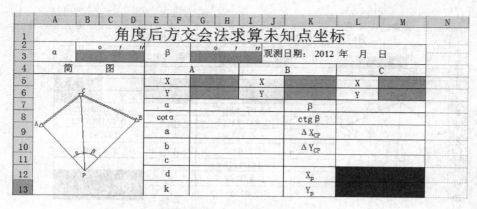

图 8-12　后方交会计算模板

（2）分别在各单元格中输入如下内容：

G7＝B3＋C3/60＋D3/3600

G8＝1/TAN(RADIANS(G7))

G9＝(G5-M5)＋(G6-M6)∗G8

G10＝(M6-G6)＋(G5-M5)∗G8

G11＝(M5-K5)＋(K6-M6)∗L8

G12＝(K6-M6)＋(K5-M5)∗L8

G13＝(G9＋G11)/(G10＋G12)

L7＝G3＋H3/60＋I3/3600

L8＝1/TAN(RADIANS(L7))

L9＝(G9-G13∗G10)/(1＋G13∗G13)

L10＝G13∗L9

L12＝M5＋L9

L13＝M5＋L9

（3）点击"文件"菜单中的"另存为"选项，输入文件名为"后方交会"，在文件类型中选择为"模板"并点击"保存"。

3. 模板的使用

使用该模板进行后方交会计算时，首先在绿色单元格中分别输入已知数据：水平观测角 α、β 和 A、B、C 三点的坐标，Excel 即可自动计算出 P 点的坐标，结果如图 8-13 红色区域所示。

8.3.5　单导线简易平差

本部分以附合导线为例，介绍如何利用 Excel 实现附合导线的近似平差计算。所谓附合导线，是指起始于一个已知控制点，而终止于另一个已知控制点的导线。导线在测量过程中会产生角度闭合差和坐标增量闭合差。在导线内业计算中，附合导线的近似平差只需要进行角度闭合差和坐标增量闭合差的平差计算和精度评定。

1. 公式

（1）角度闭合差 f_β 的计算及分配，分左角观测和右角观测两种情况。

左角观测　　　　　　　　$f_\beta = \alpha_0 + \sum\beta \pm 180 \times n - \alpha_n$

303

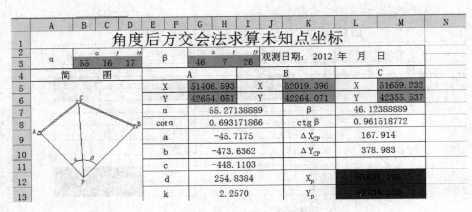

图 8-13 后方交会计算结果

右角观测 $$f_\beta = \alpha_0 - \sum\beta \pm 180 \times n - \alpha_n$$

其中，α_0 和 α_n 各是由起始边和附合边坐标反算得到的方位角，β 为观测角，n 为测站数。

f_β 限差 $$f_容 \leqslant \pm 40\sqrt{n}$$

其中，f_β 的分配遵守"反符号平均分配"原则。

（2）根据起始边的坐标方位角和改正后的转折角（观测值加改正数）推算其余各边的坐标方位角。

左角观测 $$\alpha_i = \alpha_{i-1} + \beta_i - 180 - f_\beta/n$$
右角观测 $$\alpha_i = \alpha_{i-1} - \beta_i + 180 - f_\beta/n$$

（3）根据各边的坐标方位角和边长进行坐标增量的计算，计算公式为

$$\Delta X_i = S_i \times \cos\alpha_i$$
$$\Delta Y_i = S_i \times \sin\alpha_i$$

（4）计算坐标增量闭合差 f_x 和 f_y。

$$f_x = X_0 + \sum\Delta X - X_n$$
$$f_y = Y_0 + \sum\Delta Y - Y_n$$

（5）计算导线全长闭合差 f_s。

$$f_s = \sqrt{f_x^2 + f_y^2}$$

导线全长闭合差一般采用 $\dfrac{1}{\sum S/f_s}$ 形式评定。坐标增量闭合差 f_x 和 f_y 以边长为权分配到各坐标增量上。

（6）据起始点坐标及改正后的坐标增量依次计算各导线点的坐标。

$$X_i = X_{i-1} + \Delta X_i - f_x \times S_i/\sum S$$
$$Y_i = Y_{i-1} + \Delta Y_i - f_y \times S_i/\sum S$$

2. 计算模板的建立步骤

（1）新建一个工作簿，在其中输入如图 8-14 所示的内容。

（2）输入文字项目：行标题、列项目（点号）和其他文本信息。根据表头提示输入观测数据和已知数据：角度观测值、边长观测值、已知点坐标和坐标方位角。

图 8-14 附合导线计算模板

图 8-14 说明：A3～A9 为点号；B4：B9～D4：D9 为观测水平角度值；E4：E9 为观测左角的度数表示；F4：F9 为方位角；G4～G9 为改正后的观测角值；H4～H9 为改正后的坐标方位角；I4～I9 为距离观测值；J 列～M 列为坐标增量；N 列～O 列为坐标值。

（3）所有的观测角度之和。

$$E10 = SUM(E4:E9)$$

（4）角度闭和差计算和闭合差限差的计算。

$$H11 = (E11 - E12 + E10 - (C13 + 2)*180)*3600$$
$$H12 = 40*SQRT(C13 + 2)$$

（5）角度改正数计算。

$$H13 = -H11/(C13 + 2)$$

（6）改正后的角度。

$$G4 = E4 + \$H\$13/3600$$

（7）利用改正后的角度计算方位角。

计算坐标方位角，方位角的计算比较复杂，坐标方位角的范围在 0°～360°，方位角分为四个象限。在第一象限时方位角不变，第二象限时由坐标反算公式计算出所得的角度加上 180°，第三象限时和第二象限一样，在第四象限时加上 360°，在计算后所得角如果大于 360° 时还需减 360°。在 D5 中按设置格式输入公式，计算点 B—点 1 边的坐标方位角，然后用鼠标选中已输入公式的 D5 单元格区域，将鼠标指针移至 D5 单元格右下角的"填充柄"，鼠标变成黑色实心"+"，按住鼠标左健，向下拖动至目的单元格后松开，就完成了其他边方位角的成果计算。

H4＝IF(H3＋G4＋IF(H3＋G4＞180,－180,180)＞360,H3＋G4＋IF(H3＋G4＞180,
－180,180)－360,H3＋G4＋IF(H3＋G4＞180,－180,180))

（8）坐标增量计算。

X 坐标增量计算 J4＝I4*COS(RADIANS(H4))

Y 坐标增量计算 K4＝I4*SIN(RADIANS(H4))

（9）坐标闭合差计算。

纵坐标闭和差计算 fx K13＝J10＋N4－N9

横坐标闭和差计算 fy N11＝K10＋O4－O9

（10）改正后的坐标增量。

改正后的纵坐标增量计算 L4＝J4－I4/\$I\$10*\$K\$11

改正后的横坐标增量计算　　M4＝K4－I4/＄I＄10＊＄N＄11

（11）坐标计算。

导线点 1 的纵坐标计算　　　　N5＝N4＋L4

导线点 1 的横坐标计算　　　　O5＝O4＋M4

（12）其他导线点的成果计算。

首先用鼠标选中已输入公式的单元格区域，将鼠标指针移至该单元格右下角的"填充柄"，鼠标变成黑色实心"＋"，然后按住鼠标左键，向下拖动至目的单元格后松开，就完成了其他导线点的成果计算。

（13）点击"文件"菜单中的"另存为"选项，输入文件名为"附合导线计算"，在文件类型中选择为"模板"并单击"保存"。

3. 模板的使用

在 Excel 中按上图所示设计计算表格，并分别输入已知数据，即可实现附合导线的自动计算，结果如图 8-15 所示。

	A	B	C	D	E	F	G	H	I	J	K	L	M	N	O
1								附合导线(左角)坐标计算表							
2	点号	°	′	″	观测左角(°)	坐标方位角(°)	改正后方位角(°)	距离(m)	ΔX(m)	ΔY(m)	改正后ΔX(m)	改正后ΔY(m)		X(m)	Y(m)
3	A					345.0935944			345.0935944					——	——
4	起点B	296	46	29	296.77472	101.8683167	296.7745986	273.5065	101.8681931	-56.2496061	267.659835	-56.24795822	267.6643761	736361.836	459876.143
5	D1	108	52	17	108.87139	30.73970556	108.8712653	154.6485	30.73945833	132.9204581	79.0462546	132.9213899	79.04882216	736305.588	460143.807
6	D2	174	30	11	174.50306	25.24276111	174.5029319	171.732	25.24239028	155.3336191	73.2348729	155.3346538	73.23772414	736438.509	460222.856
7	D3	168	45	38	168.76056	14.00331667	168.7600433	322.0295	14.00282222	312.4600098	77.921378	312.46195	77.92672464	736593.844	460296.094
8	起点D	186	47	12	186.78667	20.78998333	186.7865431	202.0745	20.78936528	188.917747	71.7229979	188.9189645	71.72635293	736906.306	460374.021
9	终点C	88	2	6	88.035	288.8249833	88.03487639		288.8242417					737095.225	460445.747
10	和				1023.731389	——	——	1123.991	——	733.3822279	569.585339	733.389	569.604		
11	已知α1	345	5	37	345.09359	方位角闭合差(°)	2.669999999		坐标闭合差fx(m)=	-0.006772		坐标闭合差fy(m)=	-0.0186614		
12	已知α2	288	49	27	288.82424	方位角闭合差限差(″)=	97.97958971		导线全长闭合差(m)=	0.01985224					
13	未知点个数n=			4		角度改正数(°)=	-0.445		导线全长相对闭合差K=1/	56617.8342	<1/4000				
14															

图 8-15　附合导线计算结果

（1）当导线点较多或较少时，按实际点数插入或删除行数，并注意检查计算公式是否正确。

（2）"蓝色"字体表示导线计算时，需要输入的已知项目。

（3）其中 B、C 为已知坐标的点，"α1"为起始边方位角 α_{AB}，"α2"为结束边方位角 α_{CD}。n 为待定的导线点的点数。

（4）表中各点号所对应的"角度"、"坐标"为该点的夹角和坐标，各点号所对应的"方位角"、"距离"为该点至下一点的方位角及平距。

（5）此程序为图根导线的计算程序，其他等级导线的计算，其"角度闭合差限差"计算公式及"导线全长相对闭合差"数值要修改。

8.3.6　水准测量成果整理

1. 技术要求（表 8-1）

表 8-1　　　　　　　　　　　　　　　　**四等水准主要技术要求**

等级	视线长度/m	前后视较差/m	前后视累积差/m	基本分划、辅助分划或黑面、红面读数较差/mm	基本分划、辅助分划或黑面、红面所测高差较差/mm
四等	≤100	≤5	≤10	3.0	5.0

2. 计算模板的建立步骤

（1）新建一个工作簿，在其中输入如图 8-16 所示的内容，表中相关参数是按四等 DS$_3$ 型水准仪对应限差规定设置的，在实际使用时应根据实际情况按规范设置。

	A	B	C	D	E	F	G	H	I	J	K	L	M	N
1	三、四等水准测量记录													
2		自												
3		测					天气:	阴		观测者:				
4		至												
5		2012		年		月		日						
6		始:		时		分	成象	清晰		记录者:				
7		终:		时		分								
9	测站	点号	后尺	上丝	前尺	上丝	方向及	水准尺读数		K+黑-红	平均高差	备注		
10	编号			下丝		下丝								
11			后视距		前视距		尺 号	黑 面	红 面					
12			d		Σd									
13			(1)		(4)		后	(3)	(8)	(10)		K为尺常数:		
14			(2)		(5)		前	(6)	(7)	(9)	(14)	KA=4.787		
15			(15)		(16)		后-前	(11)	(12)	(13)		KB=4.687		
16			(17)		(18)							已知高程:		
17														
18														
19														
20														
21														
22														
23														
24														

图 8-16　四等水准测量计算模板

（2）对第一测站的各单元格进行公式编辑。

C19＝IF(OR(C17＝"",C18＝""),"",IF((C17－C18)*100＞100,"后距超限",C17－C18)*100))

E19＝IF(OR(E17＝"",E18＝""),"",IF((E17－E18)*100＞100,"后距超限",E17－E18)*100))

C20＝IF(OR(C19＝"",C19＝"后距超限",E19＝"",E19＝"前距超限"),"",IF(ABS(C19－E19)＞5,"视距差超限",C19－E19))

E20＝IF(OR(C20＝"",C20＝"视距差超限"),"",IF(A17＝1,C20,IF(ABS(C20＋E16)＞10,"视距差累计超限",C20＋E16)))

H19＝IF(OR(H17＝"",H18＝""),"",H17－H18)

I19＝IF(OR(I17＝"",I18＝""),"",I17－I18)

J17＝IF(OR(H17＝"",I17＝""),"",IF(G17＝"后 A",IF(ABS(4.787＋H17－I17)＞5,"黑红读数超限",4.787＋H17－I17),IF(G17＝"后 B",IF(ABS(4.687＋H17－I17)＞5,"黑红读数超限",4.687＋H17－I17),"")))

J18＝IF(OR(H18＝"",I18＝""),"",IF(G18＝"前 A",IF(ABS(4.787＋H18－I18)＞5,"黑红读数超限",4.787＋H18－I18),IF(G18＝"前 B",IF(ABS(4.687＋H18－I18)＞5,"黑红读数超限",4.687＋H18－I18),"")))

J19＝IF(OR(J17＝"",J17＝"黑红读数超限",J18＝"",J18＝"黑红读数超限"),"",IF(ABS(J17－J18)＞5,"高差之差超限",J17－J18))

K17＝IF(OR(J19＝"",J19＝"高差之差超限"),"",H19－J19/2)

（3）复制测站：选中第一测站的所有单元格，向下复制出若干站。

（4）点击"文件"菜单中的"另存为"选项，输入文件名为"四等水准计算表"，在文件类型中选择为"模板"并点击"保存"。

3. 模板的使用

（1）根据实际情况和规范要求设置好各项限差参数，尤其要注意 A 尺、B 尺的尺常数 K_A、K_B。记录表头内容：日期、天气、成像、起止时间等。

（2）根据观测者读数记录测点点号、上下丝读数，黑红面读数。

计算结果如图 8-17 所示。

	A	B	C	D	E	F	G	H	I	J	K	L	M
9	测站编号	点号	后尺	上丝	前尺	上丝	方向及	水准尺读数		K+黑-红	平均高差	备注	
10				下丝		下丝							
11			后视距		前视距		尺号	黑面	红面				
12			d		Σd								
13			(1)		(4)		后	(3)	(8)	(10)		K为尺常数：	
14			(2)		(5)		前	(6)	(7)	(9)	(14)	KA=4.787	
15			(15)		(16)		后-前	(11)	(12)	(13)		KB=4.687	
16			(17)		(18)								
17			2.612		2.044		后A	2.312	7.098	0.001			
18	1	Z1	2.014		1.425		前B	1.725	6.414	-0.002	0.5855		
19			59.8		61.9		后-前	0.587	0.684	0.003			
20			-2.1		-2.1								
21			2.255		1.614		后B	1.894	6.583	-0.002			
22	2	Z2	1.533		0.889		前A	1.251	6.038	0.000	0.644		
23			72.2		72.5		后-前	0.643	0.545	-0.002			
24			-0.3		-2.4								
25													
26													
27													
28													

图 8-17　四等水准测量计算结果

8.4　Excel 工程测量应用

本节结合公路工程的实际需要，利用 Excel 电子表格制作的用于由直线、圆曲线、缓和曲线组成的一般公路线型中桩、边桩等计算的通用模板，可以减轻计算工作的劳动强度和提高计算结果的准确度。

8.4.1　公式

1. 直线段

（1）中桩坐标计算公式

$$X_P = X_1 + 2R\sin\left[\frac{L}{2R}\cos\left(\alpha_{A \to B} \mp \frac{L}{2R}\frac{180}{\pi}\right)\right]$$

$$Y_P = Y_1 + 2R\sin\left[\frac{L}{2R}\sin\left(\alpha_{A \to B} \mp \frac{L}{2R}\frac{180}{\pi}\right)\right]$$

（2）边桩坐标计算公式

$$X_A = X_P + T_1\cos(\alpha_{1 \to 2} - 90°), Y_A = Y_P + T_1\sin(\alpha_{1 \to 2} - 90°)$$

$$X_B = X_P + T_2\cos(\alpha_{1 \to 2} + 90°), Y_B = Y_P + T_2\sin(\alpha_{1 \to 2} + 90°)$$

2. 缓和曲线段

（1）中桩坐标计算公式

$$X_P = X_1 + \left(L - \frac{L^5}{40R^2L_S^2}\right)\cos\alpha_{A \to B} + \left(\frac{L^3}{6RL_S} - \frac{L^7}{336R^3L_S^3}\right)\cos(\alpha_{A \to B} \pm 90°)$$

$$Y_P = Y_1 + \left(L - \frac{L^5}{40R^2L_S^2}\right)\sin\alpha_{A \to B} + \left(\frac{L^3}{6RL_S} - \frac{L^7}{336R^3L_S^3}\right)\sin(\alpha_{A \to B} \pm 90°)$$

当 P 点位于顺时针方向时，其方位角为 $\alpha_{E\to p}=\alpha_{A\to B}+90°$；当 P 点位于逆时针方向时，其方位角为 $\alpha_{E\to p}=\alpha_{A\to B}-90°$。

（2）边桩坐标计算公式

$$X_A = X_P + T_1\cos(\alpha_{A\to B} \pm \beta - 90°), Y_A = Y_P + T_1\sin(\alpha_{A\to B} \pm \beta - 90°)$$
$$X_B = X_P + T_2\cos(\alpha_{A\to B} \pm \beta + 90°), Y_B = Y_P + T_2\sin(\alpha_{A\to B} \pm \beta + 90°)$$

3. 圆曲线段

（1）中桩坐标计算公式

$$X_P = X_1 + 2R \times \sin\left(\frac{L}{2R}\right)\cos\left(\alpha_{A\to B} \mp \frac{L}{2R}\cdot\frac{180}{\pi}\right)$$
$$Y_P = Y_1 + 2R \times \sin\left(\frac{L}{2R}\right)\sin\left(\alpha_{A\to B} \mp \frac{L}{2R}\cdot\frac{180}{\pi}\right)$$

当 E 点位于顺时针方向时取"+"，当 E 点位于逆时针方向时取"−"。

（2）边桩坐标计算公式

$$X_A = X_P + T_1\cos(\alpha_{A\to B} \pm \beta - 90°), Y_A = Y_P + T_1\sin(\alpha_{A\to B} \pm \beta - 90°)$$
$$X_B = X_P + T_2\cos(\alpha_{A\to B} \pm \beta + 90°), Y_B = Y_P + T_2\sin(\alpha_{A\to B} \pm \beta + 90°)$$

式中　X_P、Y_P——未知点 P 的坐标；

X_1、Y_1——各线型起点的坐标（第二曲线段为终点）；

X_A、Y_A、X_B、Y_B——P 点边桩 A 点、B 点的坐标（A 为左侧、B 为右侧）；

$\alpha_{1\to 2}$——直线段起点的方位角；

$\alpha_{A\to B}$——各线型起点的切线方位角（第二曲线段为终点）；

L——P 点距各线型起点的长度；

L_S——缓和曲线段缓和曲线长；

R——各曲线段的半径；

β——P 点的切线角（曲线左转时取"−"、曲线右转时取"+"）；

T_1、T_2——P 点至边桩 A、B 的距离（A 为 T_1、B 为 T_2）。

8.4.2　计算模板的建立步骤

（1）新建一个工作簿，在其中输入如图 8-18 和图 8-19 所示的内容。

（2）选中工作表 A 列，打开格式菜单，选中"单元格"，在单元格菜单中选中"数字"栏，自定义单元格格式为"K000+000.000"。按此方法分别将其他列设置为如图 8-18 所示单元格格式。

	A	B	C	D	E	F	G	H	I	J	K	L	M
1	路线逐桩坐标表												
2	桩号	偏角类型	线型代号	曲线要素数值			方位角			方位角	Li	逐桩坐标	
3				R	Lh	L	°	′	″			X	Y
4	K149+739.811	1	5	4000	342.225	3698.268	276	32	53.3	4.8694537	0.000	193278.432	484264.060
5	K149+800.000	1	5	4000	342.225	3698.268	276	32	53.3	4.8694537	60.189	193288.294	484204.685

图 8-18　路线逐桩坐标表

（3）将"4"行作为路线起点数据行，在"5"行中进行公式编辑。

（4）在"J5"单元格中输入"=IF(C5=4,RADIANS(IF((G5+H5/60+I5/60/60)<180,(G5+H5/60+I5/60/60)+180,(G5+H5/60+I5/60/60)−180)),IF(C5=5,RADIANS(IF(B5=0,G5+H5/60+

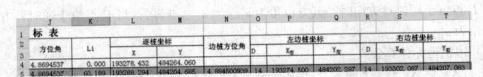

图 8-19　路线逐桩计算表

I5/60/60－E5/2/D5*180/PI()，G5＋H5/60＋I5/60/60＋E5/2/D5*180/PI()))，RADIANS(G5＋H5/60＋I5/60/60)))"。

（5）在"K5"单元格中输入"＝A5－＄A＄4"。

（6）在"L5"单元格中输入"＝L$4＋IF(C5＝1，K5*COS(J5)，IF(C5＝2，2*D5*SIN(K5/2/D5)*IF(B5＝0，COS(J5－K5/2/D5)，COS(J5＋K5/2/D5))，IF(C5＝3，(K5－K5^5/40/D5^2/E5^2)*COS(J5)＋(K5^3/6/D5/E5－K5^7/336/D5^3/E5^3)*IF(B5＝0，COS(J5－90*PI()/180)，COS(J5＋90*PI()/180))，IF(C5＝4，(K5－K5^5/40/D5^2/E5^2)*COS(J5)＋(K5^3/6/D5/E5－K5^7/336/D5^3/E5^3)*IF(B5＝0，COS(J5－90*PI()/180)，COS(J5＋90*PI()/180))，2*D5*SIN(K5/2/D5)*IF(B5＝0，COS(J5－K5/2/D5)，COS(J5＋K5/2/D5))))))"。

（7）在"M5"单元格中输入"＝$M$4＋IF(C5＝1，K5*SIN(J5)，IF(C5＝2，2*D5*SIN(K5/2/D5)*IF(B5＝0，SIN(J5－K5/2/D5)，SIN(J5＋K5/2/D5))，IF(C5＝3，(K5－K5^5/40/D5^2/E5^2)*SIN(J5)＋(K5^3/6/D5/E5－K5^7/336/D5^3/E5^3)*IF(B5＝0，SIN(J5－90*PI()/180)，SIN(J5＋90*PI()/180))，IF(C5＝4，(K5－K5^5/40/D5^2/E5^2)*SIN(J5)＋(K5^3/6/D5/E5－K5^7/336/D5^3/E5^3)*IF(B5＝0，SIN(J5－90*PI()/180)，SIN(J5＋90*PI()/180))，2*D5*SIN(K5/2/D5)*IF(B5＝0，SIN(J5－K5/2/D5)，SIN(J5＋K5/2/D5))))))"。

（8）在"N5"单元格中输入"＝IF(B5＝0，J5－RADIANS(IF(C5＝2，K5/D5*180/PI()，IF(C5＝3，K5^2/2/D5/E5*180/PI()，IF(C5＝5，K5/D5*180/PI()))))，J5＋RADIANS(IF(C5＝2，K5/D5*180/PI()，IF(C5＝3，K5^2/2/D5/E5*180/PI()，IF(C5＝4，K5^2/2/D5/E5*180/PI()，IF(C5＝5，K5/D5*180/PI()))))))"。

（9）在"P5"单元格中输入"＝IF(C5＝4，L5＋O5*COS(N5＋90*PI()/180)，L5＋O5*COS(N5－90*PI()/180))"。

（10）在"Q5"单元格中输入"＝IF(C5＝4，M5＋O5*SIN(N5＋90*PI()/180)，M5＋O5*SIN(N5－90*PI()/180))"。

（11）在"S5"单元格中输入"＝IF(C5＝4，L5＋O5*COS(N5－90*PI()/180)，L5＋O5*COS(N5＋90*PI()/180))"。

（12）在"T5"单元格中输入"＝IF(C5＝4，M5＋O5*SIN(N5－90*PI()/180)，M5＋O5*SIN(N5＋90*PI()/180))"。

（13）选定"5行"向下复制到表格最后一行。

（14）点击"文件"菜单中的"另存为"选项，输入文件名为"坐标计算"在文件类型中选择为"模板"并单击"保存"。

8.4.3　模板的使用

（1）本模板可用于由直线、缓和曲线、圆曲线组成的公路线型逐桩中桩、边桩坐标的计算。

（2）按照线型的前进方向，即桩号的增加顺序进行每个曲线类型的计算。

（3）需要输入的已知数据有：路线起点坐标 X，Y（在起点桩号所在行输入）；各线型段的起点桩号、偏角类型、线型代号、R、L_h、L、方位角、边桩至中桩距离 D（起点桩号按顺序隔行输入，其他数据在起点桩号下一行对应输入）；第二缓和曲线的终点坐标 X，Y（终点桩号所在行输入）。

（4）该模板将各线型段起点桩号的下一行作为该曲线段计算数据的编辑行，所有数据都以此行为依据进行计算。

（5）在输入桩号时，只需输入连续数字及小数点（例如 K123＋456.789 可以输入 123456.789），系统自动显示为 K＊＊＊＋＊＊＊.＊＊＊ 的桩号格式。

（6）由第一缓和曲线段、圆曲线段、第二缓和曲线段组成的线型全部采用第一缓和曲线的方位角，其他线型输入起点方位角。方位角输入时，需将角度制的方位角按照度、分、秒的格式输入对应的单元格中，表格会自动已弧度形式显示在下一列"方位角"中。

（7）偏角类型中按照路线前进方向左偏为"0"；右偏为"1"；直线可不填；第二缓和曲线段取相反的类型。

（8）线型代号中"1"代表直线段；"2"代表圆曲线段；"3"代表组合曲线中的第一缓和曲线段；"4"代表组合曲线中的第二缓和曲线段；"5"代表组合曲线中的圆曲线。

（9）在输入已知数据完成后需将逐桩坐标 X、Y 列中编辑行单元格中公式最前边的"＝＄L＄＊＋…"，"＝＄M＄＊＋…"改为对应曲线段起点坐标 X、Y 单元格代号"＝＄L＄（起点行行号）…"，"＝＄M＄（起点行行号）…"第二缓和曲线段改为对应曲线段终点坐标 X、Y 位置单元格代号"＝＄L＄（终点行行号）…"，"＝＄M＄（终点行行号）…"。

（10）将第二缓和曲线编辑行中"K"中公式改为"＄K＄（终点行行号）－K（编辑行行号）"。

（11）边桩与路线切线方向的夹角设定为 90°，实际应用中可根据需要进行修改。中桩至边桩距离 D 值可根据需要输入。

按照以上要求及规则完成原始数据的输入后，即可进行全路线任意位置的中桩及边桩的坐标计算，计算时，未知点对应桩号所在的桩号范围内插入空白行（严禁插入单元格），将未知点桩号输入表格"桩号"列并将其上边的编辑行除桩号单元格外全部复制到该桩号位置即可。也可以在曲线段起点和终点范围插入多个空白行，使用"复制"命令中的"以次序填充"进行距离相等的多个未知点坐标的计算。

8.5　Excel 与 VBA 程序设计简介

8.5.1　VBA 概述

直到 20 世纪 90 年代早期，使应用程序自动化还是充满挑战性的领域。对每个需要自动化的应用程序，人们不得不学习一种不同的自动化语言。以认为 Visual Basic for Application 是非常流行的应用程序开发语言——Visual Basic 的子集。实际上，VBA 是"寄生于"Visual Basic 应用程序的版本。VBA 与 Visual Basic 的区别包括如下几个方面：

（1）Visual Basic 是设计用于创建标准的应用程序，而 VBA 是用于使已有的应用程序自动化。

（2）Visual Basic 具有自己的开发环境，而 VBA 必须"寄生于"已有的应用程序。

（3）要运行 Visual Basic 开发的应用程序，用户不用在他的系统上访问 Visual Basic，因为 Visual Basic 开发出的应用程序是可执行的。而由于 VBA 应用程序是寄生性的，执行它们要求用户访问"父"应用程序，例如 Excel。

尽管存在这些不同，Visual Basic 和 VBA 在结构上仍然非常相似。事实上，如果你已经了解了 Visual Basic，会发现学习 VBA 非常快。相应地，学完 VBA 会给 Visual Basic 的学习打下坚实的基础。

具体说来，相对于 Excel 自带的功能，VBA 开发的插件具有以下优势：

（1）批量地对操作对象进行数据处理。

（2）多任务一键完成。

（3）将复杂的任务简化。

（4）将工作表数据提升安全性。

（5）提升数据准确性。

（6）完成 Excel 本身无法完成的任务。

（7）开发专业程序。

8.5.2 认识 VBE 组件

VBA 是 Visual Basic for Application 的简称，表示一种程序语言。VBE 是 Visual Basic Editor 的简称，它是 VBA 的容器，用于存放 VBA 代码。设置好 VBE 对 VBA 代码的编写、使用有很大的帮助。VBE 窗口中包括很多组件，包括菜单栏、工具栏、代码窗口、立即窗口等，有效地利用这些组件可以对开发插件、录入代码、检测错误有着举足轻重的作用。

进入 VBE 的方法有三种：功能区按钮法、快捷键法和右键菜单法。

1. 功能区按钮法

Excel 2003 中可以通过菜单"工具｜宏｜Visual Basic 编辑器"来进入 VBE 界面，而 Excel 2007 在默认状态下隐藏了该菜单。在 2007 中需要设置 Excel 选项、调出"开发工具"功能区。具体步骤如下：

（1）单击菜单"Office 按钮｜Excel 选项"打开选项对话框。

（2）在对话框中将"在功能区显示'开发工具'选项卡"打钩，单击"确定"按钮后，在功能区即可出现"开发工具"功能区，如图 8-20 所示。

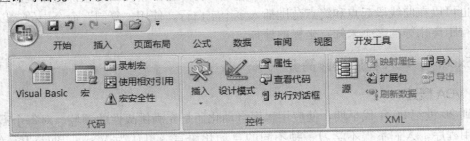

图 8-20　调出开发工具功能区

（3）单击功能区中的"Visual Basic"按钮，VBA 编辑器立即呈现出来。

2. 快捷键法

调出 VBA 编辑器的快捷键是"Alt＋F11"，而在 VBA 编辑器中再次使用快捷键"Alt＋F11"则可以缩小 VBA 编辑器的窗口并返回到 Excel 工作簿窗口。

如果需要关掉 VBA 编辑器再返回 Excel 工作簿窗口，则可以使用快捷键"Atl＋Q"。

3. 右键菜单法

在工作表标签中单击右键，弹出的菜单中将出现"查看代码"菜单，如图 8-21 所示。单击该子菜单即可以入 VBA 编辑器。

右键菜单法进入 VBA 编辑器与前面两法稍有分别，它进入 VBA 编辑器后会定位于当前工作表的窗口。例如选择"月报表"工作表后再单击右键，从"查看代码"菜单进入 VBA 编辑器界面后，会自动选定"月报表"工作表，右边也相应显示"月报表"的代码窗口，如图 8-22 所示。

图 8-21　从右键菜单进入 VBE

图 8-22　定位于"月报表"

8.5.3　认识 VBE 的组件

VBE 有很多组件：菜单栏、工具栏、工程资源管理器、属性窗口、代码窗口、对象与过程窗口、立即窗口、本地窗口、监视窗口、对象窗口以及工具箱。不同组件有不同作用，不过菜单与工具栏会出现重复功能。

VBE 中的所有组件无法同时出现，某些组件与组件之间是排斥关系。如组件 A 出现，那么组件 B 就会关闭或者隐藏，反之亦然。在图 8-23 中罗列了大部分组件。

1. 菜单栏

VBE 中的菜单栏包含了 VBE 中大部分功能。单击二级、三级单菜单可以执行文件导出、导入、查找、删除、新建组件、设置格式、定义选项、加密码、代码调试、窗口切换、调用帮助等功能。

另外还有一种快捷菜单，即右键菜单。右键在不同地方将产生不同菜单，例如代码窗口和在窗体中、立即窗口所产生的右键菜单就大大不同。即使同一代码窗口，在不同的状态下，仍然也会有不同的菜单，例如正常状态和中断状态下，代码窗口的右键菜单也不一样的。

菜单栏和所有右键菜单可以利用 VBA 来定制，包括创建新菜单，删除、隐藏原有菜单等。

2. 工具栏

工具栏包含功能在菜单中都有，不过工具栏的按钮在操作上比菜单栏方便、直观，所以

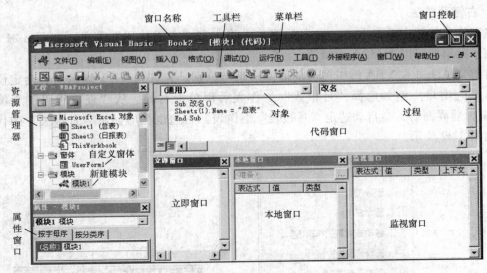

图 8-23　VBE 部分组件

工具栏在工作中使用率会高于菜单栏。

　　工具栏同样可以定制，创建或者删除工具栏都可以。

　　工具栏中的按钮可以通过功能提示来查看名称及了解功能。只要将鼠标指针移向任何一个按钮，屏幕上将出现它的名称和快捷键（如果有的话）。图 8-24 即为"复制"按钮的功能提示和快捷键提示。

　　工具栏中包括四条组成，默状态下可能仅显示"标准"工具栏。如果需要调出其他工具栏，可以在工具栏或者菜单栏中单击右键，在需要显示的工具栏名称上单击使其打钩即可，如图 8-25 所示。

3. 工程资源管理器

　　工程资源管理器用于管理 VBA 工程及其对象。一个工作簿有一个工程，默认名称为"VBAProject"；每个工程有多个对象，包括工作表、窗体、模块等。在工程资源管理器中可以管理无数个工程，如图 8-26 所示。

图 8-24　工具栏的屏幕提示

图 8-25　调出"编辑"工具栏

　　如果进入 VBE 界面后未显示工程资源管理器，可以使用快捷键"Ctrl＋R"调出。

工程资源管理器是以目录树形显示当前的所有工程，以及每个工程中的子对象。如果需要查看或者编辑 "Sheet1" 中的代码，进入工程资源管理器中双击 "Sheet1"，右边马上会显示 "Sheet1" 中所有代码；如果需在查看或者修改用户窗体 "UserForm1" 中的代码，则需要在 "UserForm1" 上单击右键，从弹出的快捷键单中选择 "查看代码"，若双击窗则只能查看窗体本身，如图 8-27 所示。

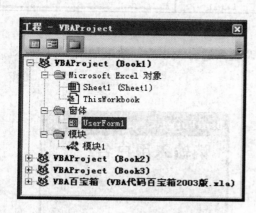

图 8-26 工程资源管理器

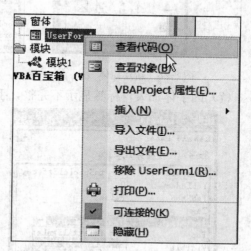

图 8-27 查看窗体中的代码

工程资源管理器中默状态下有一个工程，代表当前工作簿，以及与工作表数量对应的 Sheet1、Sheet2、Sheet3 和 Thisworkbook 对象。模块、用户窗体（UserForm）和类模块等需要手工添加才会出现。

4. 属性窗口

属性窗口用于设置、修改各种对象的属性。对象包括工程对象、窗体对象、模块对象及窗体中的图形、组合框、标签等对象。而属性则包含很多很多项目，例如字体大小、颜色、边距、高度、标题、显示方式等。而且不同的对象有各自己独特的属性。

现以设置标签 "Lable1" 的名称、字体与对齐方式为例，演示属性窗口的具体用法。

（1）在 VBE 界面中，单击菜单 "插入｜用户窗体"。此时在右边产出现一个新建窗体，同时出现 "工具箱"，如图 8-28 所示。如果未出现 "工具箱"，可以单击菜单 "视图｜工具箱"。

（2）左键按下工具箱中的图标 "A" 即标签工具，然后在窗体中按下向右下方拖动，从而产生一个新标签，其默认名称为 "Label1"。

（3）在 "Label1" 呈选择状态下按下快捷键 "F4" 调出属性窗口，如图 8-29 所示。

（4）进入属性窗口，找到 "Caption" 属性，在右边录入 "请输入用户名："。

（5）找到 "字体" 属性，单击右边的图标 宋体 ... ，将弹出一个字体对话框。从对话框中分别选择 "黑体"、"粗体"、"三号"，然后单击 "确定" 返回。

（6）找到 "TextAlign" 属性，单击其右边的列表框，将弹出三个选项，表示三种对齐方式，如图 8-30 所示。其中第二项表示居然对齐，选择第二项。

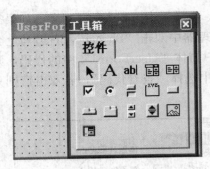

图 8-28　新建窗体

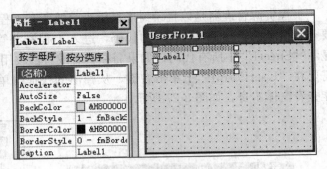

图 8-29　显示标签的属性

（7）因字体加大，标签显示不完整，手工调整到适合大小后，效果如图 8-31 所示。

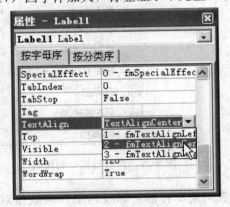

图 8-30　设置标签文字的对齐方式

图 8-31　设置属性的标签效果

其他属性也可以用类似方法设置。即在对应的属性右边的文字框中录入字符，或者在弹出的对话框中设置选项，以及从下拉列表中选择需要的选项。用户举一反三可以学会所有属性的设置。

5. 代码窗口

代码窗口是用于存放 VBA 代码的处所，它是 VBE 中最核心的组件。代码窗口包括工作表代码窗口、工作簿代码窗口、窗体代码窗口、模块代码窗口和类模块代码窗口。

6. 对象与过程窗口

对象与过程窗口是指位于代码窗口上方的对象列表和窗过程列，如图 8-32 所示。

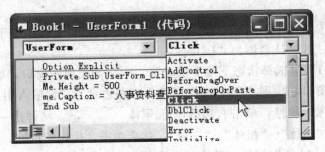

图 8-32　对象与过程列表

图 8-32 中左上角的下拉列表是对象列表，单击下拉箭头可以罗列出所有可用的对象名称；右边的下拉列表是可用的过程列表，单击下拉箭头可以罗列出所有可用的过程名称。

　　这两个列表对用于辅助代码录入，以及提示当前对象所支持的对事件。用户也可以永远不用它，采用手输入代码。但是在输入工作表事件或者工作簿事件时，通过对象与过程下拉列表自动产生代码比手工输入的效率更高，且更准确。关于它们的用法在后面关于事件的章节会详细的说明。

7. 立即窗口

　　立即窗口有两个功能：显示调试代码时产生的结果（信息），以及执行单句的代码。

　　立即窗口默认是隐藏状态，可以使用快捷键"Ctrl＋G"将其调出。

　　现分别演示立即窗口的两种功能与操作步骤：

　　（1）在开启任意工作簿后按下快捷键"Alt＋F11"进入 VBE 界面。

　　（2）单击菜单"插入｜模块"。

　　（3）按下快捷键"Ctrl＋G"显示立即窗口。

　　（4）在模块中输入以下代码：

```
Sub 显示当前工作簿全名()
    IF Len(ThisWorkbook. Path)＝0 Then
        Debug. Print"当前工作簿未保存"
    Else
        Debug. Print ThisWorkbook. FullName
    End IF
End Sub
```

　　（5）将光标定位于代码中任意位置，单击快捷键"F5"执行代码，在立即窗口将会显示代码执行结果。如果当前工作簿未保存，则立即窗口显示"当前工作簿未保存"，则否显示工作簿全名，包括其路径，如图 8-33 所示。

　　（6）清除立即窗口中的字符，然后录入以下代码：

```
Workbooks. Add(xlWBATChart)
```

　　然后单击回车键，注意必须是光标位于当前代码行最右边时单回车，此时可以发现 Excel 新建了包含一个工图表的工作簿。

　　（7）在第二行输入以下代码然后回车，则当前工作簿中立即新建 10 个工作表。

```
Sheets. Add Count:＝10
```

　　执行代码后，工作簿中将有 13 个工作表，如图 8-34 所示。

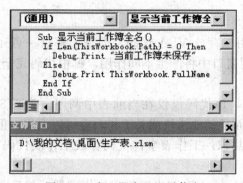

图 8-33　在立即窗口显示信息

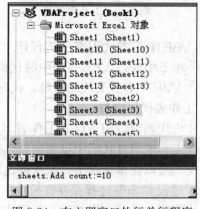

图 8-34　在立即窗口执行单行程序

8. 工具箱

工具箱对于 VBA 程序开发是非常重要的工具。默认状态工具箱包括了 15 种工具，用户可以利用这些工具设置出和其他任何软件程序类似的界面。如果默认工具不够用，还可以右键定义新的工具。

调用工具箱的方式和前面的任何组件的方式都不同，它是建立在 UserForm 的基础上的。当用户选择 UserForm 对象时才出现，其他状态下一律隐藏。

显示工具箱的方法是单击菜单"插入｜用户窗体"，此时工具箱将自动显示出来。工具箱的外观如图 8-35 所示。如果已经有窗体，不想再建立窗体，则可以双击窗体名（默认为 UserForm1，根据实际情况，用户可能修改为其他名称），然后单击菜单"视图｜工具箱"即可。

工具箱是可以定制的，包括新建页、附件控件等。步骤如下：

（1）在窗体的右上角空白区单击右键，从菜单中选择"新建页"即可建立一个名为"新页"的页面。

（2）在"新页"二字上面单击右键，从菜单中选择"重命名"，并录入名称"我的新工具"。

（3）新建的页是完全空白的，可以对其任意添加新的组件。在当前页中间空白区单击右键，从菜单中选择"附件控件"，弹出"附件控件"对话框。

（4）在对话框中将需要的组件打钩，然后返回工具箱。工具箱的定制效果如图 8-36 所示。

图 8-35　工具箱外观

图 8-36　定制工具箱

8.5.4　VBE 中不同代码窗口的作用

前一小节中谈过 VBE 界面中的代码窗口用于存放 VBA 代码，但是了解这一点还远远不够。在 VBE 中有五类代码窗口，代码在不同窗口中将产生不同作用，哪怕代码完全一致。

1. 工作表代码窗口

工作表代码窗口用于存放工作表事件代码，该代码仅仅在当前表中调用。普通 Sub 过程保存在工作表事件代码中虽然也可以执行，而且其他模块或者工作表也可以调用，但却有诸多不便。所以正常情况下，大家都达成一个共识：工作表事件代码存放工作表代码窗口，Function 过程和 Sub 过程保存在模块中。

工作表代码窗口的开启方式为：使用快捷键"Ctrl＋R"调出工程资源管理器，然后双击工作表名称，右边立即出现工作表事件代码窗口。

　　每个工作表都有自己的代码窗口，在窗口中储存自己的事件相关的代码，该代码只有在当前表才可以调用。例如在"生产表"的代码窗口录入以下报告选区地址的代码，如图8-37所示。

Private Sub Worksheet _ SelectionChange(ByVal Target As Range)

MsgBox Target. Address

End Sub

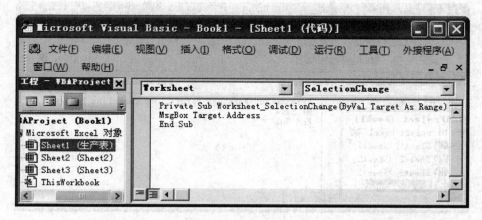

图 8-37　在"生产表"代码窗口录入 SelectionChange 事件代码

　　使用快捷键"Alt＋Q"返回 Excel 工作表，在"生产表"工作表中选择任意区域，立即弹出当前选区地址的信息，如图 8-38 所示。如果选择多个区域，同样提示多区域的地址，中间用逗号分隔，如图 8-39 所示。而在其他任何工作表选择区域则没有任何反应。

　　如果一定要在其他工作表调用当前工作表事件的代码，也可以采用以下步骤完成：

（1）将"生产表"中代码前的 Private 删除。

（2）在"Sheet2"的代码窗口录入以下代码：

Private Sub Worksheet _ SelectionChange(ByVal Target As Range)

Call Sheets("生产表"). Worksheet _ SelectionChange(Target)

End Sub

　　其中 Call 表示调用其他过程。按下"Alt＋F11"返回工作表，进入 Sheet2 工作表中，选择任意区域也会同样弹出选区地址信息。

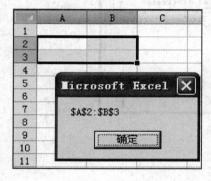

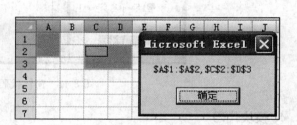

图 8-38　提示选区地址　　　　　　　　图 8-39　提示多区域地址

2. 工作簿代码窗口

工作簿代码窗口的名字为 ThisWorkbook，该窗口用于存放工作簿级别的事件代码。虽然它也可以存放 Function 过程和普通的 Sub 过程，但根据习惯以及使用上的方便性，该窗口仅仅存放工作簿事件相关代码。

例如图 8-40 是工作簿级别的事件代码，表示不管任何时候关闭工作簿都保存一次。该代码仅仅在关闭工作簿时执行，其他任何窗口无法调用该事件代码。

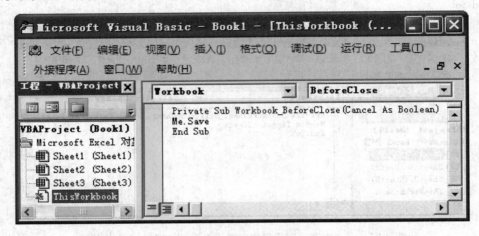

图 8-40　工作簿及关闭事件的代码

3. 窗体代码窗口

窗体代码窗口用于存放窗体、控件相关的代码。它的代码只能在窗体中使用，其他任何窗口无法执行。

查看窗体中代码的方法是在工程资源管理器中的窗体上单击右键，从菜单中选择"查看代码"。例如图 8-41 中的代码位于 UserForm1 的代码窗口，表示启动窗体时设置它的左边距为 100。在 UserForm1 以外的任何窗口以任何方式都无法调用此代码。

图 8-41　窗体代码窗口

4. 模块代码

工作中使用最多的就是模块代码窗口。在模块代码窗口中存放 Sub 过程和 Function 过程。这些过程可以在当前模块执行，也可以供其他任何窗口调用。工作表事件、工作簿事件、窗体事件和类模块都可以使用模块中的程序，而模块与模块之间也可以相互调用。

5. 类模块

类模块是用户自定义类的属性和方法的模块。单击菜单"插入｜类模块"即可创建一个类模块，其图标为 类1 。

类模块的代码通常用于应用程序级别的事件，在应用程序对应的事件中调用该代码。

小　　结

本章介绍了借助 Excel 的功能，通过定义名称、输入计算公式、插入工作表函数、插入图表等操作，完成一系列信息处理（包括工程计算）的方法。首先介绍了 Excel 的基本函数知识，包括函数的参数、常用的求和函数、逻辑函数、数学函数和统计函数，然后介绍了如何利用 Excel 实现常用的测量计算，并以道路曲线为例介绍了利用 Excel 实现中桩坐标和边桩坐标计算的过程。最后简要介绍了利用 VBA 进行 Excel 编程的方法。

习　　题

编写一个 Excel 测量程序工具集。

参 考 文 献

[1] 龚沛曾，陆慰民，杨志强. Visual Basic 程序设计简明教程（第二版）. 北京：高等教育出版社，2003.

[2] 龚沛曾，陆慰民，杨志强. Visual Basic 实验指导与测试（第二版）. 北京：高等教育出版社，2003.

[3] 孙燕. 教育部高职高专规划教材 Visual Basic 6.0 程序设计. 北京：高等教育出版社，2000.

[4] 唐大仕. Visual Basic 6.0 程序设计. 北京：北方交通大学出版社，2002.

[5] 邱仲潘. Visual Basic 6 从入门到精通. 北京：电子工业出版社，1999.

[6] 柳青. 高等职业院校技能型紧缺人才培养培训系列教材 VB 习题与实训. 北京：高等教育出版社，2004.

[7] Microsoft Corporation 著，微软（中国）有限公司译. Visual Basic 6.0 中文版程序员指南. 1998.

[8] 蒋加伏，张林峰. 21 世纪高等学校计算机科学与技术规划教材 Visual Basic 程序设计教程（上机指导与习题选解）.

[9] Michael Halvorson 著，希望图书创作室译. VB6 循序渐进教程. 北京：希望电子出版社，1999.

[10] 马明栋，赵长胜，施群德，杜维甲. 面向对象的测量程序设计. 北京：教育科学出版社，2000.

[11] 葛永慧，余哲，刘志德. 测绘编程基础. 北京：测绘出版社，2002.

[12] 钟孝顺，聂让，贺国宏. 测量学. 北京：人民交通出版社，1997.

[13] 顾效烈. 测量学. 上海：同济大学出版社，1990.

[14] 同济大学数学教研室. 工程数学线性代数（第三版）. 北京：高等教育出版社，2002.

[15] 樊功瑜. 误差理论与测量平差. 上海：同济大学出版社，1998.

[16] 武汉大学测绘学院测量平差学科组. 误差理论与测量平差基础. 武汉：武汉大学出版社，2003.

[17] 高士纯. 测量平差基础通用习题集. 武汉：武汉测绘科技大学出版社，1999.

[18] 孔祥元，郭际明，刘宗泉. 大地测量学基础. 武汉：武汉大学出版社，2001.

[19] 李德仁，周月琴，金为铣. 摄影测量与遥感概论. 北京：测绘出版社，2001.

[20] 姚连璧，周小平. 基于 MATLAB 的控制网平差程序设计. 上海：同济大学出版社，2006.